废水处理原理与技术

李倩倩 李亚峰 苏 雷 等编著

化学工业出版社

·北京·

内容简介

　　本书分为三篇共十三章，主要介绍废水处理的基本原理、工艺技术和处理设备。本书内容包括废水处理的基本知识、物理处理技术、混凝、吸附、气浮、中和、膜分离技术、高级氧化技术、其他化学及物理化学法、活性污泥法、生物膜法、膜生物反应器、废水厌氧生物处理技术与污泥处理。

　　本书具有较强的技术性和实用性，可供从事城市污水和工业废水处理的技术人员、管理人员学习使用，也可作为高等学校给排水科学与工程、环境工程及相关专业的教学用书。

图书在版编目（CIP）数据

废水处理原理与技术 / 李倩倩等编著. -- 北京：
化学工业出版社，2024. 10. -- ISBN 978-7-122-46226
-8

　Ⅰ. X703

中国国家版本馆 CIP 数据核字第 2024BN1505 号

责任编辑：董　琳　　　　　装帧设计：刘丽华
责任校对：李雨晴

出版发行：化学工业出版社
　　　　　（北京市东城区青年湖南街 13 号　邮政编码 100011）
印　　装：北京科印技术咨询服务有限公司数码印刷分部
787mm×1092mm　1/16　印张 15¼　字数 343 千字
2025 年 1 月北京第 1 版第 1 次印刷

购书咨询：010-64518888　　　售后服务：010-64518899
网　　址：http://www.cip.com.cn
凡购买本书，如有缺损质量问题，本社销售中心负责调换。

定　　价：98.00 元　　　　　版权所有　违者必究

前言

废水的有效处理是保证水环境质量的关键。近年来，废水处理技术发展速度很快，技术人员研发出很多先进的处理技术和方法，在工程应用中已经收到理想的处理效果。废水种类多，成分复杂，涉及的处理方法也很多。为了让从事废水处理的技术人员、管理人员，以及高等学校相关专业的学生系统学习和掌握废水处理的原理与技术，编著者结合废水处理技术的发展及应用情况编写了本书。

本书在内容安排上力求知识体系的合理性、完整性和新颖性，不仅注重基本知识和传统方法与技术的介绍，同时包括近几年在实际工程中已经得到广泛应用的一些新技术和新方法，如膜生物反应器、污水深度处理技术及高级氧化技术等。在重视废水处理基本原理介绍的基础上，强调知识的实用性，以及语言的通俗性。

本书分为三篇共十三章。第一篇废水处理基本知识及废水的物理处理法主要介绍废水的来源与性质、废水处理的典型工艺及特点、废水物理处理方法的基本原理和主要工艺特点。第二篇废水的化学及物理化学处理法主要介绍废水化学及物理化学处理法的基本原理和主要工艺特点。第三篇废水的生物处理法主要介绍废水好氧生物处理法和厌氧生物处理法的基本原理和主要工艺特点，同时介绍了污泥浓缩、消化和脱水等相关知识。本书可供从事废水处理的技术人员、管理人员学习使用，也可作为高等学校给排水科学与工程、环境工程及相关专业的教学用书。

本书第一章由李倩倩、伍健伯编著；第二章由李倩倩编著；第三章由李亚峰、张弛编著；第四章由苏雷、尚彦辰编著；第五章由陈金楠、伍健伯编著；第六章由李倩倩、陈金楠编著；第七章由张弛、律泽编著；第八章由律泽、傅翔宇编著；第九章由傅翔宇、王宇佳编著；第十章由李倩倩、杨曦编著；第十一章由王宇佳、王璐编著；第十二章由杨曦、尚彦辰编著；第十三章由王璐、苏雷编著。全书由李倩倩统编、定稿。

由于编著者知识水平和时间有限，书中难免有疏漏和不妥之处，请读者不吝指教。

编著者
2024 年 3 月

目录

第一篇 废水处理基本知识及废水的物理处理法

第二篇　废水的化学及物理化学处理法

第三篇　废水的生物处理法

第一篇
废水处理基本知识及废水的物理处理法

第一章　废水处理基本知识

第一节　废水分类与废水水质指标

一、废水分类

在实际应用中，废水和污水两个术语的用法比较混乱。就科学概念而言，废水是指废弃外排的水，强调其废弃的一面；污水是指被污染物污染的水，强调其污染的一面。但是，有相当数量的生产排水没有被污染物污染（如冷却水等），因此用废水一词作为统称比较合适。在水质污浊的情况下，两种术语可以通用。

根据来源，废水可以分为生活污水和工业废水两大类。生活污水是指在人类日常生活中使用过的，并被生活废料所污染的水，主要包括粪便水、洗浴水、洗涤水和冲洗水等。工业废水是指工矿企业生产中用过的水，其分类方法很多，但总的可分为生产污水和生产废水两类。生产污水是指在生产过程中形成的，并被生产原料、半成品或成品等废料所污染的水，也包括热污染（指生产过程中产生的、水温超过 60℃）的水。生产废水是指在生产过程中形成，但未直接参与生产工艺，未被生产原料、半成品或成品污染或只是温度稍有上升的水。生产污水需要进行净化处理，生产废水不需要进行净化处理或仅需做简单的处理，如冷却处理。

根据废水中所含主要污染物的性质，废水可以分为无机废水和有机废水。

根据行业的产品加工对象，废水可以分为冶金废水、造纸废水、炼焦煤气废水、金属酸洗废水、纺织印染废水、制革废水、农药废水、化学肥料废水等。

根据废水中所含污染物的主要成分，废水可以分为酸性废水、碱性废水、含酚废水、含镉废水、含铬废水、含锌废水、含汞废水、含氟废水、含有机磷废水、含放射性废水等。

排入城市管道的混合污水，称为城市污水。

二、废水水质指标

废水水质指标可以分为物理指标、化学指标和生物指标。

1. 物理指标

（1）固体物质

废水中的固体物质包括悬浮固体和溶解固体两类。

悬浮固体是指悬浮于水中的固体物质。在水质分析中，将水样过滤，凡不能通过滤器的固体颗粒物称为悬浮固体。悬浮固体也称悬浮物质或悬浮物，通常用 SS 表示，它是反映废水中固体物质含量的一个常用重要水质指标，单位是 mg/L。

溶解固体也称溶解物，是指溶于水的各种无机物质和有机物质的总和。在水质分析中，溶解固体是指将水样过滤后，将滤液蒸干所得到的固体物质。

溶解固体与悬浮固体两者之和称为总固体。在水质分析中，总固体是将水样在一定温度下蒸干后所残余的固体物质总量，也称蒸发残余物。

（2）浊度

水的浊度是一项表示水样透光性能的指标。浊度是由于水中含有泥砂、黏土、微生物等细微的无机物和有机物及其他悬浮物，使通过水样的光线被散射或吸收而不能直接穿透所造成的。一般以每升蒸馏水中含有 1mg SiO_2（或硅藻土）时对特定光源透过所发生的阻碍程度为 1 个浊度的标准，称为杰克逊度，以 JTU 表示。浊度计是利用水中悬浮杂质对光具有散射作用的原理制成的，其测得的浊度是散射浊度单位，以 NTU 表示。

（3）臭和味

臭和味是判断水质优劣的感官指标之一。洁净的水是没有气味的，受到污染后会产生各种臭味。常见的水臭味有霉烂臭味、粪便臭味、汽油臭味、臭蛋味、氯气味等。臭味的表示方法现行是用文字描述臭的种类，用强、弱等字样表示臭的强度。比较准确的定量方法是臭阈法，即用无臭水将待测水样稀释到接近无臭程度的稀释倍数表示臭的强度。

（4）温度

温度也是一项废水的重要指标。水温的变化对废水生物处理有很大影响，水温通常用刻度为 0.1℃ 的温度计测定。深水可用倒置温度计。用热敏电阻温度计能快速而准确地测定温度。水温要在现场测定。

（5）色泽和色度

色泽是指废水的颜色种类，通常用文字描述，如废水呈深蓝色、棕黄色、浅绿色、暗红色等。色度是指废水所呈现的颜色深浅程度。色度有两种表示方法。

① 采用铂钴标准比色法，规定在 1L 水中含有氯铂酸钾（K_2PtCl_6）2.491mg 及氯化钴（$CoCl_2 \cdot 6H_2O$）2.00mg 时，也就是在 1L 水中含铂（Pt）1mg 及钴（Co）0.5mg 时所产生的颜色深浅为 1 度（1°）。

② 采用稀释倍数法，将废水按一定的稀释倍数，用水稀释到接近无色时的稀释倍数。

（6）电导率

水中存在离子会产生导电现象。电导是电阻的倒数。单位距离上的电导称为电导率。电导率表示水中电离性物质的总数，间接表示了水中溶解盐的含量。电导率的大小同溶于水中的物质浓度、活度和温度有关。电导率用 K 表示，单位为 S/cm 或 $1/(\Omega \cdot cm)$。

2. 化学指标

（1）生化需氧量（BOD）

生化需氧量全称生物化学需氧量，用英文缩写 BOD 表示。BOD 是指在温度、时间都一定的条件下，微生物在分解、氧化水中有机物的过程中，所消耗的溶解氧量，单位为 mg/L 或 kg/m^3。

微生物在分解有机物过程中，分解作用的速度和程度与温度和时间有直接关系。有机物在好氧微生物的作用下降解并转化为 CO_2、H_2O 及 NH_3 的过程，在 20℃ 条件下，一般需要 10～20d 才能完成。为了使测定的 BOD 值有可比性，在水质分析中，规定将水样在 20℃ 条件下，培养 5d 后测定水中溶解氧消耗量作为标准方法，测定结果称为五日生化需氧量，以 BOD_5 表示。如果测定时间是 20d，则结果称作 20d 生化需氧量（也称完全生化需氧量），以 BOD_{20} 表示。生活污水的 BOD_5 约为 BOD_{20} 的 70%。BOD 反映了水中可被微生物分解的有机物总量。BOD 值越大，说明水中有机物含量越高，所以 BOD 是反映水中有机物含量的最主要水质指标。BOD 小于 1mg/L 表示水清洁，BOD 大于 3～4mg/L 则表示水已受到污染。

（2）化学需氧量（COD）

以 BOD_5 作为有机物的浓度指标，也存在着一些缺点。

① 测定时间需 5d，难以及时指导生产实践。

② 如果污水中难生物降解有机物浓度较高，BOD_5 测定的结果误差较大。

③ 某些工业废水不含微生物生长所需的营养物质，或者含有抑制微生物生长的有毒有害物质，影响测定结果。

为了克服上述缺点，可采用化学需氧量指标。

化学需氧量也称化学耗氧量，用英文缩写 COD 表示。COD 是指在一定条件下，用强氧化剂氧化废水中的有机物质所消耗的氧量。常用的氧化剂有重铬酸钾和高锰酸钾。我国规定的废水检验标准采用重铬酸钾作为氧化剂，在酸性条件下进行测定。有时记作 COD_{Cr}，一般简写为 COD，单位为 mg/L。

COD 的优点是较精确地表示污水中有机物的含量，测定时间仅需数小时，且不受水质的限制。COD 的缺点是不能像 BOD 那样反映出微生物氧化有机物，直接地从卫生学角度阐明被污染的程度。此外，污水中存在的还原性无机物（如硫化物）被氧化也需消耗氧，所以 COD 值也存在一定误差。

测定 COD 采用的是强氧化剂，对大多数的有机物可以氧化到 85%～95% 以上，所以，同一种水质的 COD 值一般高于 BOD 值，其间的差值能够粗略地表示不能为微生物所降解的有机物。差值越大，难生物降解的有机物含量越多，越不宜采用生物处理法。因此 BOD_5/COD 的比值，可作为该污水是否适宜于采用生物方法处理的判别标准。BOD_5/

COD 的比值称为可生化性指标，比值越大，污水越容易被生化处理。一般认为此比值大于 0.3 的污水，才适于采用生化处理。生活污水的 BOD 与 COD 的比值在 0.4~0.8 范围内。对于废水而言，一般 $COD > BOD_{20} > BOD_5$。

（3）总需氧量（TOD）

总需氧量（TOD）是指水中的还原性物质在高温下燃烧后变成稳定的氧化物时所需要的氧量，结果以 mg/L 计。TOD 值可以反映出水中几乎全部有机物（包括碳、氢、氧、氮、磷、硫等成分）经燃烧后变成 CO_2、H_2O、NO_x、SO_2 等时所需要消耗的氧量。此指标的测定，与 BOD、COD 的测定相比，更为快速简便，其结果也比 COD 更接近于理论需氧量。

（4）总有机碳（TOC）

总有机碳（TOC）是间接表示水中有机物含量的一种综合指标，其显示的数据是污水中有机物的总含碳量，单位以碳的 mg/L 来表示。一般城市污水的 TOC 可达 200mg/L，工业污水的 TOC 范围较宽，最高的可达几万 mg/L，污水经过二级生物处理后的 TOC 一般 <50mg/L。

（5）总氮（TN）、氨氮（NH_3-N）、凯氏氮（TKN）

① 总氮（TN） 总氮是水中有机氮、氨氮和总氧化氮（亚硝酸氮及硝酸氮之和）的总和。有机污染物分为植物性和动物性两类。城市污水中植物性有机污染物如果皮、蔬菜叶等，其主要化学成分是碳，由 BOD_5 表征。动物性有机污染物质包括人畜粪便、动物组织碎块等，其化学成分以氮为主。氮属植物性营养物质，是导致湖泊、海湾、水库等缓流水体富营养化的主要物质，因此成为废水处理的重要控制指标。

② 氨氮（NH_3-N） 氨氮是水中以 NH_3 和 NH_4^+ 形式存在的氮，它是有机氮化物氧化分解的第一步产物。氨氮不仅会促使水体中藻类的繁殖，而且游离的 NH_3 对鱼类有很强的毒性，致死鱼类的浓度在 0.2~2.0mg/L 之间。氨也是污水中重要的耗氧物质，在硝化细菌的作用下，氨被氧化成 NO_2^- 和 NO_3^-，所消耗的氧量称硝化需氧量。

③ 凯氏氮（TKN） 凯氏氮是氨氮和有机氮的总和。测定 TKN 及 NH_3-N，两者之差即为有机氮。

（6）总磷（TP）

总磷是污水中各类有机磷和无机磷的总和。与总氮类似，磷也属于植物性营养物质，是导致缓流水体富营养化的主要物质，因此受到人们的关注，成为一项重要的水质指标。

（7）pH 值

酸度和碱度是污水的重要污染指标，用 pH 值来表示。它对保护环境、污水处理及水工构筑物都有影响，一般生活污水呈中性或弱碱性，工业污水多呈强酸或强碱性。城市污水的 pH 呈中性，其值一般为 6.5~7.5。pH 值的测定通常根据电化学原理采用玻璃电极法，也可以用比色法。

pH 值不是一个定量的指标，不能说明废水中呈酸性（或呈碱性）的物质的数量。

（8）非重金属无机物质有毒物质

① 氰化物（CN） 氰化物是剧毒物质，急性中毒时抑制细胞呼吸，造成人体组织严重缺氧，对人的经口致死量为 0.05~0.12g。

排放含氰废水的工业主要有电镀、焦炉和高炉的煤气洗涤，以及金、银选矿和某些化工行业等，废水含氰浓度在 $20\sim70mg/L$ 之间。氰化物在水中的存在形式有无机氰（如氢氰酸 HCN、氰酸盐 CN^-）及有机氰化物（称为腈，如丙烯腈 C_2H_3CN）。

我国饮用水标准规定，氰化物含量不得超过 $0.05mg/L$，农业灌溉水质标准规定为不大于 $0.5mg/L$。

② 砷（As）砷是对人体毒性作用比较严重的有毒物质之一。砷化物在污水中存在形式有无机砷化物（如亚砷酸盐 AsO_2，砷酸盐 AsO_4^{3-}）以及有机砷（如三甲基砷）。三价砷的毒性远高于五价砷，对人体来说，亚砷酸盐的毒性作用比砷酸盐大 60 倍，因为亚砷酸盐能够和蛋白质中的硫反应，而三甲基砷的毒性比亚砷酸盐更大。

砷也是累积性中毒的毒物，当饮水中砷含量大于 $0.05mg/L$ 时就会导致累积。近年来发现砷还是致癌元素（主要是皮肤癌）。工业中排放含砷废水的有化工、有色冶金、炼焦、火电、造纸、皮革等行业，其中以冶金、化工行业排放砷量较高。

我国饮用水标准规定，砷含量不应大于 $0.04mg/L$，农田灌溉标准是不高于 $0.05mg/L$，渔业用水不超过 $0.1mg/L$。

（9）重金属

重金属指原子序数在 $21\sim83$ 之间的金属或相对密度大于 4 的金属。其中汞（Hg）、镉（Cd）、铬（Cr）、铅（Pb）毒性最大，危害也最大。

① 汞（Hg）汞是重要的污染物质，也是对人体毒害作用比较严重的物质。汞是累积性毒物，无机汞进入人体后随血液分布于全身组织，在血液中遇氯化钠生成二价汞盐累积在肝、肾和脑中，在达到一定浓度后毒性发作。其毒理主要是汞离子与酶蛋白的硫结合，抑制多种酶的活性，使细胞的正常代谢发生障碍。

甲基汞是无机汞在厌氧微生物的作用下转化而成的。甲基汞在体内约有 15% 累积在脑内，侵入中枢神经系统，破坏神经系统功能。

含汞废水排放量较大的是氯碱工业，因其在工艺上以金属汞作流动阴电极，以制成氯气和苛性钠，有大量的汞残留在废盐水中。聚氯乙烯、乙醛、醋酸乙烯的合成工业均以汞作催化剂，因此其工业废水中含有一定数量的汞。此外，在仪表和电气工业中也常使用金属汞，因此也排放含汞废水。

我国饮用水、农田灌溉水都要求汞的含量不得超过 $0.001mg/L$，渔业用水要求更为严格，不得超过 $0.0005mg/L$。

② 镉（Cd）镉是一种分布比较广泛的污染物质。镉也是一种典型的累积富集型毒物，主要累积在肾脏和骨骼中，引起肾功能失调，骨质中钙被镉所取代，使骨骼软化，造成骨折，疼痛难忍。这种病潜伏期长，短则 10 年，长则 30 年，发病后很难治疗。

每人每日允许摄入的镉量为 $0.057\sim0.071mg$。我国饮用水标准规定镉的含量不得大于 $0.01mg/L$，农业用水与渔业用水标准则规定要小于 $0.005mg/L$。

镉主要来自采矿、冶金、电镀、玻璃、陶瓷、塑料等生产部门排出的废水。

③ 铬（Cr）铬是一种较普遍的污染物。铬在水中以六价和三价 2 种形态存在，三价铬的毒性低，作为污染物质所指的是六价铬。人体大量摄入能够引起急性中毒，长期少量摄入也能引起慢性中毒。

六价铬是卫生标准中的重要指标，饮用水中的浓度不得超过 0.05mg/L，农业灌溉用水与渔业用水应小于 0.1mg/L。

排放含铬废水的工业企业主要有电镀、制革、铬酸盐生产以及铬矿石开采等。电镀车间是产生六价铬的主要来源，电镀废水中铬的浓度一般在 50～100mg/L 之间。生产铬酸盐的工厂，其废水中六价铬的含量一般在 100～200mg/L 之间。皮革鞣制工业排放的废水中六价铬的含量约为 40mg/L。

④ 铅（Pb）铅对人体是累积性毒物。据有关资料报道，成年人每日摄取铅低于 0.32mg 时，人体可将其排除而不产生积累作用；每日摄取 0.5～0.6mg 时，可能有少量的累积，但尚不至于危及健康；如每日摄取量超过 1.0mg 时，即将在体内产生明显的累积作用，长期摄入会引起慢性中毒。其毒理是铅离子与人体内多种酶络合，从而扰乱了机体多方面的生理功能，可危及神经系统、造血系统、循环系统和消化系统。

我国饮用水、渔业用水及农田灌溉水都要求铅的含量小于 0.1mg/L。

铅主要来自采矿、冶炼、化学、蓄电池、颜料工业等排放的废水中。

（10）酚

酚是芳香烃苯环上的氢原子被羟基（—OH）取代而生成的化合物。按照苯环上羟基数目不同，分为一元酚、二元酚、多元酚等；按照能否与水蒸气一起挥发，分为挥发酚和不挥发酚。酚是常见的有机毒物指标之一。

3. 微生物指标

污水生物性质的检测指标有大肠菌群数（或称大肠菌群值）、大肠菌群指数、病毒及细菌总数。

（1）大肠菌群数（或称大肠菌群值）与大肠菌群指数

大肠菌群数（或称大肠菌群值）是每升水样中所含有的大肠菌群的数目，以个/L 计；大肠菌群指数是查出 1 个大肠菌群所需的最少水量，以毫升（mL）计。可见大肠菌群数与大肠菌群指数是互为倒数，即

$$大肠菌群指数 = \frac{1000}{大肠菌群数}(mL) \tag{1-1}$$

若大肠菌群数为 500 个/L，则大肠菌群指数为 1000/500＝2mL。大肠菌群数作为污水被粪便污染程度的卫生指标，原因有两个。

① 大肠菌与病原菌都存在于人类肠道系统内，它们的生活习性及在外界环境中的存活时间都基本相同。每人每日排泄的粪便中含有大肠菌 $1 \times 10^{11} \sim 4 \times 10^{11}$ 个，数量大大多于病原菌，但对人体无害。

② 由于大肠菌的数量多，且容易培养检验，而病原菌的培养检验十分复杂与困难。

因此，常采用大肠菌群数作为卫生指标。水中存在大肠菌，就表明受到粪便的污染，并可能存在病原菌。

（2）病毒

污水中已被检出的病毒有 100 多种。检出大肠菌群，可以表明肠道病原菌的存在，但不能表明是否存在病毒及其他病原菌（如炭疽杆菌），因此还需要检验病毒指标。病毒的

检验方法目前主要有数量测定法与蚀斑测定法两种。

（3）细菌总数

细菌总数是大肠菌群数、病原菌、病毒及其他细菌数的总和，以每毫升水样中的细菌菌落总数表示。细菌总数越多，表示病原菌与病毒存在的可能性越大。因此用大肠菌群数、病毒及细菌总数 3 个卫生指标来评价污水受生物污染的严重程度就比较全面。

第二节　污水排放标准及污水再生利用标准

污水排放时应符合《城镇污水处理厂污染物排放标准》（GB 18918—2002）、《地表水环境质量标准》（GB 3838—2002）和各地方的水污染物排放标准的要求；应用于农田灌溉时应符合《农田灌溉水质标准》（GB 5084—2021）的要求；应用于养鱼时应符合《渔业水质标准》（GB 11607—1989）的要求。污水再生利用应根据不同的用途分别满足城镇杂用水、景观环境用水、地下回灌水和工业用水等不同的水质标准。

一、城镇污水处理厂污染物的排放标准

目前，我国城镇污水处理厂污染物的排放均执行《城镇污水处理厂污染物排放标准》（GB 18918—2002）。该标准是专门针对城镇污水处理厂污水、废气、污泥污染物排放制定的国家污染物排放标准，适用于城镇污水处理厂污水、废气和污泥的排放与控制管理。根据国家综合排放标准与国家专业排放标准不交的原则，该标准实施后，城镇污水处理厂污水、废气和污泥的排放不再执行综合排放标准。

该标准将城镇污水污染物控制项目分为两类。

第一类为基本控制项目，主要是对环境产生较短期影响的污染物，也是城镇污水处理厂常规处理工艺能去除的主要污染物，包括 BOD、COD、SS、动植物油、石油类、LAS、总氮、氨氮、总磷、色度、pH 值和粪大肠菌群数共 12 项，一类重金属汞、烷基汞、镉、铬、六价铬、砷、铅共 7 项。

第二类为选择控制项目，主要是对环境有较长期影响或毒性较大的污染物，或是影响生物处理、在城市污水处理厂又不易去除的有毒有害化学物质和微量有机污染物，如酚、氰、硫化物、甲醛、苯胺类、硝基苯类、三氯乙烯、四氯化碳等 43 项。

该标准制定的技术依据主要是处理工艺和排放去向，根据不同工艺对污水处理程度和受纳水体功能，对常规污染物排放标准分为三级：一级标准、二级标准、三级标准。

① 一级标准分为 A 标准和 B 标准。一级标准是为了实现城镇污水资源化利用和重点保护饮用水源的目的，适用于补充河湖景观用水和再生利用，应采用深度处理或二级强化处理工艺。

② 二级标准主要是以常规或改进的二级处理为主的处理工艺为基础制定的。

③ 三级标准是为了在一些经济欠发达的特定地区，根据当地的水环境功能要求和技术经济条件，可先进行一级强化处理，适当放宽的过渡性标准。一类重金属污染物和选择控制项目不分级。

一级标准的 A 标准是城镇污水处理厂出水作为回用水的基本要求。当污水处理厂出

水引入稀释能力较小的河湖作为城镇景观用水和一般回用水等用途时，执行一级标准的 A 标准。

城镇污水处理厂出水排入 GB 3838—2002 地表水Ⅲ类功能水域（划定的饮用水水源保护区和游泳区除外）、GB 3097—1997 海水二类功能水域和湖、库等封闭或半封闭水域时，执行一级标准的 B 标准。

城镇污水处理厂出水排入 GB 3838—2002 地表水Ⅳ、Ⅴ类功能水域或 GB 3097—1997 海水三、四类功能海域，执行二级标准。

非重点控制流域和非水源保护区的建制镇的污水处理厂，根据当地经济条件和水污染控制要求，采用一级强化处理工艺时，执行三级标准。但必须预留二级处理设施的位置，分期达到二级标准。

城镇污水处理厂水污染物排放基本控制项目，执行表 1-1 和表 1-2 的规定。选择控制项目按表 1-3 的规定执行。

表 1-1　基本控制项目最高允许排放浓度（日均值）　　　　单位：mg/L

序号	基本控制项目		一级标准		二级标准	三级标准
			A 标准	B 标准		
1	化学需氧量(COD)		50	60	100	120[①]
2	生化需氧量(BOD$_5$)		10	20	30	60[①]
3	悬浮物(SS)		10	20	30	50
4	动植物油		1	3	5	20
5	石油类		1	3	5	15
6	阴离子表面活性剂		0.5	1	2	
7	总氮(以 N 计)		15	20		
8	氨氮(以 N 计)[②]		5(8)	8(15)	25(30)	
9	总磷（以 P 计）	2005 年 12 月 31 日前建设的	1	1.5	3	5
		2006 年 1 月 1 日起建设的	0.5	1	3	5
10	色度(稀释倍数)		30	30	40	50
11	pH 值		6～9			
12	粪大肠菌群数/(个/L)		1000	10000	10000	

① 下列情况下按去除率指标执行：当进水 COD＞350mg/L 时，去除率应大于 60％；BOD＞160mg/L 时，去除率应大于 50％。

② 括号外数值为水温＞12％时的控制指标，括号内数值为水温≤12℃时的控制指标。

表 1-2　部分一类污染物最高允许排放浓度（日均值）　　　　单位：mg/L

序号	项目	标准值	序号	项目	标准值
1	总汞	0.001	5	六价铬	0.05
2	烷基汞	不得检出	6	总砷	0.1
3	总镉	0.01	7	总铅	0.1
4	总铬	0.1			

表 1-3　选择控制项目最高允许排放浓度（日均值）　　　　　　单位：mg/L

序号	选择控制项目	标准值	序号	选择控制项目	标准值
1	总镍	0.05	23	三氯乙烯	0.3
2	总铍	0.002	24	四氯乙烯	0.1
3	总银	0.1	25	苯	0.1
4	总铜	0.5	26	甲苯	0.1
5	总锌	1.0	27	邻-二甲苯	0.4
6	总锰	2.0	28	对-二甲苯	0.4
7	总硒	0.1	29	间-二甲苯	0.4
8	苯并[a]芘	0.00003	30	乙苯	0.4
9	挥发酚	0.5	31	氯苯	0.3
10	总氰化物	0.5	32	1,4-二氯苯	0.4
11	硫化物	1.0	33	1,2-二氯苯	1.0
12	甲醛	1.0	34	对硝基氯苯	0.5
13	苯胺类	0.5	35	2,4-二硝基氯苯	0.5
14	总硝基化合物	2.0	36	苯酚	0.3
15	有机磷农药（以 P 计）	0.5	37	间-甲酚	0.1
16	马拉硫磷	1.0	38	2,4-二氯酚	0.6
17	乐果	0.5	39	2,4,6-三氯酚	0.6
18	对硫磷	0.05	40	邻苯二甲酸二丁酯	0.1
19	甲基对硫磷	0.2	41	邻苯二甲酸二辛酯	0.1
20	五氯酚	0.5	42	丙烯腈	2.0
21	三氯甲烷	0.3	43	可吸附有机卤化物（AOX 以 Cl 计）	1.0
22	四氯化碳	0.03			

二、污水综合排放标准

《污水综合排放标准》（GB 8978—1996）适用于现有单位水污染物的排放管理以及建设项目的环境影响评价、建设项目环境保护设施设计、竣工验收及其投产后的排放管理。

污水综合排放标准（GB 8978—1996）将排放的污染物按其性质及控制方式分为两类。

第一类污染物不分行业和污水排放方式，也不分受纳水体的功能类别，一律在车间或车间处理设施排放口采样，其最高允许排放浓度必须达到该标准要求（采矿行业的尾矿坝出水口不得视为车间排放口），具体见表 1-4。

表 1-4　第一类污染物最高允许排放最高浓度　　　　　　　　　单位：mg/L

序号	污染物	最高允许排放浓度	序号	污染物	最高允许排放浓度
1	总汞	0.05	8	总镍	1.0
2	烷基汞	不得检出	9	苯并[a]芘	0.00003
3	总镉	0.1	10	总铍	0.005
4	总铬	1.5	11	总银	0.5
5	六价铬	0.5	12	总 α 放射性	1Bq/L
6	总砷	0.5	13	总 β 放射性	10Bq/L
7	总铅	1.0			

　　第二类污染物的排放标准分为三级：排入 GB 3838—2002 地表水Ⅲ类功能水域（划定的保护区和游泳区除外）和排入 GB 3097—1997 海水二类功能海域的污水，执行一级标准。排入 GB 3838—2002 中Ⅳ、Ⅴ类水域和排入 GB 3097—1997 中三类海域的污水，执行二级标准。排入设置二级污水处理厂的城镇排水系统的污水，执行三级标准。排入未设置二级污水处理厂的城镇排水系统的污水，必须根据排水系统出水受纳水域的功能要求，分别执行前两项规定。第二类污染物，在排污单位排放口采样，其部分污染物最高允许排放浓度（1998 年 1 月 1 日后建的单位）见表 1-5。

表 1-5　第二类污染物最高允许排放最高浓度

单位：除 pH 值外均为 mg/L

序号	污染物	适用范围	一级标准	二级标准	三级标准
1	pH 值	一切排污单位	6～9	6～9	6～9
2	色度（稀释倍数）	一切排污单位	50	80	—
3	悬浮物（SS）	采矿、选矿、选煤工业	70	300	—
		脉金选矿	70	400	—
		边远地区砂金选矿	70	800	—
		城镇二级污水处理厂	20	30	—
		其他排污单位	70	150	400
4	五日生化需氧量（BOD₅）	甘蔗制糖、苎麻脱胶、湿法纤维板、染料、洗毛工业	20	60	600
		甜菜制糖、酒精、味精、皮革、化纤浆粕工业	20	100	600
		城镇二级污水处理厂	20	30	—
		其他排污单位	20	30	300
5	化学需氧量（COD）	甜菜制糖、合成脂肪酸、湿法纤维板、染料、洗毛、有机磷农药工业	100	200	1000
		味精、酒精、医药原料药、生物制药、苎麻脱胶、皮革、化纤浆粕工业	100	300	1000
		石油化工工业（包括石油炼制）	60	120	—
		城镇二级污水处理厂	60	120	500
		其他排污单位	100	150	500
6	石油类	一切排污单位	5	10	20

序号	污染物	适用范围	一级标准	二级标准	三级标准
7	动植物油	一切排污单位	10	15	100
8	挥发酚	一切排污单位	0.5	0.5	2.0
9	总氰化合物	一切排污单位	0.5	0.5	1.0
10	硫化物	一切排污单位	1.0	1.0	1.0
11	氨氮	医药原料药、染料、石油化工工业	15	50	—
		其他排污单位	15	25	—
12	氟化物	黄磷工业	10	15	20
		低氟地区（水体含氟量 <0.5mg/L）	10	20	30
		其他排污单位	10	10	20
13	磷酸盐（以 P 计）	一切排污单位	0.5	1.0	—
14	甲醛	一切排污单位	1.0	2.0	5.0
15	苯胺类	一切排污单位	1.0	2.0	5.0
16	硝基苯类	一切排污单位	2.0	3.0	5.0
17	阴离子表面活性剂（LAS）	一切排污单位	5.0	10	20
18	总铜	一切排污单位	0.5	1.0	2.0
19	总锌	一切排污单位	2.0	5.0	5.0
20	总锰	合成脂肪酸工业	2.0	5.0	5.0
		其他排污单位	2.0	2.0	5.0

三、污水排入城镇下水道水质标准

污水排入城镇下水道控制项目的限值末端污水处理厂的处理程度有关。《污水排入城镇下水道水质标准》（GB/T 31962—2015）规定，根据城镇下水道末端污水处理厂的处理程度，将控制项目限值分为 A、B、C 三个等级。

① 采用再生处理时，排入城镇下水道的污水水质应符合 A 级的规定。

② 采用二级处理时，排入城镇下水道的污水水质应符合 B 级的规定。

③ 采用一级处理时，排入城镇下水道的污水水质应符合 C 级的规定。

具体数值见表 1-6。

表 1-6　污水排入城镇下水道水质标准

序号	控制项目名称	单位	A 级	B 级	C 级
1	水温	℃	40	40	40
2	色度	倍	64	64	64
3	易沉固体	mL/(L·15min)	10	10	10
4	悬浮物	mg/L	400	400	250
5	溶解性总固体	mg/L	1500	2000	2000
6	动植物油	mg/L	100	100	100

序号	控制项目名称	单位	A 级	B 级	C 级
7	石油类	mg/L	15	15	10
8	pH 值	—	6.5~9.5	6.5~9.5	6.5~9.5
9	五日生化需氧量(BOD$_5$)	mg/L	350	350	150
10	化学需氧量(COD)	mg/L	500	5000	300
11	氨氮(以 N 计)	mg/L	45	45	25
12	总氮(以 N 计)	mg/L	70	70	45
13	总磷(以 P 计)	mg/L	8	8	5
14	阴离子表面活性剂(LAS)	mg/L	20	20	10
15	总氰化物	mg/L	0.5	0.5	0.5
16	总余氯(以 Cl$_2$ 计)	mg/L	8	8	8
17	硫化物	mg/L	1	1	1
18	氟化物	mg/L	20	20	20
19	氯化物	mg/L	500	800	800
20	硫酸盐	mg/L	400	600	600
21	总汞	mg/L	0.005	0.005	0.005
22	总镉	mg/L	0.05	0.05	0.05
23	总铬	mg/L	1.5	1.5	1.5
24	六价铬	mg/L	0.5	0.5	0.5
25	总砷	mg/L	0.3	0.3	0.3
26	总铅	mg/L	0.5	0.5	0.5
27	总镍	mg/L	1	1	1
28	总铍	mg/L	0.005	0.005	0.005
29	总银	mg/L	0.5	0.5	0.5
30	总硒	mg/L	0.5	0.5	0.5
31	总铜	mg/L	2	2	0.5
32	总锌	mg/L	5	5	5
33	总锰	mg/L	2	5	5
34	总铁	mg/L	5	10	10
35	挥发酚	mg/L	1	1	0.5
36	苯系物	mg/L	2.5	2.5	1
37	苯胺类	mg/L	5	5	2
38	硝基苯类	mg/L	5	5	3
39	甲醛	mg/L	5	5	2
40	三氯甲烷	mg/L	1	1	0.6
41	四氯化碳	mg/L	0.5	0.5	0.06

序号	控制项目名称	单位	A级	B级	C级
42	三氯乙烯	mg/L	1	1	0.6
43	四氯乙烯	mg/L	0.5	0.5	0.2
44	可吸附有机卤化物(AOX,以 Cl 计)	mg/L	8	8	5
45	有机磷农药(以 P 计)	mg/L	0.5	0.5	5
46	五氯酚	mg/L	5	5	5

四、地方标准

地方可以结合本地区的实际情况，制定地方污水排放标准。地方标准要严于国家标准。表1-7所示为《辽宁省污水综合排放标准》（DB 21/1627—2008）中其他污水的排放要求，规定了其他污水直接排入允许排放区受纳水体的水污染物最高允许排放浓度。

表 1-7　直接排放的水污染物最高允许排放浓度　　　　单位：mg/L

序号	污染物或项目名称	最高允许排放浓度	序号	污染物或项目名称	最高允许排放浓度
1	色度(稀释倍数)	30	14	硼	2
2	悬浮物(SS)	20	15	总钼(按 Mo 计)	1.5
3	五日生化需氧量(BOD$_5$)	10	16	总钒	1.0
4	化学需氧量(COD$_{Cr}$)	50	17	总钴	0.5
5	总氮	15	18	苯乙烯	0.2
6	氨氮	8(10)	19	乙腈	2
7	磷酸盐(以 P 计)	0.5	20	甲醇	3
8	石油类	3	21	水合肼	0.2
9	挥发酚	0.3	22	丙烯醛 0.5 23 0.5 24 1.0 25 0.1	0.5
10	硫化物	0.5	23	吡啶	0.5
11	总氰化物(按 CN 计)	0.2	24	二硫化碳	1
12	总有机碳(TOC)	20	25	丁基黄原酸盐	0.1
13	氯化物(以氯离子计)	400			

注：1. 括号外数值为水温＞12℃时的控制指标，括号内数值为水温≤12℃时的控制指标。

2. 氯化物（以氯离子计）只针对排放于淡水水域，海域不受限制，排水用于农田灌溉的排放标准为 250mg/L，污水回用处理反渗透膜浓水排放标准为 1000mg/L。

五、典型工业废水排放标准

按照国家综合排放标准与国家行业排放标准不交叉执行的原则，典型工业行业执行行业标准，例如造纸工业执行《制浆造纸工业水污染物排放标准（GB 3544—2008），纺织染整工业执行《纺织染整工业水污染物排放标准》（GB 4287—2012），肉类加工工业执行

《肉类加工工业水污染物排放标准》（GB 13457—1992），合成氨工业执行《合成氨工业水污染物排放标准》（GB 13458—2013），钢铁工业执行《钢铁工业水污染物排放标准》（GB 13456—2012），磷肥工业执行《磷肥工业水污染物排放标准》（GB 15580—2011），烧碱聚氯乙烯工业执行《烧碱、聚氯乙烯工业水污染物排放标准》（GB 15581—2016）等。

六、城市污水再生利用的水质标准

我国现行的国家标准《城镇污水处理厂污染物排放标准》（GB 18918—2002）规定城镇污水处理厂的污染物排放一般应达到一级 A 标准。但达到一级 A 排放标准的水质还达不到再生利用的标准，因此，如果城镇污水处理厂的出水要实现再生利用，必须增加深度处理，使其水质达到再生利用的要求。

城镇污水再生利用按用途分为如表 1-8 所列的几类。

表 1-8　城镇污水再生利用类别

序号	分类	范围	示例
1	农、林、牧、渔业用水	农田灌溉	种籽与育种、粮食与饲料作物、经济作物
		造林育苗	种籽、苗木、苗圃、观赏植物
		畜牧养殖	畜牧、家畜、家禽
		水产养殖	淡水养殖
2	城镇杂用水	城镇绿化	公共绿地、住宅小区绿化
		冲厕	厕所便器冲洗
		道路清扫	城镇道路的冲洗及喷洒
		车辆冲洗	各种车辆冲洗
		建筑施工	施工场地清扫、浇洒、灰尘抑制、混凝土制备与养护、施工中的混凝土构件和建筑物冲洗
		消防	消火栓、消防水炮
3	工业用水	冷却用水	直流式、循环式
		洗涤用水	冲渣、冲灰、消烟除尘、清洗
		锅炉用水	中压、低压锅炉
		工艺用水	溶料、水浴、蒸煮、漂洗、水力开采、水力输送、增湿、稀释、搅拌、选矿、油田回注
		产品用水	浆料、化工制剂、涂料
4	环境用水	娱乐性景观环境用水	娱乐性景观河道、景观湖泊及水景
		观赏性景观环境用水	观赏性景观河道、景观湖泊及水景
		湿地环境用水	恢复自然湿地、营造人工湿地
5	补充水源水	补充地表水	河流、湖泊
		补充地下水	水源补给、防止海水入侵、防止地面沉降

污水再生利用水质标准应根据不同的用途具体确定。用于冲厕、道路清扫、消防、城市绿化、车辆冲洗、建筑施工等杂用的再生水水质应符合《城市污水再生利用 城市杂用

水水质》（GB/T 18920—2020）的规定，见表1-9。用于景观环境用水的再生水水质应符合国家标准《城市污水再生利用 景观环境用水水质》（GB/T 18921—2019）的规定，见表1-10。再生水用于工业用水和农田灌溉时，其水质应达到相应的水质标准。

表1-9 城市杂用水水质标准

项目		冲厕、车辆冲洗	城市绿化、道路清扫、消防、建筑施工
pH 值		6.0～9.0	6.0～9.0
色度/度	≤	15	30
臭		无不快感觉	无不快感觉
浊度/NTU	≤	5	10
BOD_5/(mg/L)	≤	10	20
氨氮(以 N 计)/(mg/L)	≤	10	20
阴离子表面活性剂/(mg/L)	≤	1.0	1.0
铁/(mg/L)	≤	0.3	—
锰/(mg/L)	≤	0.1	—
溶解性固体/(mg/L)	≤	1000(2000)①	1000(2000)①
溶解氧/(mg/L)	≥	2.0	2.0
总氯/(mg/L)	≤	1.0(出厂),0.2(管网末端)	1.0(出厂),0.2②(管网末端)
大肠埃希氏菌/(MPN/100mL 或 CFU/100mL)	≤	无③	无③

① 括号内指标值为沿海或本地水源中溶解性固体含量较高的区域的指标。

② 用于城市绿化时，不超过 2.5mg/L。

③ 大肠埃希氏菌不应检出。

表1-10 景观环境用水的再生水水质指标

序号	项 目		观赏性景观环境用水			娱乐性景观环境用水			景观湿地环境用水
			河道类	湖泊类	水景类	河道类	湖泊类	水景类	
1	基本要求		无漂浮物,无令人不愉快的嗅和味						
2	pH 值(无量纲)		6～9						
3	5 日生化需氧量(BOD_5)/(mg/L)	≤	10	6		10	6		10
4	浊度/NTU	≤	10	5		10	5		10
5	总磷(以 P 计)/(mg/L)	≤	0.5	0.3		0.5	0.3		0.5
6	总氮/(mg/L)	≤	15	10		15	10		15
7	氨氮(以 N 计)/(mg/L)	≤	5	5		5	5		5
8	粪大肠菌群/(个/L)	≤	1000			1000		3	1000
9	余氯/(mg/L)	≥	—			0.05～0.1			
10	色度/度	≤	30						

注：1. 未采用加氯消毒方式的再生水，其补水点无余氯要求。

2. "—"表示对此项无要求。

第三节 废水处理的基本方法

废水处理实质上就是采用各种手段和技术，将废水中的污染物分离出来，或将其转化为无害的物质，从而使废水得到净化。

一、废水处理方法及分类

现代废水处理方法主要分为物理处理法、化学处理法和生物处理法三类。

1. 物理处理法

通过物理作用分离、回收废水中不溶解的悬浮状态污染物（包括油膜和油珠）的方法。物理处理法可分为重力分离法、离心分离法和筛滤截留法等。属于重力分离法的处理单元有沉淀、上浮（气浮）等，相应使用的处理设备是沉砂池、沉淀池、隔油池、气浮池及其附属装置等。离心分离法本身就是一种处理单元，使用的处理装置有离心分离机和水旋分离器等。筛滤截留法有栅筛截留和过滤两种处理单元，前者使用的处理设备是格栅、筛网，而后者使用的是砂滤池和微孔滤机等。以热交换原理为基础的处理方法也属于物理处理法，其处理单元有蒸发、结晶等。

2. 化学处理法

通过化学反应和传质作用来分离、去除废水中呈溶解、胶体状态的污染物或将其转化为无害物质的方法。在化学处理法中，以投加药剂产生化学反应为基础的处理单元有混凝、中和、氧化还原等，以传质作用为基础的处理单元有萃取、汽提、吹脱、吸附、离子交换以及电渗析和反渗透等。电渗析和反渗透处理单元使用的是膜分离技术。运用传质作用的处理单元既具有化学作用，又具有与之相关的物理作用，所以也可以从化学分离法中分出来，成为另一类处理方法，称为物理化学处理法。

3. 生物处理法

通过微生物的代谢作用，使污水中呈溶解、胶体状态的有机污染物转化为稳定的无害物质的方法。主要方法可分为两大类，即利用好氧微生物作用的好氧法（好氧氧化法）和利用厌氧微生物作用的厌氧法（厌氧还原法）。

废水生物处理广泛使用的是好氧生物处理法。按传统处理方法，好氧生物处理法又分为活性污泥法和生物膜法两类。活性污泥法是一种处理单元，它有多种运行方式。生物膜法的处理设备有生物滤池、生物转盘、生物接触氧化池以及近年发展起来的生物流化床等。

厌氧生物处理法主要用于处理高浓度有机废水和污泥。使用的处理设备主要有消化池。

由于废水中的污染物是多种多样的，因此，在实际工程中，往往需要将几种方法组合在一起，通过几个处理单元去除污水中的各类污染物，使污水达到排放标准。

二、城市污水处理的分级

按处理程度，城市污水处理一般可分为一级处理、二级处理和三级处理。

1. 一级处理

一级处理主要是去除污水中呈悬浮状态的固体污染物质，物理处理法大部分只能完成一级处理的要求。城市污水一级处理的主要构筑物有格栅、沉砂池和初沉池。一级处理的工艺流程如图 1-1 所示。

图 1-1 一级处理的工艺流程

格栅的作用是去除污水中的大块漂浮物，沉砂池的作用是去除密度较大的无机颗粒，沉淀池的作用主要是去除无机颗粒和部分有机物质。经过一级处理后的污水，SS 一般可去除 40%～55%，BOD 一般可去除 30% 左右，达不到排放标准。一级处理属于二级处理的预处理。

2. 二级处理

二级处理是在一级处理的基础之上增加的生化处理方法，其目的主要去除污水中呈胶体和溶解状态的有机污染物质（即 BOD、COD 物质）。二级处理采用的生化方法主要有活性污泥法和生物膜法，其中采用较多的是活性污泥法。经过二级处理，城市污水有机物的去除率可达 90% 以上。二级处理是城市污水处理的主要工艺，应用非常广泛。图 1-2 所示为城市污水处理二级处理典型的工艺流程。

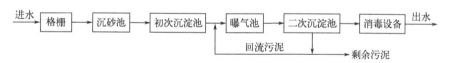

图 1-2 城市污水二级处理典型的工艺流程

3. 三级（深度）处理

三级处理是在一级、二级处理后，增加深度处理工艺，进一步处理难降解的有机物、磷和氮等能够导致水体富营养化的可溶性无机物。城市污水三级处理典型的工艺流程见图 1-3。

三级（深度）处理方法的选择与污水处理厂二级出水水质及深度处理后出水水质的要求有关，具体工艺有以下几种。

（1）以一级 A 排放标准为水质目标的深度处理

以一级 A 排放标准为目标的深度处理工艺一般是在二级处理的基础上，增加混凝—沉淀—过滤—消毒深度处理工艺。该工艺能够进一步去除二级生化处理厂未能除去的胶体物质、磷、悬浮物和有机污染物。

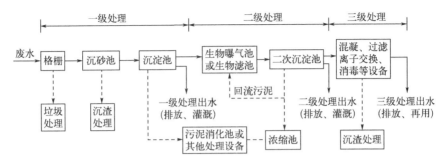

图 1-3　城市污水三级处理典型的工艺流程

在实际工程中，混凝—沉淀—过滤—消毒深度处理工艺由于处理构筑物不同，还可以转变为以下几个工艺。

① 二级处理出水—高密度沉淀池—过滤—消毒。

② 二级处理出水—混凝—沉淀—滤布滤池—消毒。

③ 二级处理出水—高密度沉淀池—滤布滤池—消毒。

对于水质二级处理出水水质较好的处理厂，深度处理也可以采用下列工艺。

① 二级处理出水—微絮凝—过滤—消毒。

② 二级处理出水—过滤—消毒。

③ 深度处理出水（或二级处理出水）—人工湿地—消毒。

（2）高于一级 A 排放标准的深度处理

对于以再生利用为目的，或者接纳污水处理厂排放的水体对水质有更高要求，这种情况下污水处理厂的排水水质一般要高于一级的排放标准，此时的深度处理工艺应根据排放水水质要求确定深度处理工艺。

对于对有机物要求比较严格的情况，可以考虑在混凝—沉淀—过滤—消毒工艺中增加高级氧化处理工艺单元，如臭氧氧化、芬顿试剂法等。

为了进一步去除水中的氮和悬浮物，可以采用深床反硝化滤池。深床反硝化滤池对磷也有进一步净化的功能。该工艺性能稳定，处理效果好，运行成本低。

经过深度处理后，出水中的某些污染物指标仍不能满足再生利用水质要求时，则应考虑在深度处理后增设粒状活性炭吸附工艺。

在深度处理工艺后增设人工湿地也是常见的一种方法。如果人工湿地在深度处理中起主要作用，就采用潜流人工湿地；如果仅是采用人工湿地进一步提升水质，就可以采用表流人工湿地。

另外，离子交换、超滤、纳滤、反渗透等技术也可以用于深度处理工艺中。

三、处理方法的选择

废水处理方法选择的主要依据是废水中污染物的种类和性质、污染物存在状态、废水的水量、水质的变化以及废水所需要达到的处理程度等。单一污染物去除可以采用的处理方法如表 1-11 所列。

表 1-11　单一污染物去除可以采用的处理方法

处理对象	处理方法
酸或碱	中和
BOD	好氧生物处理、厌氧消化、混凝沉淀
COD	厌氧和好氧生物处理、吸附、混凝沉淀、化学氧化
SS	自然沉淀、混凝沉淀、上浮、过滤、离心分离
油	重力分离、混凝沉淀、上浮
酚	生物处理、萃取、吸附、化学氧化
氰	化学氧化、电解氧化、离子交换、生物处理
铬(六价)	还原、离子交换、电解、蒸发浓缩、化学沉淀
锌	调整 pH 值生成氢氧化物沉淀并过滤、投加硫化物生成硫化物沉淀并过滤、电解、隔膜电解、反渗透
铜	调整 pH 值生成氢氧化物沉淀并过滤、投加硫化物生成硫化物沉淀并过滤、电解、隔膜电解、反渗透
铁	混凝沉淀、离子交换、高梯度磁分离
硫化物	活性污泥法、空气氧化、化学氧化、吹脱
氨氮	生物处理(硝化反硝化)、碱性条件下空气吹脱、用斜发沸石等的离子交换
氟	氟化钙沉淀
汞	硫化钠沉淀、活性炭吸附、离子交换
镉	调整 pH 值生成氢氧化物沉淀并过滤、电解、隔膜电解、投加硫化物生成硫化物沉淀并过滤、离子交换
有机磷	活性炭吸附、生物处理、化学氧化

实际工程中废水的水质很复杂,可能同时含有多种污染物质,在确定处理方法时,可以遵循以下原则。

1. 有机废水的处理

① 含悬浮物时,若 BOD_5、COD、SS 能同时去除,采用物理法。

② 含悬浮物时,若 BOD_5、COD 不能与 SS 同时去除,采用生物处理法。

③ 若经生物处理后 COD 不能降低到排放标准时,就要考虑采用深度处理。

2. 无机废水的处理

① 含悬浮物时,沉淀处理能达标时,采用自然沉淀法。

② 沉淀处理不能达标时,进行混凝沉淀。

③ 当悬浮物去除后,废水中仍含有害物质时,可考虑采用调节 pH 值、化学沉淀、氧化还原等化学方法。

④ 对上述方法仍不能去除的溶解性物质,为了进一步去除,可考虑采用吸附、离子交换等深度处理方法。

由于废水水质复杂,因此,具体的废水处理工艺流程一般都是几个处理单元的组合。

确定具体的处理工艺流程时,可参考已有的相同或相似废水的处理工艺流程确定。如无资料可参考时,可通过试验确定。

第二章　物理处理技术

第一节　格栅与滤网

一、格栅

格栅一般安装在污水处理厂、污水泵站之前，用以拦截大块的悬浮物或漂浮物，以保证后续构筑物或设备的正常工作。

格栅一般由相互平行的格栅条、格栅框和清渣耙三部分组成。格栅按不同的分类方法可分为不同的类型。

(1) 按格栅条间距的大小

格栅分为细格栅、中格栅和粗格栅三类，其栅条间距分别为 4～10mm、15～25mm 和＞40mm。

(2) 按清渣方式

格栅分为人工清渣格栅和机械清渣格栅两种。人工清渣格栅主要是粗格栅。

(3) 按栅耙的位置

格栅分为前清渣式格栅和后清渣式格栅。前清渣式格栅要顺水流清渣，后清渣式格栅要逆水流清渣。

(4) 按形状

格栅分为平面格栅和曲面格栅。图 2-1 为采用机械清渣的平面格栅，图 2-2 为 HGS 型弧形格栅。

(5) 按构造特点

格栅分为抓扒式格栅、循环式格栅、弧形格栅、回转式格栅、转鼓式格栅和阶梯式格栅。图 2-3 所示为阶梯形格栅。

格栅栅条间距与格栅的用途有关。设置在水泵前的格栅栅条间距应满足水泵的要求。设置在污水处理系统前的格栅栅条间距最大不能超过 40mm，其中人工清除为 25～40mm，机械清除为 16～25mm。

污水处理厂也可设置两道格栅，总提升泵站前设置粗格栅（50～100mm）或中格栅（10～40mm）。处理系统前设置中格栅或细格栅（3～10mm）。若泵站前格栅栅条间距≤25mm，污水处理系统前可不设置格栅。

栅渣清除方式与格栅拦截的栅渣量有关，当格栅拦截的栅渣量＞0.2m³/d 时，一般采用机械清渣方式；当栅渣量＜0.2 m³/d 时，可采用人工清渣方式，也可采用机械清渣

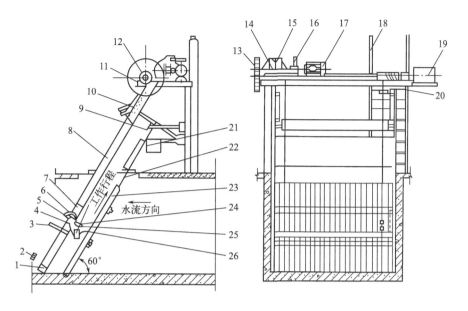

图 2-1 采用机械清渣的平面格栅

1—滑块行程限位螺栓；2—清渣耙自锁机构开锁撞块；3—清渣耙自锁栓；4—耙臂；5—销轴；

6—清渣耙摆动限位板；7—滑块；8—滑块导轨；9—刮板；10—抬耙导轨；11—底座；

12—卷筒轴；13—开式齿轮；14—卷筒；15—减速机；16—制动器；17—电动机；

18—扶梯；19—限位器；20—松绳开关；21、22—上、下溜板；23—格栅；

24—抬耙滚子；25—钢丝绳；26—耙齿板

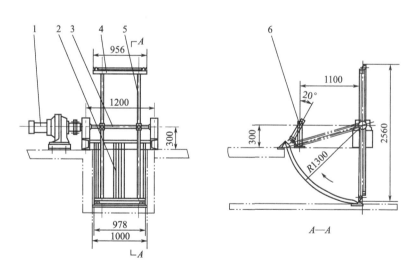

图 2-2 HGS 型弧形格栅

1—驱动装置；2—栅条组；3—传动轴；4—齿耙臂；5—旋转耙臂；6—撇渣装置

方式。机械清渣不仅为了改善劳动条件，而且有利于提高自动化水平。

对每日截留污物量＞1000kg 的格栅，有的附设污物粉碎装置，清除的污物就地粉碎，然后用水力输送到污泥处理系统，与污泥一并处置。

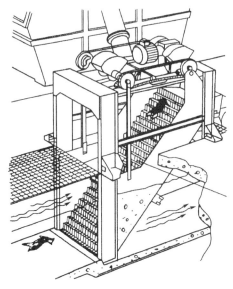

图 2-3　阶梯形格栅

格栅截留的污物数量因栅条间距、污水类型不同而异，生活污水处理格栅的污物截留量是按人口计算的。表 2-1 所列的是生活污水处理格栅的栅条间距与截留污物数量。污物的含水率为 $30\% \sim 70\%$，容重 $750 kg/m^3$。

表 2-1　格栅的栅条间距与截留污物数量

栅条间距 /mm	截留污物量 /[L/(人·a)]	格栅后可安装的 水泵型号	栅条间距 /mm	截留污物量 /[L/(人·a)]	格栅后可安装的 水泵型号
≤20	4~6	$2\frac{1}{2}$PWA	≤70	0.8	6PWA
≤40	2.7	4PWA	≤90	0.5	8PWA

格栅栅条的断面形状有正方形、圆形、矩形和带半圆的矩形。其中圆形断面栅条的水力条件好，水流阻力小，但刚度较差，一般多采用矩形断面的栅条。

二、滤网

滤网用以截阻、去除废水中的纤维和纸浆等较细小的悬浮物。滤网一般用薄铁皮钻孔制成，或用金属丝编制而成，孔眼直径为 0.5~1.0mm。

按孔眼大小滤网分为粗筛网和细筛网，按工作方式不同滤网分为固定筛网和旋转筛网。

（1）固定筛网

固定筛网又称为水力筛，由曲面栅条及框架组成，筛面自上而下形成一个倾角逐渐减小的曲面。栅条水平放置，栅条斜面为楔形，栅条间距为 0.25~0.5mm。其工作过程为：水由格栅的后部进口进入栅条的上部，然后沿栅条宽度向栅条前面溢流。水经过栅条表面时，通过栅条间隙流入栅条下部，从出口流出。污物被截留，并在水力冲刷及自身重力的作用下沿筛面滑下，落入渣槽。固定筛网（水力筛）如图 2-4 所示。固定筛网（水力筛）能去除水中细小的纤维和固体颗粒，无需其他动力。

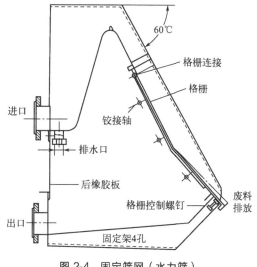

图 2-4 固定筛网（水力筛）

（2）旋转筛网

旋转筛网由圆形框架和传动装置组成。其旋转筛网由圆形框架和传动装置组成。其工作过程是水经入口缓慢流入转筒内，由转筒下部筛网经过滤后排出。污物被截留在筛网内壁上，随转筒转至水面以上。经刮渣设备及冲洗水冲洗后，被截留的污物掉在转筒中心处的收集槽内，再经过出渣导槽排出。旋转筛网能去除纤维、纸屑等。

1）水力旋转筛网

水力旋转筛网由锥筒旋转筛和固定筛组成。锥筒旋转筛呈截头圆锥形，中心轴水平，水从圆锥体的小端流入，从筛孔流入集水装置，在从小端流到大端的过程中纤维状的杂物被筛网截留，被截留的杂物沿筛网的斜面落到固定筛上，进一步脱水。旋转筛的小端用不透水的材料制成，内壁有固定的导水叶片，当进水射向导水叶片时推动锥筒旋转。水力旋转筛网如图 2-5 所示。

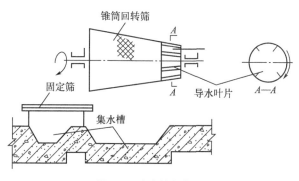

图 2-5　水力旋转筛网

2）电动旋转筛网

电动旋转筛网的筛孔一般为 $170\mu m \sim 5mm$，网眼小，截留悬浮物多，容易堵塞，需要增加清洗次数。电动旋转筛网一般接在水泵的压力管上，利用泵的压力进行过滤。电动旋转筛网如图 2-6 所示。

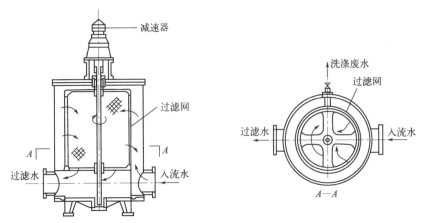

图 2-6　电动旋转筛网

三、捞毛机

捞毛机有圆筒形和链板框式两种。圆筒形捞毛机安装在废水渠道的出口处，含有纤维杂质的废水进入筛网后，纤维被留在筛网上。圆筒形捞毛机如图 2-7 所示。

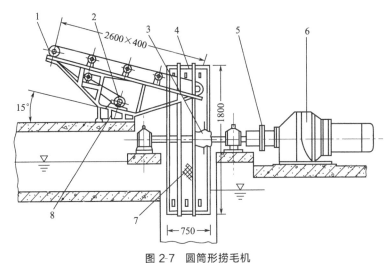

图 2-7　圆筒形捞毛机

1—皮带运输机构；2—筒形筛网轴承座；3—连接轮；4—筒形筛网框架；

5—连轴器；6—行星摆线针轮减速机；7—筛网；8—皮带运输机行星摆线针轮减速机

常用的筛网圆筒的直径为 2200mm，筛网的宽度为 800mm。孔眼为 9.5 目/cm。筛网转速为 2.5mm/min。

第二节　沉　淀

一、沉淀的基本理论

1. 沉淀类型

根据悬浮颗粒的性质、浓度及絮凝性能，将沉淀分为自由沉淀、絮凝沉淀、区域沉淀和压缩沉淀 4 种类型。

（1）自由沉淀

当悬浮物浓度不高时，颗粒沉淀过程中相互不会发生碰撞，呈单颗粒状态，颗粒独立完成各自的沉淀过程。在整个沉淀过程中，颗粒的物理性质，如形状、大小及密度均不发生任何变化，颗粒沉淀的轨迹呈直线状。砂粒在水中的沉淀过程就是典型的自由沉淀。

（2）絮凝沉淀

絮凝沉淀又称为干扰沉淀。当悬浮颗粒浓度较大时，在沉淀过程中，颗粒之间相互碰撞，发生絮凝作用，结果颗粒的粒径与质量都逐渐变大，沉淀速度不断加快，沉淀轨迹呈曲线。活性污泥在二沉池中的沉淀就是典型的絮凝沉淀。

（3）区域沉淀

区域沉淀又称成层沉淀或拥挤沉淀。在沉淀过程中，当悬浮颗粒浓度增大时，颗粒间相互碰撞，相互干扰，致使颗粒挤成一团，沉速大的颗粒也不能超越沉速小的颗粒而沉降。这种相互干扰的沉降作用使所有颗粒合成一个整体，大小颗粒各自保持其相对位置不变而整体下沉，并与液相之间形成一个清晰的界面。区域沉淀的外在表现就是界面的下降，也称成层沉淀。二沉池下部的沉淀过程及浓缩池的开始阶段就是典型的区域沉淀。

（4）压缩沉淀

压缩沉淀过程是成层沉淀的继续。成层沉淀的发展使颗粒浓度越来越大，颗粒之间挤集成团块状，互相接触，互相支撑，上层颗粒在重力作用下挤出下层颗粒的间隙水，使污泥得到浓缩。活性污泥在二沉池污泥斗中的浓缩过程就是典型的压缩沉淀。

2. 理想沉淀池

实际沉淀池中的运动规律与沉淀理论还有一定的区别。为了简化一些因素的影响，利用理想沉淀池分析悬浮颗粒在实际沉淀池内的运动规律。理想沉淀池的假设条件如下。

① 在流入区，颗粒沿截面均匀分布，在沉淀区处于自由沉淀状态。即在沉淀过程中颗粒之间互不干扰，颗粒的大小、形状、密度不变，因此颗粒的沉速始终保持不变。

② 水在池内沿水平方向等速流动。即过水断面上各点流速相等，并在流动过程中流速始终不变。

③ 颗粒沉到池底即认为已被去除，不再返回水流中。

下面以平流式理想沉淀池为例，分析一下平流式理想沉淀池的工作情况。平流式理想沉淀池如图 2-8 所示。

平流式理想沉淀池分为流入区、沉淀区、流出区和污泥区。池子有效水深为 H，E 点距离池底的距离为 h，进水量为 Q。原水进入沉淀池，在流入区被均匀分配在 A-B 断面上，其运动轨迹为水平流速 v 和颗粒沉速 u 的矢量和。直线 1 代表颗粒从池顶 A 点开始下沉，能够在池底的最远处 B_1 点之前沉到池底的颗粒的运动轨迹；直线 2 代表从池顶 A 点开始下沉而不能沉到池底的颗粒的运动轨迹。在这两种运动轨迹中间，存在第 3 类颗粒的运动轨迹（见轨迹 3），这种颗粒从池顶 A 点开始下沉，刚好沉到池底的最远处 B_1 点（设其沉速为 u_0）。于是，凡沉速大于 u_0 的颗粒都可以沿着类似直线 1 的方式沉到池底被除去；而沉速小于 u_0 的颗粒（设为 u_1），则需视其在流入区所处的位置而定。

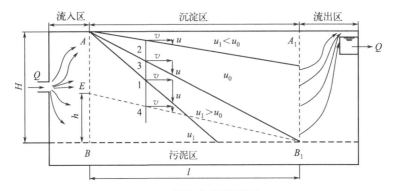

图 2-8　平流式理想沉淀池

若其处于 A 点或其他靠近水面的位置开始下沉，则不能沉到池底，而是沿着类似于轨迹 2 的方式被水流带出池外；若其处于某点以下（如图 2-8 中 E 点）开始沉淀，也可能被去除，若此颗粒从 E 点开始沿着轨迹 4 沉淀，恰好能够被去除。

这就是说，沉速 $u_1 < u < u_0$ 的一切颗粒，若在 E 点以下开始沉淀，也能被全部去除。

由此可见，轨迹 3 所代表的颗粒沉速 u_0 具有特殊的意义，称为截留沉速。截留沉速实际上反映了沉淀池所能全部去除的颗粒中的最小颗粒的沉速，凡是沉速 $\geqslant u_0$ 的颗粒能被全部去除。

3. 理想沉淀池与实际沉淀池的差别

理想沉淀池要求满足三个假设条件，与实际沉淀池存在差别。实际平流式沉淀池偏离理想沉淀池主要是因为受流速分布和流态的影响。

（1）流速分布对去除率的影响

由于沉淀池进口和出口构造的局限，水流速度在整个断面上分布不均匀，包括深度方向和宽度方向水流分布不均。

1）深度方向水平流速分布不均的影响

在实际沉淀池中，水平流速沿深度方向分布不均，如图 2-9 所示。研究分析的结果表明，沉淀池深度方向的水平流速分布不均匀，在理论上对去除率没有影响。

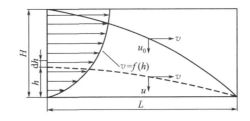

图 2-9　深度方向水平流速分布不均

H—池深；v—水平流速；L—池长；u—颗粒沉降速度

2）宽度方向水平流速分布不均的影响

水平流速沿宽度方向分布是影响沉淀池去除率的主要因素。在实际沉淀池中，水平流速沿宽度方向分布不均，如图 2-10 所示。

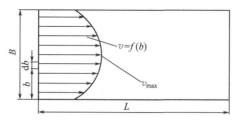

图 2-10　宽度方向水平流速分布不均

B—池宽；v—水平流速；L—池长

（2）流态对去除率的影响

当沉淀池内水流处于紊流状态时，颗粒受到干扰，在沉淀池内的三维空间做不规则运动。颗粒沉速或减慢或加速，不能均匀下沉，进而影响颗粒的去除率。

二、沉砂池

1. 沉砂池的类型与特点

沉砂池的作用是去除密度较大的无机颗粒。一般设在初沉池前或泵站、倒虹管前。常用的沉砂池有平流式沉砂池、曝气沉砂池、旋流沉砂池和多尔沉砂池等。

① 平流式沉砂池构造简单，处理效果较好，工作稳定。但沉砂中夹杂一些有机物，易于腐化散发臭味，难于处置，并且对有机物包裹的砂粒去除效果不好。

② 曝气沉砂池在曝气的作用下，颗粒之间产生摩擦，将包裹在颗粒表面的有机物摩擦去除掉，产生洁净的沉砂，同时提高颗粒的去除效率。

③ 旋流沉砂池依靠电动机械转盘和斜坡式叶片，利用离心力将砂粒甩向池壁去除，并将有机物脱除。

④ 多尔沉砂池设置了一个洗砂槽，可产生洁净的沉砂。

曝气沉砂池、旋流沉砂池和多尔沉砂池这三种沉砂池在一定程度上克服了平流式沉砂池的缺点，但构造比平流式沉砂池复杂。竖流式沉砂池通常用于去除较粗（粒径在 0.6mm 以上）的砂粒，结构也比较复杂，目前生产中采用较少。实际工程中一般多采用曝气沉砂池。

2. 平流式沉砂池

平流式沉砂池是一个比入流渠道和出流渠道宽而深的渠道，平面为长方形，横断面多为矩形。当污水流过时，由于过水断面增大，水流速度下降，污水中夹带的无机颗粒在重力的作用下下沉，从而达到分离水中无机颗粒的目的。

平流式沉砂池由入流渠、出流渠、闸板、水流部分及沉砂斗组成。图 2-11 所示为多斗式平流式沉砂池。

沉渣的排除方式有机械排砂和重力排砂两类。图 2-11 所示为砂斗加底闸，进行重力排砂，排砂管直径 200mm。

3. 曝气沉砂池

普通沉砂池的最大缺点是在其截留的沉砂中夹杂有一些有机物，这些有机物的存在使沉砂易于腐败发臭，夏季气温较高时尤甚，因此对沉砂的后处理和周围环境会产生不利影

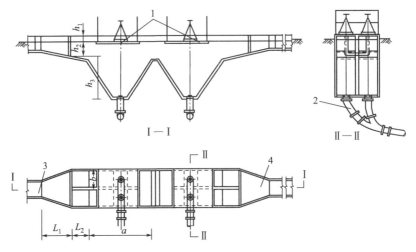

图 2-11 多斗式平流式沉砂池

1—排砂阀门；2—排砂管；3—出水口；4—出水口

响。普通沉砂池的另一缺点是对有机物包裹的砂粒截留效果较差。

曝气沉砂池的平面形状为长方形，横断面多为梯形或矩形，池底设有沉砂斗或沉砂槽，一侧设有曝气管。在沉砂池进行曝气的作用是使颗粒之间产生摩擦，将包裹在颗粒表面的有机物摩擦去除掉，产生洁净的沉砂，同时提高颗粒的去除效率。图 2-12 所示为曝气沉砂池。曝气沉砂池沉砂的排除一般采用提砂设备或抓砂设备。

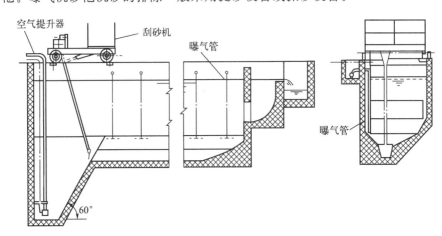

图 2-12 曝气沉砂池

4. 旋流沉砂池

旋流沉砂池是利用水力涡流原理除砂。沉砂的排除方式有 3 种。

① 采用砂泵抽升。

② 采用空气提升器。

③ 在传动轴中插入砂泵，泵和电机设在沉砂池的顶部。

圆形涡流式沉砂池与传统的平流式曝气沉砂池相比，具有占地面积小、土建费用低的优点，对中小型污水处理厂具有一定的适用性。

旋流沉砂池有多种池型，目前应用较多的有英国 Jones & Attwod 公司的钟式（Jeta）沉砂池（图 2-13）和美国 Smith & Loveless 公司的佩斯塔（Pista）沉砂池（图 2-14）。

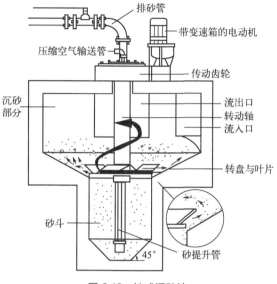

图 2-13　钟式沉砂池

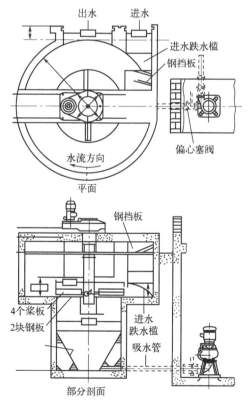

图 2-14　佩斯塔沉砂池

5. 多尔沉砂池

多尔沉砂池结构上部为方形，下部为圆形，装有复耙提升坡道式筛分机。图 2-15 所示为多尔沉砂池。

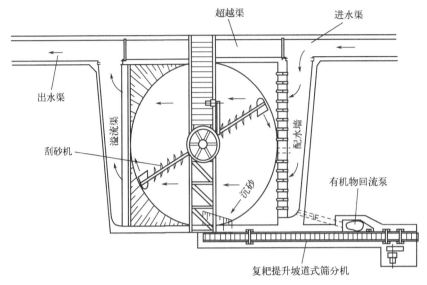

图 2-15　多尔沉砂池

多尔沉砂池属线形沉砂池，颗粒的沉淀是通过减小池内水流速度来完成的。为了保证分离出的砂粒纯净，利用复耙提升坡道式筛分机分离沉砂中的有机颗粒，分离出来的污泥和有机物再通过回流装置回流至沉砂池中。为确保进水均匀，多尔沉砂池一般采用穿孔墙进水，固定堰出水。多尔沉砂池分离出的砂粒比较纯净，有机物含量仅 10% 左右，含水率也比较低。

三、沉淀池

1. 沉淀池的类型与特点

沉淀池的作用主要是去除悬浮于污水中的可以沉淀的固体悬浮物，在不同的工艺中，沉淀池所分离的固体悬浮物也有所不同。例如在生物处理前的沉淀池主要是去除无机颗粒和部分有机物质，在生物处理后的沉淀池主要是分离出水中的微生物固体。沉淀池按构造形式可分为平流式沉淀池、辐流式沉淀池和竖流式沉淀池，沉淀池的多种类型见图 2-16。

另外，沉淀池还分为斜板（管）沉淀池和迷宫沉淀池。

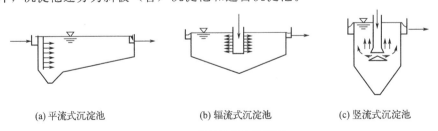

(a) 平流式沉淀池　　　　　(b) 辐流式沉淀池　　　　　(c) 竖流式沉淀池

图 2-16　沉淀池的各种类型

在废水水处理中，按照其在工艺中的位置又可分为初沉池和二沉池。初沉池是城市污水一级处理的主体构筑物，用于去除污水中可沉悬浮物。初沉池对可沉悬浮物的去除率在90%以上，并能将约10%的胶体物质由于黏附作用而去除，总的SS去除率为50%～60%，同时能够去除20%～30%的有机物。二沉池的作用是将活性污泥与处理水分离，并将沉泥加以浓缩。

由于沉淀池构造的差别，各种类型的沉淀池具有不同的特点、不同的适用条件。常用沉淀池的特点和适用条件见表2-2。

表2-2 沉淀池的特点和适用条件

类型	优点	缺点	适用条件
平流式	(1)沉淀效果好 (2)对冲击负荷和温度变化适应性强 (3)施工方便 (4)平面布置紧凑,占地面积小	(1)配水不易均匀 (2)采用机械排泥时设备易腐蚀 (3)采用多斗排泥时,排泥不易均匀,操作工作量大	(1)适用于地下水位较高,地质条件较差的地区 (2)适用于大、中、小型污水处理厂
辐流式	(1)适用于大型污水处理厂,沉淀池个数较少,比较经济,便于管理 (2)机械排泥设备已定型,排泥较方便	(1)池内水流不稳定,沉淀效果相对较差 (2)排泥设备比较复杂,对运行管理要求较高 (3)池体较大,对施工质量要求较高	(1)适用地下水位较高的地区 (2)适用于大、中型污水处理厂
竖流式	(1)占地面积小 (2)排泥方便,运行管理简单	(1)池体深度较大,施工困难 (2)对冲击负荷和温度的变化适应性差 (3)造价相对较高 (4)池径不宜过大	(1)适用于小型污水处理厂 (2)适用于工业废水处理站
斜(管)板	(1)沉淀效果好 (2)占地面积小 (3)排泥方便	(1)易堵塞 (2)造价高	(1)适用于原有沉淀池的挖潜或扩大处理能力 (2)适用于作初沉池

2. 平流式沉淀池

平流式沉淀池平面呈矩形，一般由进水装置、出水装置、沉淀区、缓冲区、污泥区及排泥装置等构成。废水从池子的一端流入，按水平方向在池内流动，从另一端溢出，在进口处的底部设贮泥斗。排泥方式有机械排泥和多斗排泥两种，机械排泥多采用链带式刮泥机和桥式刮泥机。图2-17所示是一种使用比较广泛的桥式刮泥机平流式沉淀池。

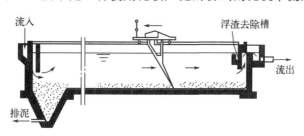

图2-17 桥式刮泥机平流式沉淀池

流入装置是横向潜孔，潜孔均匀地分布在整个宽度上，在潜孔前设挡板，其作用是消能，使废水均匀分布。挡板高出水面 0.15～0.2m，伸入水下的深度不小于 0.2m，也有潜孔布置在槽底的流入装置。

流出装置多采用自由堰型式，堰前也设挡板，以阻挡浮渣，或设浮渣收集和排除装置。出流堰是沉淀池的重要部件，它不仅控制沉淀池内水面的高程，而且对沉淀池内水流的均匀分布有着直接影响。单位长度堰口的溢流量必须相等。此外，在堰的下游还应有一定的自由落差，因此对堰的施工必须是精心的，尽量做到平直，少生误差。有时为了增加堰口长度，在池中间部增设集水槽（图 2-18）。

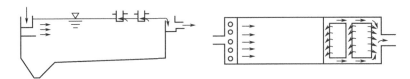

图 2-18　平流式沉淀池中间部增设集水槽

目前多采用如图 2-19 所示的锯齿形溢流堰。这种溢流堰易于加工，也比较容易保证出水均匀。水面应位于齿高度的 1/2 处。

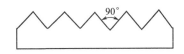

图 2-19　锯齿形溢流堰

及时排除沉于池底的污泥是使沉淀池工作正常，并保证出水水质的一项重要措施。由于可沉悬浮颗粒多沉淀于沉淀池的前部，因此，在池的前部设泥斗，其中的污泥通过排泥管借 1.5～2.0m 的静水压力排出池外，池底坡度一般为 0.01～0.02。

图 2-20 所示为采用比较广泛的链带式刮泥机平流式沉淀池。在池底部，链带缓缓地沿与水流相反的方向滑动，刮板嵌于链带上，在滑动中将池底沉泥推入贮泥斗中，而在其移到水面时，又将浮渣推到出口，从出口集中清除。这种设备的主要缺点是各种机件都在水下，易于腐蚀，难于维护。

图 2-21 所示为多斗式平流式沉淀池。这种平流式沉淀池不用机械刮泥设备，每个贮泥斗单独设排泥管，各自独立排泥，能够互不干扰，保证沉淀浓度。

平流式沉淀池沉淀效果好，对冲击负荷和温度变化适应性强，而且平面布置紧凑，施工方便。但配水不易均匀，采用机械排泥时设备易腐蚀。若采用多斗排泥时，排泥不易均匀，操作工作量大。

3. 辐流式沉淀池

辐流式沉淀池一般为圆形，也有正方形。圆形辐流式沉淀池的直径一般在 20～30m 之间，但变化幅度可为 6～60m，最大甚至可达 100m，池中心深度为 2.5～5.0m，池周深度为 1.5～3.0m。

辐流式沉淀池按进出水的形式可分为中心进水周边出水、周边进水中心出水和周边进水周边出水三种类型。中心进水周边出水辐流式沉淀池应用最为广泛。

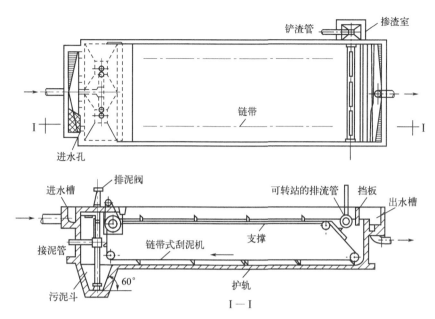

图 2-20　链带式刮泥机平流式沉淀池

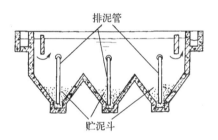

图 2-21　多斗式平流式沉淀池

（1）中心进水周边出水辐流式沉淀池

图 2-22 所示为中心进水周边出水辐流式沉淀池。中心进水周边出水辐流式沉淀池主要由进水管、出水管、沉淀区、污泥区及排泥装置组成。在池中心处设中心管，废水从池底的进水管进入中心管，在中心管的周围常用穿孔挡板围成流入区，使废水在沉淀池内均匀流动。流出区设于池周，由于平口堰不易做到严格水平，所以采用三角堰或淹没式溢流孔。为了拦截表面上的漂浮物质，在出流堰封设挡板、浮渣的收集和排出设备。

中心进水周边出水辐流式沉淀池废水从池中心处流出，沿半径的方向向池周流动，因此，其水力特征是废水的流速由大向小变化。

中心进水周边出水辐流式沉淀池一般均采用机械刮泥，刮泥板固定在桁架上，桁架绕池中心缓慢旋转，把沉淀污泥推入池中心处的污泥斗中，然后借静水压力排出池外，也可以用污泥泵排泥。当池子直径小于 20m 时，一般采用中心传动的刮泥机；当池子直径大于 20m 时，一般采用周边传动的刮泥机。刮泥机旋转速度一般为 1～3r/h，外周刮泥板的线速度不超过 3m/min，一般采用 1.5m/min。池底坡度一般采用 0.05～0.1，中央污泥斗的斜壁与水平面的倾角为方斗不宜小于 60°、圆斗不宜小于 55°。二沉池的污泥多采用吸泥机排出。

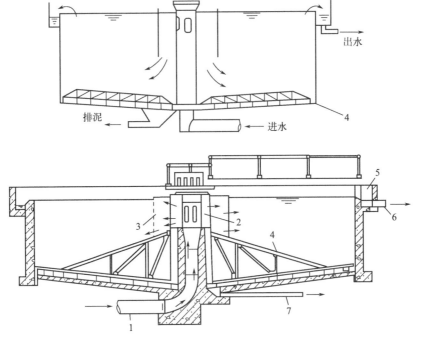

图 2-22　中心进水周边出水辐流式沉淀池

1—进水管；2—中心管；3—穿孔挡板；4—刮泥机；5—出水槽；6—出水管；7—排泥管

（2）周边进水辐流式沉淀池

周边进水辐流式沉淀池有周边进水中心出水辐流式沉淀池（图 2-23）和周边进水周边出水辐流式沉淀池（图 2-24）。

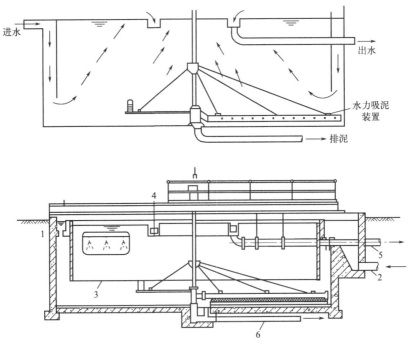

图 2-23　周边进水中心出水辐流式沉淀池

1—进水槽；2—进水管；3—挡板；4—出水槽；5—出水管；6—排泥管

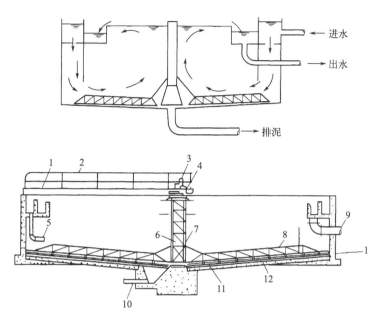

图 2-24 周边进水周边出水辐流式沉淀池

1—过桥；2—栏杆；3—传动装置；4—转盘；5—进水下降管；6—中心支架；
7—传动器罩；8—桁架式耙架；9—出水管；10—排泥管；11—刮泥板；12—可调节的橡皮刮板

中心进水辐流式沉淀池废水是从中心进入在池四周出流，进口处流速很大，呈紊流现象，这时原废水中悬浮物质浓度亦高，紊流状态阻碍了下沉，影响沉淀池的分离效果。而周边进水辐流式沉淀池与此恰恰相反，原废水从池周流入，澄清水则从池中心流出，在一定程度能够克服上述缺点。

周边进水辐流式沉淀池原废水流入位于池周的进水槽中，在进水槽底留有进水孔，原废水再通过进水孔均匀地进入池内，在进水孔的下侧设有进水挡板，深入水面下约 2/3 处，这样有助于均匀配水。而且原废水进入沉淀区的流速要小得多，有利于悬浮颗粒的沉淀，能够提高沉淀率。这种沉淀池的处理能力比一般辐流式沉淀池高。

辐流式沉淀池的优点如下。

① 用于大型污水处理厂，沉淀池个数较少，比较经济，便于管理。

② 机械排泥设备已定型，排泥较方便。

辐流式沉淀池的缺点如下。

① 池内水流不稳定，沉淀效果相对较差。

② 排泥设备比较复杂，对运行管理要求较高。

③ 池体较大，对施工质量要求较高。

4. 竖流式沉淀池

竖流式沉淀池的表面多呈圆形，也有采用方形和多角形。直径或边长一般在 8m 以下，多在 4~7m 之间。沉淀池上部呈圆柱状的部分为沉淀区，下部呈截头圆锥状的部分为污泥区，在二区之间留有缓冲层 0.3m，竖流式沉淀池构造简图见图 2-25。

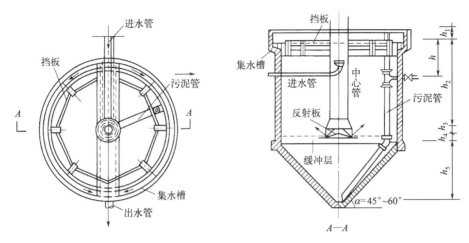

图 2-25　竖流式沉淀池构造简图

废水从中心管流入,由下部流出,通过反射板的阻拦向四周分布,然后沿沉淀区的整个断面上升,沉淀后的出水由池四周溢出。流出区设于池周,采用自由堰或三角堰。如果池子的直径大于 7m,一般要考虑设辐射式汇水槽。

贮泥斗倾角为 $45°\sim60°$,污泥借静水压力由排泥管排出,排泥管直径 $\geqslant200mm$,静水压力为 $1.5\sim2.0m$。为了防止漂浮物外溢,在水面距池壁 $0.4\sim0.5m$ 处安装挡板,挡板伸入水中部分的深度为 $0.25\sim0.3m$,伸出水面高度为 $0.1\sim0.2m$。

竖流式沉淀池的优点是:排泥容易,不需要机械刮泥设备,便于管理。其缺点是:池深大,施工难,造价高;每个池子的容量小,废水量大时不适用;水流分布不易均匀等。

竖流式沉淀池的工作原理与前两种沉淀池有所不同,废水以速度 v 向上流动,悬浮颗粒也以同一速度上升,在重力作用下,颗粒又以速度 u 下沉。颗粒的沉速为其本身沉速与水流上升速度之和。

① $v>u$ 的颗粒能够沉于池底而被去除。

② $v=u$ 的颗粒被截留在池内呈悬浮状态。

③ $v<u$ 的颗粒则不能下沉,随水溢出池外。

当属于第一类沉淀时,在负荷相同的条件下,竖流式沉淀池的去除率将低于其他类型的沉淀池。当属于第二类沉淀时,则情况较为复杂,水流上升,颗粒下沉,颗粒互相碰撞、接触,促进颗粒的絮凝,使粒径变大,u 值也增大,同时又可能在池的深部形成悬浮层,这样,其去除率很可能高于表面负荷相同的其他类型的沉淀池。但由于池内布水不易均匀,去除率的提高受到影响。

竖流式沉淀池废水上升速度可一般采用 $0.5\sim1.0mm/s$。沉淀时间小于 2h,多采用 $1\sim1.5h$。

废水在中心管内的流速对悬浮物质的去除有一定的影响。当在中心管底部设反射板时,其流速一般大于 $100mm/s$;当不设反射板时,其流速 $\leqslant30mm/s$。废水从中心管喇叭口与反射板中溢出的流速 $\leqslant40mm/s$,反射板距中心管喇叭口的距离为 $0.25\sim0.5m$,反射板底距污泥表面的高度(即缓冲层)为 0.3m,反射板及中心管各部分尺寸关系见图 2-26。池的保护高度为 $0.3\sim0.5m$。

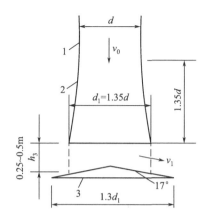

图 2-26　反射板与中心管各部分尺寸关系

1—中心管；2—喇叭口；3—反射板

5. 斜板（管）沉淀池

斜板（管）沉淀池是根据浅层沉淀理论，在沉淀池沉淀区放置与水平面成一定倾角（通常为 60°）的斜板或斜管组件，以提高沉淀效率的一种高效沉淀池。

在池长为 L、池深为 H、池中水平流速为 v、颗粒沉速为 u_0 的沉淀池中，当水在池中的流动处于理想状态时，则下式成立：

$$\frac{L}{H} = \frac{v}{u_0} \tag{2-1}$$

可见，上开口值不变时，池深 H 越浅，则可截留的颗粒的沉速 u_0 也越小，并成正比关系。如在池中增设水平隔板，将原来的 H 分为多层，例如分为 3 层，则每层深度为 $1/3H$。此时假定不改变水平流速 v，也不改变要求去除的最小颗粒的沉速 u_0，由于沉降深度由 H 减小为 $1/3H$，在每层隔板上的流动距离 L 缩短为 $1/3L$，即可将颗粒截留在池内。因此，池的总容积可以减少到 $1/3$。斜板（管）沉淀池沉淀图，如图 2-27 所示。

若池的长度 L 不变，截留颗粒的沉速仍采用 u_0，由于沉降深度减少为 $1/3H$，则水平流速 v 增大 3 倍为 $3v$，仍可将沉速为 u_0 的颗粒截留到池底。由此可见，如能将深度为 H 的沉淀池分隔成平行工作的 3 个格间，即可使过水能力提高 3 倍，仍能保持原来的处理效果。

上述情况表明，在理想条件下，分隔成 n 层的沉淀池，在理论上其过水能力可为原池的 n 倍。为解决各层的排泥问题，工程上将水平隔层改为与水平面倾斜成一定角度 α（通常 α 为 50°~60°）的斜面，构成斜板或斜管。各斜板的有效面积总和乘以倾角 α 的余弦，即得水平总的投影面积，也就是水流的总沉降面积

$$A = \sum_{i=1}^{n} A_i \cos\alpha \tag{2-2}$$

式中　A——总沉降面积；

A_i——每层斜板的沉降面积。

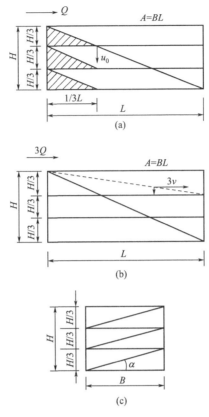

图 2-27 斜板（管）沉淀池沉淀图

在沉淀过程中，为了创造理想的层流条件，提高沉淀效率必须控制水流雷诺数 Re

$$Re = \frac{vA}{\mu P} \tag{2-3}$$

式中　v——水平流速；

　　　A——过水面积；

　　　μ——动力黏滞系数；

　　　p——过水断面湿周。

通常力求将 Re 值降低到 500 以下，而不应大于 2000，以免出现紊流。以斜板、斜管形式构成的沉淀池，由于湿周大，水力半径小，所以 Re 值可以降低到 100 以下，远小于 500，属于层流状态，从而对沉淀创造了有利条件。此外，还必须考虑水流的稳定性好，由弗鲁德数公式 $F_r = \frac{vP}{Ag}$ 可知，由于加设斜板、斜管，可以同时增大湿周、减小水力半径，从而相对地增大了弗鲁德数 F_r 值（一般为 $10^{-3} \sim 10^{-4}$ 级）。

综上所述，在普通沉淀池中加设斜板能够增大沉淀池中的沉降面积，缩短颗粒沉降深度，改善水流状态（Re、F_r），为颗粒沉降创造最佳条件。这样就能够达到提高沉淀效率、减小池容的目的。

废水处理工程采用的斜板（管）沉淀池，按水在斜板中的流动方向分为斜向流和横向流。

① 斜向流又分为上向流和下向流，从水流与沉泥的相对运动方向讲，也称异向流和同向流。异向流斜板（管）沉淀池水流自下向上，水中的悬浮颗粒是自上向下；同向流斜板（管）沉淀池水流和水中的悬浮颗粒都是自上向下。

② 横向流又称侧向流。侧向流斜板（管）沉淀池水流沿水平方向流动，水中的悬浮颗粒是自上向下。按水流断面形状分，有斜板和斜管。

在废水处理中，目前主要采用上向流斜板沉淀池。在普通沉淀池中加设斜板（管）即构成斜板（管）沉淀池。图 2-28 和图 2-29 所示为平流式斜板沉淀池和辐流式斜板沉淀池。

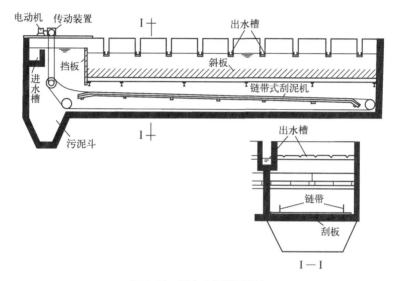

图 2-28 平流式斜板沉淀池

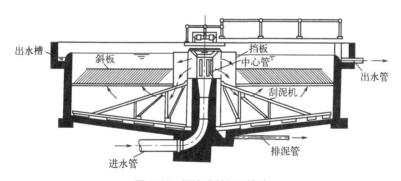

图 2-29 辐流式斜板沉淀池

上向流斜板沉淀池的表面负荷一般比普通沉淀池提高一倍，斜板垂直净距一般为 80～100mm，斜管孔径一般为 50～80mm，斜板（管）斜长一般为 1～1.2m，倾角一般为 60°，斜板（管）区底部缓冲层高度一般为 0.5～1.0m，斜板（管）区上部水深一般为 0.5～1.0m。

在池壁与斜板的间隙处装有阻流板，以防止水流短路。斜板上缘一般向池子进水端后倾安装。进水方式一般采用穿孔墙整流布水，出水方式一般采用多槽出水，在池面上增设几条平行的出水堰和集水槽，以改善出水水质，加大出水量。斜板（管）沉淀池一般采用重力排泥，每日排泥次数至少1～2次，或连续排泥。池内停留时间：初沉池不超过30min，二沉池不超过60min。斜板（管）沉淀池一般设有斜板（管）冲洗设施。

斜板（管）沉淀池常用于污水处理厂的扩容改建，或在用地特别受限的污水处理厂中应用。斜板（管）沉淀池不宜于作为二沉池，因为活性污泥黏度较大，容易黏附在斜板（管）上，影响沉淀效果甚至可能堵塞斜板（管）。另外，在二沉池中可能会因厌氧消化产生气泡，进而影响沉淀分离效果。

第三节 过 滤

过滤是利用过滤材料分离废水中杂质的一种技术。根据过滤材料不同，过滤可分为颗粒材料过滤和多孔材料过滤两大类。本节主要介绍颗粒材料过滤即滤池。

一、滤池的作用与原理

废水处理中的滤池一般有2个用途。

① 作为保护设备，用在活性炭吸附或离子交换设备之前，去除废水中的微细悬浮物质。某些炼油厂在含油废水经气浮或混凝沉淀后，再通过滤池做进一步处理，然后复用。

② 作为城市污水处理厂深度处理系统中的一个工艺单元，用于进一步提升水质。

滤池的过滤作用主要包括2个方面。

（1）机械隔滤作用

滤料层是由大小不同的滤料颗粒组成，其间有很多孔隙，好像一个筛子，当废水通过滤料时，比孔隙大的悬浮颗粒首先被截留在孔隙中，于是滤料颗粒间孔隙越来越小，以后进入的较小悬浮颗粒也相继被截留下来，使废水得到净化。

（2）吸附、接触凝聚作用

废水通过滤料层的过程中，要经过弯弯曲曲的水流孔道，悬浮颗粒与滤料的接触机会很多。在接触的时候，由于相互分子间作用力结果，会出现吸附和接触凝聚作用，尤其是过滤前投加了絮凝剂时，接触凝聚作用更为突出。滤料颗粒越小，吸附和接触凝聚的效果也越好。

过滤过程：当废水进入滤料层时，较大的悬浮物颗粒自然被截留下来，而较微细的悬浮颗粒则通过与滤料颗粒或已附着的悬浮颗粒接触，出现吸附和凝聚而被截留下来。一些附着不牢的被截留物质在水流作用下，随水流到下一层滤料中去。或者由于滤料颗粒表面吸附量过大，孔隙变得更小，于是水流速增大，在水流的冲刷下，被截留物也能被带到下一层滤料中去。因此，随着过滤时间的增长，滤层深处被截留物质也多起来，甚至随水带出滤层，使出水水质变坏。

由于滤层经反冲洗水水力分选后上层滤料颗粒小，接触凝聚和吸附效率也高，加上一部分机械截留作用，使得大部分悬浮物质的截留是在滤料表面一个厚度不大的滤层内进行的，下层所截留的悬浮物量较少，形成滤层中所截留悬浮物的分布不均匀。

二、滤池的类型及工艺过程

1. 普通快滤池

普通快滤池采用的是传统快滤池的布置形式，滤料一般为单层细砂级配滤料或煤、砂双层滤料，冲洗采用单水冲洗，冲洗水由水塔（箱）或水泵供给。普通快速滤池如图 2-30 所示。

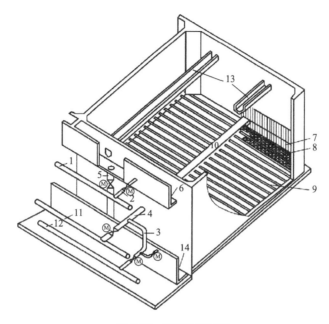

图 2-30　普通快速滤池

1—浑水进水干管；2—进水支管阀门；3—清水支管阀门；4—支管；5—排水阀；6—浑水渠；7—滤料层；8—承托层；9—配水支管；10—配水干管；11—冲洗水干管；12—清水干管；13—冲洗排水槽；14—废水渠

滤池外部由滤池池体、进水管、出水管、冲洗水管、冲洗水排出管等管道及其附件组成；滤池内部由冲洗水排出槽、进水渠、滤料层、垫料层（承托层）、排水系统（配水系统）组成。

（1）滤料层

滤料层是滤池的核心部分。单层滤料滤池多以石英砂、无烟煤、陶粒和高炉渣为滤料。

滤料粒径、滤层高度和滤速是滤池的主要参数，表 2-3 列举了用于物理处理（沉淀）和生物处理后的单层滤料滤池的运行与设计参数。

滤池的反冲洗可以用滤后水，也可以用原废水。冲洗强度为 $16\sim18L/(m^2 \cdot s)$，延时 $6\sim8min$。

多层滤料多用无烟煤、石英砂、石榴石，国外还有用钛矿砂，它们的密度分别是 $1.5kg/m^3$、$2.6kg/m^3$、$4.2kg/m^3$ 和 $4.8kg/m^3$。

双层滤料滤池的工作效果较好，一般底层用石英砂，粒径为 $0.5\sim1.2mm$ 层高 500mm，上层用陶粒或无烟煤，粒径为 $0.8\sim1.8mm$，层高 $300\sim500mm$。滤速 $8\sim10m/h$，反冲洗强度为 $15\sim16L/(m^2 \cdot s)$，延时 $8\sim10min$。

表 2-3　单层滤料滤池的运行与设计参数

滤池类型		滤料粒径 /mm	滤料层高度 /m	滤速 /(m/h)
物理处理后	粗滤料滤池	2～3	2	10
	大滤料滤池	1～2	1.5～2.0	7～10
	中滤料滤池	0.8～1.6	1.0～1.2	5～7
	细滤料滤池	0.4～1.2	1.0	5
生物处理后大滤料滤池		1～2	1.0～1.5	5～7

（2）垫料层

垫料层的作用主要是承托滤料（故也称承托层），防止滤料经配水系统上的孔眼随水流走，同时保证反冲洗水更均匀地分布于整个滤池面积上。

垫料层要求不被反冲洗水冲动，形成的孔隙均匀，布水均匀，化学稳定性好，不溶于水。一般采用卵石或砾石，按颗粒大小分层铺设。垫料层的粒径一般不小于 2mm，以同滤料的粒径相配合。在穿孔管式排水系统中，垫料层的颗粒粒径与厚度见表 2-4。

表 2-4　垫料层的颗粒粒径与厚度

层次（自上而下）	粒径/mm	厚度/mm	层次（自上而下）	粒径/mm	厚度/mm
1	2～4	100	3	8～16	100
2	4～8	100	4	16～32	150

（3）排水系统

排水系统的作用是均匀收集滤后水，更重要的是均匀分配反冲洗水，故亦称配水系统。

排水系统分为两类，即大阻力排水系统和小阻力排水系统。普通快滤池大多采用穿孔管式大阻力排水系统，如图 2-31 所示。

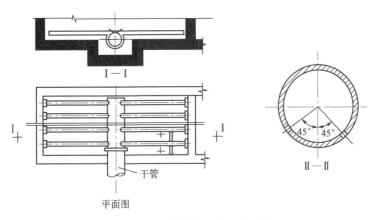

图 2-31　穿孔管式大阻力配水系统

穿孔管式大阻力排水系统是由一条干管和若干支管所组成。支管上开有向下成 45°角的配水孔，相邻的两孔方位相错。

普通快滤池一般有进水阀、排水阀、反冲洗阀和清水阀 4 个阀门。为了减少阀门，可以用虹吸管代替进水和排水阀门，只用滤后水和反冲洗进水两座阀门，称双阀滤池。因此，可以认为双阀滤池是普通快滤池的一种。双阀滤池构造基本上与普通快滤池相同。其配水、冲洗方式，设计数据等设计要求与普通快滤池相同。

在运行过程中，出水水位保持恒定，进水水位则随滤层的水头损失增加而不断在吸管内上升。当水位上升到虹吸管管顶并形成虹吸时，即自动开始滤层反冲洗，冲洗废水沿虹吸管排出池外。

双阀滤池保持了大阻力配水系统的特点，省去了两座阀门，降低了工程的造价，适用于大、中型滤池。

2. 无阀滤池

无阀滤池是一种不用阀门切换过滤与反冲洗过程的快滤池，由滤池本体、进水装置、虹吸装置三部分组成，不是没有阀门的快滤池。在运行过程中，出水水位保持恒定，进水水位则随滤层的水头损失增加而不断在吸管内上升。当水位上升到虹吸管管顶并形成虹吸时，即自动开始滤层反冲洗，冲洗废水沿虹吸管排出池外。

无阀滤池分为重力式无阀滤池和压力式无阀滤池。

（1）重力式无阀滤池

重力式无阀滤池是因过滤过程依靠水的重力自动流入滤池进行过滤或反洗，且滤池没有阀门而得名的。图 2-32 为重力式无阀滤池。

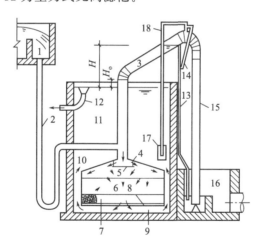

图 2-32　重力式无阀滤池

1—进水分配槽；2—进水管；3—虹吸上升管；4—顶盖；5—挡板；6—滤料层；7—承托层；
8—配水系统；9—底部空间；10—连通架；11—冲洗水箱；12—出水管；13—虹吸辅助管；
14—抽气管；15—虹吸下降管；16—水封井；17—虹吸破坏斗；18—虹吸破坏管

重力式无阀滤池的运行全部自动进行，操作方便，工作稳定可靠，结构简单，造价也较低，较适用于工矿、小型水处理工程以及较大型循环冷却水系统中作旁滤池用。

（2）压力式无阀滤池

压力式无阀滤池与重力式无阀滤池不同的是采用水泵加压进水，其净水系统省去了混合、絮凝、沉淀等构筑物。利用水泵吸水管的负压吸入絮凝剂，浑水和絮凝剂经过水泵叶轮强烈搅拌混合后，压入滤池进行絮凝和过滤，滤后水经过集水系统进入清水池。

3. 虹吸滤池

虹吸滤池以虹吸管代替进水和排水阀门的快滤池形式。滤池各格出水互相连通，反冲洗水由其他滤水补给。每个滤格均在等滤速变水位条件下运行。一组虹吸滤池由 6～8 格组成，采用小阻力配水系统。利用真空系统控制滤池的进出水虹吸管，采用恒速过滤、变水头的方式。虹吸滤池如图 2-33 所示。

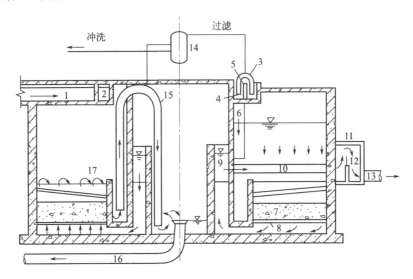

图 2-33　虹吸滤池

1—进水槽；2—配水槽；3—进水虹吸管；4—单格滤池进水槽；5—进水堰；6—布水管；7—滤层；
8—配水系统；9—集水槽；10—出水管；11—出水井；12—出水堰；13—清水管；14—真空系统；
15—冲洗虹吸管；16—冲洗排水管；17—冲洗排水槽

4. 移动罩滤池

移动罩滤池是由许多滤格为一组构成的滤池，不设阀门，连续过滤，并按一定程序利用一个可移动的冲洗罩轮流对各滤池格冲洗。移动罩滤池如图 2-34 所示。

移动罩滤池采用小阻力配水系统，利用一个可以移动的冲洗罩轮流对各滤格进行冲洗。每个滤间的过滤运行方式为恒水头减速过滤。每组移动罩滤池设有池面水位恒定装置，控制滤池的总出水水量，设计过滤水头可采用 1.2～1.5m。

移动罩滤池池深较浅，结构简单，造价低，但移动罩维护工作量大，罩体与隔墙顶部间的密封要求高。移动罩滤池适用于水量大的处理厂。

5. V 型滤池

V 型滤池是法国德格雷蒙（Degremont）公司设计的一种快滤池，因其进水槽形状呈V 字形而得名。滤料采用均质滤料，即均粒径滤料，所以也叫作均粒滤料滤池。整个滤料层在深度方向的粒径分布基本均匀，在底部采用带长柄滤头底板的排水系统，不用设砾石承托层。V 型进水槽和排水槽分别设于滤池两侧，池子可沿着长的方向发展。

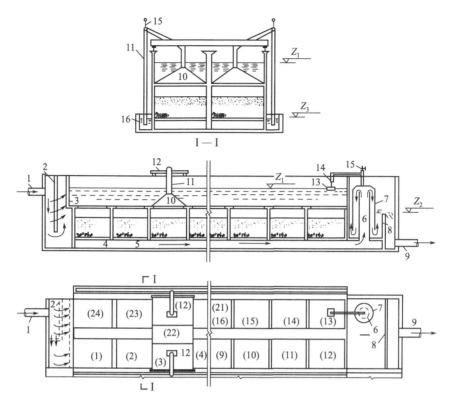

图 2-34 移动罩滤池

1—进水管；2—穿孔配水墙；3—消力栅；4—小阻力配水系统的配水孔；5—配水系统的配水室；
6—出水虹吸中心管；7—出水虹吸管钟罩；8—出水堰；9—出水管；10—冲洗罩；11—排水虹吸管；
12—桁车；13—浮筒；14—针形阀；15—抽气管；16—排水渠

V 型滤池构造如图 2-35 所示。

V 型滤池采用的是均粒滤料，含污能力很高；气水反洗、表面冲洗结合，反冲洗的效果比其他滤池的好；反冲洗布气布水均匀。但单个池子的面积很大，池体的结构复杂，滤料较贵；产水量大时，比同规模的普通快滤池基建投资造价要高。V 型滤池适用于各种规模的水处理。

6. 压力过滤器

在工业废水处理中，压力过滤器使用比较广泛，立式两层滤料的压力过滤器如图 2-36 所示。

压力过滤器是一个承压的密闭的过滤装置，内部构造与普通过滤池相似，其主要特点是承受压力，可利用过滤后的余压将出水送到用水地点或远距离输送。压力过滤器过滤能力强、容积小、设备定型、使用的机动性大。但单个过滤器的过滤面积较小，只适用于废水量小的车间（或企业），或对某些废水进行局部处理。

通常采用的压力过滤器是立式的，直径不大于 3m。滤层以下为厚度 100mm 的卵石垫层（$d=1.0 \sim 2.0$mm），排水系统为过滤头。在一些废水处理系统中，排水系统中还安装有压缩空气管，用以辅助反冲洗。反冲洗废水通过顶部的漏斗或设有挡板的进水管收集

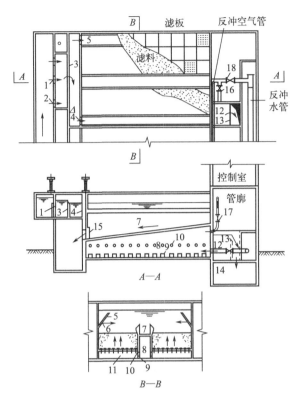

图 2-35 V 型滤池构造

1—进水气动隔膜阀；2—进水方孔；3—堰口；4—侧孔；5—V 形槽；6—扫洗水小孔；
7—中央排水渠；8—气水分配渠；9—配水方孔；10—配气小孔；11—底部空间；12—水封井；
13—出水堰；14—清水渠；15—排水阀；16—清水阀；17—进气阀；18—冲洗水阀

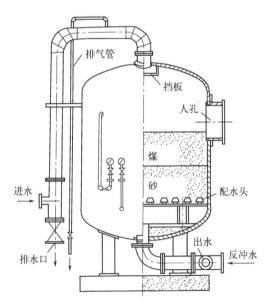

图 2-36 立式两层滤料的压力过滤器

并排除。

　　压力过滤器外部还安装有压力表、取样管，及时监督过滤器的压力损失和水质变化。压力过滤器顶部设有排气阀，排除过滤器内和水中析出的气体。

三、塑料、石英砂双层滤料滤池

　　普通的无烟煤-石英砂双层滤池，由于上层无烟煤粒径较小，滤料间的空隙率也较小，因此截污能力不大，过滤周期短。塑料-石英砂双层滤料滤池上层采用圆柱形塑料滤料，下层为石英砂滤料。因为塑料比无烟煤粒径大，而且均匀、空隙率大，所以，悬浮物截留量大。又因为塑料的密度小，反冲洗时采用同样的反冲强度时，塑料的膨胀率大、清洗效果好，可缩短反洗时间、节省冲洗水量。另外塑料的磨损率也小。圆柱形塑料滤料直径为3mm，滤层高1000mm；石英砂滤料粒径为0.6mm，层高500mm，支撑层高350mm，滤速为30m/h。

四、高效纤维束滤池

　　高效纤维束滤池由池体、滤料、滤板、布水系统、布气系统、滤料密度调节装置、管道、阀门、反洗水泵、反洗风机、电气控制系统等组成，如图2-37所示。

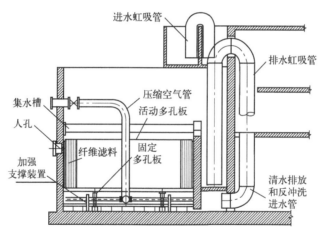

图 2-37　高效纤维束滤池

　　高效纤维束滤池的滤料是一种新型的纤维束软填料，其直径可达几十微米甚至几微米，属微米级过滤技术，具有比表面积和表面自由能大、过滤阻力小等特点，增加了水中杂质颗粒与滤料的接触机会和滤料的吸附能力，大大提高了过滤效率和截污容量。滤池内设有纤维密度调节装置，针对实际运行的水质和过滤要求对纤维束滤料的密度进行调节。

　　高效纤维滤池运行时，纤维密度调节装置控制一定的滤层压缩量，使滤层孔隙度沿水流方向逐渐缩小，密度逐渐增大，相应滤层孔隙直径逐渐减小，实现了理想的深层过滤。当滤层达到截污容量需清洗再生时，纤维束滤料在气水脉动作用下即可方便地进行清洗，达到有效恢复纤维束滤料过滤性能的目的。滤层的加压及放松过程无需额外动力，均可通过水力自动实现。

滤料的清洗采用水洗-气水合洗（水为脉动）-水洗的工艺，具有清洗效率高、无需药剂浸泡清洗、自耗水量低等优点。滤层在反冲洗水的作用下被充分放松，纤维束滤料恢复到松弛的舒展状态，在气水混合擦洗的作用下，将过滤截留下的污染物从滤层中洗脱并排出，使滤料恢复过滤性能。

五、转盘过滤器

转盘过滤器是由用于支撑滤网的两块垂直安装于中央给水管上的平行圆盘形成的一个个滤盘串联起来组成的废水过滤设备。用于过滤的二维滤网既可为聚酯材料，也可为 316 型不锈钢。转盘滤器工作原理示意见图 2-38。

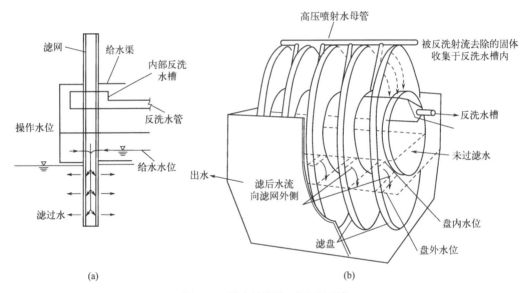

图 2-38　转盘过滤器工作原理示意

滤前水通过中央给水渠进入转盘过滤器内，向外侧流动通过滤网。在正常操作条件下，滤布的表面面积 60%～70%浸没于水中，并根据水头损失的不同，以 1～8.5 r/min 转速不断旋转。转盘过滤器可采用间歇或连续反洗两种模式操作。当以连续反洗模式操作时，转盘过滤器的滤盘在生产滤过水的同时进行反洗。在转动开始时，给水进入中央进水管并通过此管分配到各滤盘内，尽管转盘过滤器浸于水中，但水和小于滤网孔眼的颗粒通过滤网进入出水收集槽内，大于滤网孔径的颗粒被截留在滤盘内。当滤盘继续转动超过出水水位时，滤盘内剩余的给水继续通过滤网过滤，一直到盘内无剩余给水为止，而载有截留固体的滤盘继续转动通过反洗水喷枪处时，滤网上截留的颗粒就被冲离滤网表面，反洗水与固体的混合物存入反洗水槽内，通过反洗喷嘴后，清洗干净的滤盘又重新开始过滤。当转盘过滤器以间歇反洗模式操作时，反洗水喷枪只在通过过滤后的水头损失达到预先设定值时才执行清洗。

转盘过滤器的优点如下。

（1）出水水质好，耐冲击负荷

转盘过滤器截留效果好，在进水 SS 不大于 20mg/L 的情况下，出水 SS 可小于 5mg/L。进水堰设计独特，可消能防止扰动。过滤与反冲洗同时进行，瞬时只有池内单盘的 1% 面积在进行反冲洗，过滤是连续的，抗冲击负荷能力强。

（2）占地面积小

转盘过滤器将过滤面竖直起来，水流从左至右流动，因此很多过滤面可以并排布置，可以在保证过滤面积足够大的前提下大大减少占地面积。另外，设备简单紧凑，附属设备少，根据布置情况，附属设备只需占用少量地方。

（3）设备闲置率低，总装机功率低

一般情况下，反冲洗间隔时间为 60min，每个滤盘的冲洗时间为 1min。所有滤盘几乎总处于过滤状态，设备闲置率低。

（4）运行自动化

整个过程由计算机控制，可根据液位或时间来控制反冲洗过程及排泥过程的间隔时间及过程历时。

（5）维护简单、方便

转盘过滤器机械设备较少，泵及电机均间隙运行，过滤时滤盘是静止的，只有反冲洗或排泥时泵或电机才运转。滤布磨损较小，滤盘易于更换，更换一个盘仅需 10min。

六、反硝化深床滤池

反硝化深床滤池是集生物脱氮及过滤功能合二为一的处理单元。反硝化深床滤池的结构形式与一般生物滤池基本相同，见图 2-39。

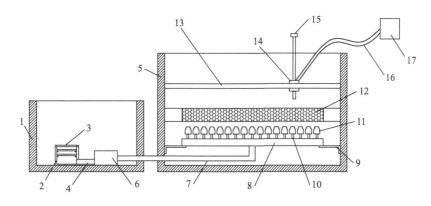

图 2-39　反硝化深床滤池

1—清水池；2—过滤箱；3—过滤网；4—抽水管；5—滤池；6—水泵；7—输水管；8—反冲水箱；
9—支撑架；10—连接管；11—喷头；12—滤料；13—横杆；14—滑块；15—手架；16—输气软管；17—气泵

滤床深度要大一些，通常为 1.8m。反硝化滤池采用特殊规格及形状的石英砂作为反硝化生物的挂膜介质（滤料），石英砂规格为 2～3mm。深床不仅利于硝酸氮（NO_3^--N）的脱除和悬浮物的截留，而且 1.8m 深介质的滤床足以避免窜流或穿透现象，即使前段处理工艺发生污泥膨胀或异常情况也不会使滤床发生水力穿透。反硝化滤池需要定期反冲洗，将截留和生成的固体排出。反冲洗流程通常需要 3 个阶段。

① 气洗。

② 气水联合反洗。

③ 水洗或漂洗。

反硝化深床滤池的滤料长期处于缺氧状态，滤料表面生长着在低有机物浓度下能够生长的反硝化细菌，因此，用于污水处理厂二级出水的处理时，能够在碳源不足的情况实现反硝化脱氮。

绝大多数滤池表层很容易堵塞或板结，很快失去水头，而深床滤池独特的均质石英砂允许固体杂质透过滤床的表层，深入滤池的滤料中，达到整个滤池纵深截留固体物的优异效果。因此，反硝化深床滤池对 SS 具有很好去除效果，可保证出水 SS 低于 5mg/L 以下。

反硝化深床滤池的主要优点如下。

① 反硝化深床滤池一池多用，同步去除 TN（加碳源）、SS（降流式重力过滤）、TP（共絮凝），3 个水质指标稳定达标，运行可靠。

② 良好的生物脱氮功能：TN＜0.3mg/L。

③ 良好的除磷效果：TP＜0.3mg/L。

④ 对悬浮物具有良好的去除能力：SS＜0.5mg/L，浊度＜2NTU。

⑤ 无需启动碳源投加系统，适应季节性变化，节约运行成本，有良好的经济性。

⑥ 过滤为下向流，冲洗为上向流，与砂滤类似，冲洗效果好。

⑦ 滤池寿命长，终身免维护，运行自控化程度高。

第四节　其他物理处理方法

一、离心分离

物体高速旋转产生离心力场，在离心力场内的各质点都将承受较其本身重力大出若干倍的离心力，其大小取决于该质点的质量。废水的离心分离法是利用离心力去除废水中悬浮颗粒的方法。

含有悬浮固体（或乳状油）的废水高速旋转，由于悬浮固体和废水的质量不同，受到的离心力也不同，质量大的悬浮固体被甩到废水的外侧，这样可使悬浮固体、废水分别地通过各自的出口排出，悬浮固体被分离，废水得以净化。

固体颗粒所承受的离心力 C 为：

$$C = (m - m_0)\frac{v^2}{r} \tag{2-4}$$

式中　m_0、m——废水和固体颗粒的质量，kg；

　　　　v——固体颗鲢的旋转圆周线速度，m/s；

　　　　r——旋转半径，m；

　　　　n——转速，r/min。

该颗粒在水中的重力 F 为：

$$F = (m - m_0)g \tag{2-5}$$

式中 g——重力加速度，m/s^2。

离心力与重力的比值 α 称为分离因数。

$$\alpha = \frac{C}{F} \approx \frac{rn^2}{900} \qquad (2\text{-}6)$$

式中 α——在离心力场内，颗粒所承受的离心力大于其本身重力的倍数。

当 $r=0.1\mathrm{m}$，$n=500\mathrm{r/min}$ 时，$\alpha=28$；而当以 $n=1800\mathrm{r/min}$ 时，$\alpha=110$。由此可见，在离心分离过程中，离心力对固体颗粒的作用远远超过了重力，因此，极大地强化了颗粒的分离速度。

按离心力产生的方式，离心分离设备可分为如下的两种类型。

① 由水流本身旋转产生离心力的旋流分离器；

② 由设备旋转同时也带动液体旋转产生离心力的离心分离机。

1. 旋流分离器

旋流分离器分为压力式和重力式两种。

（1）压力式旋流分离器

图 2-40 所示是用于分离密度较大的悬浮颗粒的压力式旋流分离器。

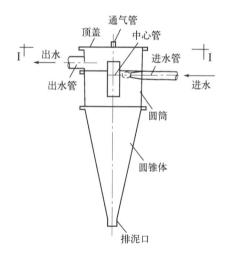

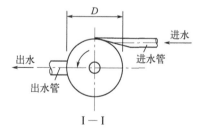

图 2-40　压力式旋流分离器

整个设备是由钢板焊接制成。上部是直径为 D 的圆筒，下部则呈锥体形。进水管以逐渐收缩的形式，按切线方向与圆筒相接。液体通过水泵以切线方向进入分离器内，在进水处的流速可达 $6\sim10\mathrm{m/s}$，并在分离器内沿器壁向下运动，然后再向上旋转。澄清液通过清液排出中心管流到分离器的上部，然后由出水管排出器外。

在离心力的作用下，水中较大的悬浮固体被甩向器壁，并在其本身重力的作用下，沿器壁向下滑动，在底部形成固体浓液经排出管连续排出。较小的颗粒向下旋转到一定程度后，又随着向上旋转，并随澄清水流出器外。压力式旋流分离器进口的流速一般为 6～8m/s，压力不超过 0.4MPa。

由于离心力与旋转半径呈反比例关系，因此旋流器的直径受到一定的限制，一般不超过 500mm。如果废水量较大，可以将几座旋流分离器并联使用。如果废水中悬浮颗粒需要分级，则可以将几座旋流分离器串联起来使用。水力旋流器串联运行时，通过调节水泵的压力实现颗粒分级，先选出大颗粒，再分出小颗粒。压力式旋流分离器的分离效率与颗粒的直径有密切关系，一般通过试验确定。

压力式旋流分离器具有体积小、单位容积处理能力高、构造简单、易于安装和维修等优点，因此较广泛地应用于废水的澄清和浓缩处理。其缺点是水泵设备容易磨损、动力消耗较大。

（2）重力式旋流分离器

重力式旋流分离器又称水力旋流沉淀池。废水是以切线方向进入器内，借进、出水的水头差在器内呈旋转流动。与压力式旋流分离器相比较，这种设备容积大、电能消耗低。图 2-41 所示为重力式旋流分离器。

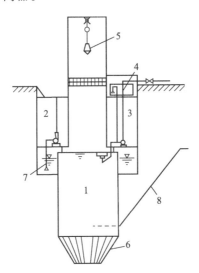

图 2-41　重力式旋流分离器

1—重力式水力旋流器；2—水泵室；3—油泵室；4—集油槽；5—抓斗；6—护壁钢轨；
7—吸水井；8—进水管（切线方向进入）

重力式旋流分离器的表面负荷大大低于压力式旋流分离器，一般为 25～30m³/(m²·h)。废水在器内停留 15～20min，废水在进水口的流速 $v=0.9～1.1$m/s，作用水头一般为 0.005～0.006MPa。

重力式旋流分离器与一般沉淀池相比占地面积小，基建和运行费用低，管理方便。与压力式旋流分离器相比避免了水泵及设备磨损较大的缺点，动力消耗省。其缺点是沉淀池地下部分深度较大、施工难度大。

2. 离心分离机

离心分离机的种类很多。

① 按分离因数大小可分为高速离心机（$\alpha > 3000$）、中速离心机（$\alpha = 1500 \sim 3000$）和低速离心机（$\alpha = 1000 \sim 1500$）。中、低速离心机通称为常速离心机。中、低速离心机多用于分离废水中的纤维类悬浮物和污泥脱水，而高速离心机则适用于分离废水中的乳化油脂类物质。

② 按离心机分离容器几何形状的不同，又可分为转筒式离心机、管式离心机、盘式离心机以及板式离心机等。

③ 按操作过程可分为间歇式离心机和连续式离心机。

④ 按转鼓的安装角度可分为立式离心机和卧式离心机。

图 2-42 为盘式离心机的转筒结构示意图。

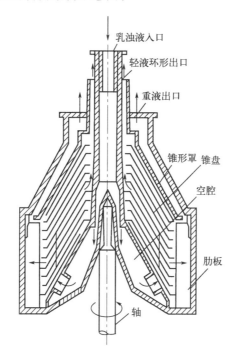

图 2-42 盘式离心机的转筒结构

在转鼓中有十几到几十个锥形金属盘片，盘片的间距为 0.4～1.5mm，斜面与垂线的夹角为 30°～50°。这些盘片缩短了悬浮物分离时所需移动的距离，减少了涡流的形成，从而提高了分离效率。离心机运行时，乳浊液沿中心管自上而下进入下部的转鼓空腔，并由此进入锥形盘分离区，在 5000r/min 以上的高速离心力的作用下，乳浊液的重组分（水）被抛向器壁，汇集于重液出口排出，轻组分（油）则沿盘间锥形环状窄缝上升，汇集于轻液出口排出。

在废水处理中使用离心分离机进行固液分离，要求悬浮物与废水要有较大的密度差。其分离效果主要取决于离心机的转速以及悬浮物的密度和粒度。对于一定转速的离心机而言，分离效果随颗粒密度和粒度的增大而提高，对悬浮物组成基本稳定的废水和泥渣而言，颗粒的离心加速度越大，去除率也越高，既可以用增大离心机的转速来实现，也可以用增大离心机分离容器的尺寸来实现。

二、均和调节

无论是工业废水，还是城市污水或生活污水，水量和水质在24h之内都有波动。一般说来，工业废水的波动比城市污水大，中小型工厂的波动就更大。废水水质水量的变化对排水设施及废水处理设备，特别是生物处理设备正常发挥其净化功能是不利的，甚至还可能破坏。为此，经常采取的措施是：在废水处理系统之前，设均和调节池，简称调节池，用以进行水量的调节和水质的均和。

根据调节池的功能，调节池分为均量池、均质池和均化池等。均量池的主要作用是均化水量；均质池的主要作用是均化水质；均化池既能均量，又能均质。

1. 均量池

均量池主要作用是调节水量。常用的均量池实际是一座变水位的贮水池，来水为重力流，出水用泵抽。池中最高水位不高于来水管的设计水位，水深一般为2m左右，最低水位为死水位。均量池见图2-43。

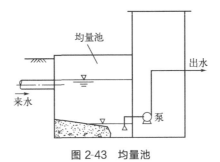

图 2-43　均量池

均量池的废水平均流量可用式（2-7）计算：

$$Q=\frac{W}{T}=\frac{\sum_0^T qt}{T} \tag{2-7}$$

式中　Q——在周期 T 内的平均废水流量，m^3/h；

$\qquad W$——在周期 T 内废水总量，m^3；

$\qquad T$——废水流量变化周期，h；

$\qquad q$——在 t 时段内废水的平均流量，m^3/h；

$\qquad t$——任一时段，h。

如在均量池中加搅拌设施（机械搅拌或曝气），也能起到一定均质作用，但因均量池的容积占周期内总水量一般只有 $10\%\sim20\%$，所以即使搅拌均质作用也不大。

2. 均质池

最常见的均质池可称异程式均质池，为常水位，重力流。均质池与沉淀池主要不同之处在于沉淀池中水流每一质点流程都相同，而均质池中水流每一质点的流程则由短到长，都不相同。均质池结合进出水槽的配合布置，使前后时程的水得以相互混合，取得随机均质的效果。实践证明，这种均质池的效果是肯定的。但这种池只能均质，不能均量。

经一定均化周期后，废水的平均浓度可按下式计算：

$$C = \frac{\sum_0^T cqt}{QT} \tag{2-8}$$

式中　C——T 小时均化后废水的平均浓度，mg/L；

　　　c——任一时段 t 内的废水浓度，mg/L。

常用的异程式均质池有穿孔导流槽式均质池（图 2-44）、带折流墙的均质池（图 2-45）和圆形均质池（图 2-46）等。这些均质池，在构造上能够使周期内先后到达的废水有机会充分混合。

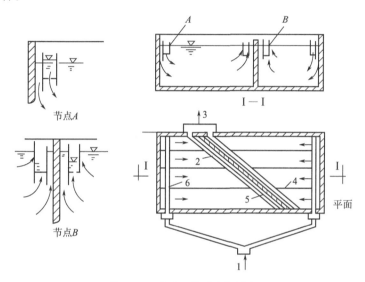

图 2-44　穿孔导流槽式均质池

1—进水；2—集水；3—出水；4—纵向隔墙；5—斜向隔墙；6—配水槽

图 2-45　带折流墙的均质池

3. 均化池

均化池既能均量，又能均质。在池中设置搅拌装置，出水泵的流量用仪表控制。

在均化池内设置搅拌装置。如采用表面曝气机或鼓风曝气时，除可使悬浮物不致沉淀和出现厌氧情况外，还可以有预曝气的作用，能改进初沉效果，减轻曝气池负荷。

4. 间歇式均化池

当废水水量规模较小时，可设间歇式贮水池，即间歇贮水、间歇运行的均化池，池可分为两格或三格，交替使用。池中设搅拌装置。这种池型效果最好。

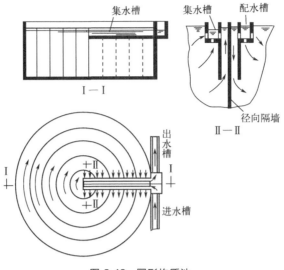

图 2-46 圆形均质池

5. 事故池

为防止水质出现恶性事故，或发生破坏污水处理厂运行的事故时，设置所谓事故池，贮留事故排水，这是一种变相的均化池。事故池的进水阀门一般是自动控制，否则无法及时发现事故。这种池平时必须保证泄空备用。

三、隔油池

隔油池是用自然上浮法分离、去除含油废水中可浮油的处理构筑物，其常用的形式有平流式隔油池、斜板式隔油池。

1. 平流式隔油池

平流式隔油池工艺构造与平流式沉淀池基本相同，平面多为矩形，但平流式隔油池出水端设有集油管。图 2-47 所示是传统型平流式隔油池，在我国应用较为广泛。

废水从池的一端流入池内，流入端有布水间和进水孔。废水进入隔油池后，由于流速降低，密度小于 $1.0kg/m^3$ 而粒径较大的油品杂质得以上浮到水面上，而密度大于 $1.0kg/m^3$ 的杂质则沉于池底。处理的水从另一端流出。在出水一侧的水面上设集油管。集油管一般用直径为 $200\sim300mm$ 的钢管制成，沿其长度在管壁的一侧开有切口，集油管可以绕轴线转动。平时切口在水面上，当水面浮油达到一定厚度时，转动集油管，使切口浸入水面油层之下，油进入管内，再流到池外。

浮渣采用刮油刮泥机刮集到集油管内排出，刮油刮泥机的移动速度控制在 $2m/min$ 以内。池底的沉泥刮到污泥斗中，通过排泥管适时排出。平流式隔油池底部设计及要求与平流式沉淀池一致。

平流式隔油池每个格间的宽度与刮泥刮油机跨度规格有关，一般为 2m、2.5m、3m、4.5m 和 6m。平流式隔油除油效果稳定，可能去除的最小油珠粒径一般为 $100\sim150\mu m$；而且构造简单，便于运行管理，但占地面积大。

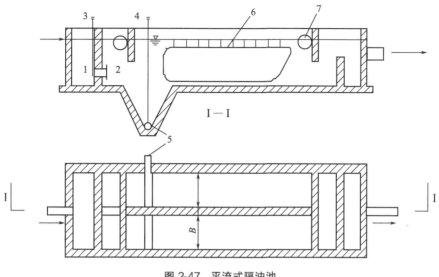

图 2-47　平流式隔油池

1—布水间；2—进水孔；3—进水阀；4—排泥阀；5—排泥管；6—刮油刮泥机；7—集油管

2. 斜板式隔油池

早在 20 世纪初哈真（Hazen）就提出了浅池沉淀的理论。近年来，根据浅池沉淀理论，设计了一种波纹斜板式隔油池，如图 2-48 所示。

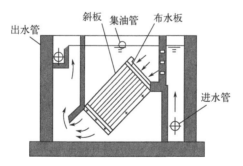

图 2-48　波纹斜板式隔油池

池内设波纹状斜板，间距 20～50mm。水流向下，油珠上浮，属异向流分离装置，在波纹板内分离出来的油珠沿波纹板峰顶上浮，而泥渣则沿峰底滑落到池底。实践证明，这种类型的除油池分离的最小油珠粒径可达 $60\mu m$。由于提高了单位池容的分离表面，因此，油水分离的效果也大大得到提高。废水在这种除油池中的停留时间，只为平流式隔油池的 1/4～1/2，一般不超过 30min，能够大大减少除油池的容积。斜板式隔油池油具有处理效率高，占地面积小等优点，因此，在含油废水处理工程中得到广泛应用。斜板材料多采用聚脂玻璃钢，其表面光滑不沾油，且质量轻、耐腐蚀。

第二篇
废水的化学及物理化学处理法

第三章　混　　凝

第一节　混凝机理

混凝的过程是向水中投加混凝剂，使水中难以沉降的颗粒互相聚合增大，直至能自然沉淀或通过过滤分离。混凝法是废水处理中常采用的方法，可以用来降低废水的浊度和色度，去除多种高分子有机物、某些重金属物和放射性物质。此外，混凝法还能改善污泥的脱水性能。

一、废水中胶体颗粒的稳定性

废水中的细小悬浮颗粒和胶体微粒很轻，尤其胶体微粒直径为 $10^{-3} \sim 10^{-8}$ mm。这些颗粒在废水中受水分子热运动的碰撞而做无规则的布朗运动，同时胶体微粒本身带电，同类胶体微粒带有同性电荷，彼此之间存在静电排斥力，因此不能相互靠近以结成较大颗粒而下沉。另外，许多水分子被吸引在胶体微粒周围形成水化膜，阻止胶体微粒与带相反电荷的离子中和，妨碍颗粒之间接触并凝聚下沉。因此，废水中的细小悬浮颗粒和胶体微粒不易沉降，总保持着分散和稳定状态。

二、胶体结构

胶体结构很复杂，它是由胶核、吸附层及扩散层三部分组成。胶核是胶体粒子的核心，表面有一层离子，称为电位离子，胶核因电位离子而带有电荷。胶核表面的电位离子层通过静电作用，把溶液中电荷符号相反的离子吸引到胶核周围，被吸引的离子称为反离子。它们的电荷总量与电位离子相等而符号相反。这样，在胶核周围介质的相间界面区域就形成双电层，胶团的双电层结构和 ζ 电位如图 3-1 所示。

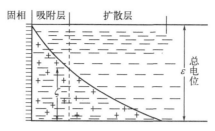

图 3-1 胶团的双电层结构和 ζ 电位

内层是胶核固相的电位离子层，外层是液相中的反离子层。反离子中有一部分被胶核吸引较为牢固，同胶核比较靠近随胶核一起运动称为吸附层，另一部分反离子距胶核稍远，吸引力较小，不同胶核一起运动，称为扩散层。胶核、电位离子层和吸附层共同组成运动单体，即胶体颗粒（简称胶粒）。把扩散层包括在内合起来总称为胶团。

胶体带电是由于吸附层和扩散层之间存在电位差，由于这个电位差是胶粒与液体作相对运动时所产生的，所以称为界面动电位，又称 ζ 电位。ζ 电位越高，带电量越大，胶粒也就越稳定不易沉降；ζ 电位越低或接近于零，胶粒就很少带电或不带电，胶粒就不稳定，易于相互接触黏合而沉降。

因此，要使胶体颗粒沉降，就必须破坏胶体的稳定性。促使胶体颗粒相互接触，成为较大的颗粒，关键在于减少胶粒的带电量，这可以通过压缩扩散层厚度、降低 ζ 电位来达到。这个过程也叫作胶体颗粒的脱稳作用。

向废水中加入带相反电荷的胶体，使它们之间产生电中和作用，如往带负电的胶体中加入金属盐类电解质后，立即电离出阳离子，进入胶团的扩散层。同时，在扩散层中增加阳离子浓度可以减小扩散层的厚度而降低 ζ 电位，所以电解质的浓度对压缩双电层有明显作用。另外，电解质阳离子的化合价对降低 ζ 电位也有显著作用，化合价越高效果越明显。因此常向废水中加入与水中胶体颗粒电荷相反的高价离子的电解质如 Al^{3+}，使得高价离子从扩散层进入吸附层，以降低 ζ 电位。

三、混凝原理

水处理中的混凝现象比较复杂。不同种类混凝剂以及不同的水质条件下，混凝剂作用机理都有所不同。许多年来，水处理专家从铝盐和铁盐混凝现象开始对混凝剂作用机理进行了不断研究，相关理论也获得不断发展。DLVO 理论的提出，使胶体稳定性及在一定条件下的胶体凝聚的研究取得了巨大进展。但 DLVO 理论并不能全面解释水处理中的一切混凝现象。目前，看法比较一致的是混凝剂对水中胶体粒子的混凝作用有 3 种：电性中和、吸附架桥和卷扫作用。这 3 种作用究竟以哪种为主，取决于混凝剂种类和投加量、水中胶体粒子性质、含量以及水的 pH 值等。这 3 种作用有时会同时发生，有时仅其中 1~2 种机理起作用。目前，这 3 种作用机理尚限于定性描述，今后的研究目标将以定量描述为主。实际上，定量描述的研究近年来已经开始。

1. 电性中和

这一原理主要考虑低分子电解质对胶体微粒产生电中和，以引起胶体微粒凝聚。本书以废水中胶体微粒带负电荷，投加低分子电解质硫酸铝 $[Al_2(SO_4)_3]$ 作混凝剂进行混凝为例说明。

① 将硫酸铝 $[Al_2(SO_4)_3]$ 投入废水中，首先在废水中离解，产生正离子 Al^{3+} 和负离子 SO_4^{2-}。

$$Al_2(SO_4)_3 \longrightarrow 2Al^{3+} + 3SO_4^{2-}$$

Al^{3+} 是高价阳离子，大大增加废水中的阳离子浓度，在带负电荷的胶体微粒吸引下，Al^{3+} 由扩散层进入吸附层，使 ζ 电位降低。于是带电的胶体微粒趋向电中和，消除了静电斥力，降低了悬浮稳定性，当再次相互碰撞时，即凝聚结合为较大的颗粒而沉淀。

② Al^{3+} 在水中水解后最终生成 $Al(OH)_3$ 胶体。

$$Al^{3+} + 3H_2O \Longleftrightarrow Al(OH)_3(胶体) + 3H^+$$

$Al(OH)_3$ 是带电胶体，当 pH<8.2 时，带正电。它与废水中带负电的胶体微粒互相吸引，中和其电荷，凝结成较大的颗粒而沉淀。

③ $Al(OH)_3$ 胶体有长的条形结构，表面积很大，活性较高，可以吸附废水中的悬浮颗粒，使呈分散状态的颗粒形成网状结构，成为更粗大的絮凝体（矾花）而沉淀。

2. 吸附架桥

不仅带异性电荷的高分子物质与胶粒具有强烈吸附作用，不带电甚至带有与胶粒同性电荷的高分子物质与胶粒也有吸附作用。拉曼（Lamer）等通过对高分子物质吸附架桥作用的研究认为：当高分子链的一端吸附了某一胶粒后，另一端又吸附另一胶粒，形成胶粒-高分子-胶粒的絮凝体，如图 3-2 所示。

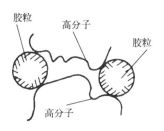

图 3-2　架桥模型

高分子物质起了胶粒与胶粒之间相互结合的桥梁作用，故称吸附架桥作用。当高分子物质投量过多时，将产生胶体保护作用，如图 3-3 所示。

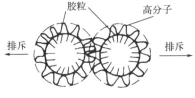

图 3-3　胶体保护

胶体保护可理解为：当全部胶粒的吸附面均被高分子覆盖以后，两胶粒接近时，就受到高分子的阻碍而不能聚集。这种阻碍来源于高分子之间的相互排斥。排斥力可能来源于胶粒-胶粒之间高分子受到压缩变形（像弹簧被压缩一样）而具有排斥势能，也可能由于高分子之间的电性斥力（对带电高分子而言）或水化膜。因此，高分子物质投量过少时不足以将胶粒架桥联接起来，投量过多时又会产生胶体保护作用。最佳投量应是既能把胶粒快速絮凝起来，又可使絮凝起来的最大胶粒不易脱落。根据吸附原理，胶粒表面高分子覆盖率为1/2时絮凝效果最好。但在实际水处理中，胶粒表面覆盖率无法测定，故高分子混凝剂投量通常由试验决定。

起架桥作用的高分子都是线性分子且需要一定长度。长度不够不能起粒间架桥作用，只能被单个分子吸附。所需起码长度取决于水中胶粒尺寸、高分子基团数目、分子的分枝程度等。显然，铝盐的多核水解产物，分子尺寸都不足以起粒间架桥作用。它们只能被单个分子吸附从而起电性中和作用。而中性氢氧化铝聚合物 $[Al(OH)_3]$ 则可起架桥作用，不过对此目前尚无定论。

若高分子物质为阳离子型聚合电解质，它具有电性中和和吸附架桥双重作用；若高分子物质为非离子型（不带电荷）或阴离子型（带负电荷）聚合电解质，它只能起粒间架桥作用。

3. 网捕或卷扫

当铝盐或铁盐混凝剂投量很大而形成大量氢氧化物沉淀时，可以网捕、卷扫水中胶粒以致产生沉淀分离，称网捕或卷扫作用。这种作用基本上是一种机械作用，所需混凝剂量与原水杂质含量成反比，即原水胶体杂质含量少时所需混凝剂多；反之亦然。

概括以上几种混凝机理，可作如下分析判断。

① 对铝盐混凝剂（铁盐类似）而言，当pH<3时，简单水合铝离子 $[Al(H_2O)_6]^{3+}$ 可起压缩胶体双电层作用；在 pH=4.5～6.0 范围内（视混凝剂投量不同而异），主要是多核羟基配合物对负电荷胶体起电性中和作用，凝聚体比较密实；在 pH=7～7.5 范围内，电中性氢氧化铝聚合物 $[Al(OH)_3]_n$ 可起吸附架桥作用，同时也存在某些羟基配合物的电性中和作用。

② 阳离子型高分子混凝剂可对负电荷胶粒起电性中和与吸附架桥双重作用，絮凝体一般比较密实。非离子型和阴离子型高分子混凝剂只能起吸附架桥作用。当高分子物质投量过多时，也产生胶体保护作用使颗粒重新悬浮。

四、混凝效果的影响因素

1. 废水性质的影响

废水的胶体杂质浓度、pH 值、温度及共存杂质的种类和浓度等都会不同程度地影响混凝效果。

（1）胶体杂质浓度

胶体杂质浓度过高或过低都不利于混凝。用无机金属盐作混凝剂时，胶体浓度不同，所需脱稳的 Al^{3+} 和 Fe^{3+} 的用量亦不同。

（2）pH 值

pH 值也是影响混凝的重要因素。采用某种混凝剂对任一废水混凝都有一个相对最佳pH 值存在，使混凝反应速度最快，絮体溶解度最小，混凝作用最大。例如硫酸铝作为混凝剂时，合适的 pH 值范围是 5.7～7.8，不能高于 8.2。如果 pH 值过高，硫酸铝水解后生成的 Al（OH）₃ 胶体就要溶解，即

$$Al(OH)_3 + OH^- \Longrightarrow AlO_2^- + 2H_2O$$

生成的 AlO_2^- 对含有负电荷胶体微粒的废水就没有作用。再如铁盐只有当 pH 值＞4 时才有混凝作用，而亚铁盐则要求 pH 值＞9.5。一般通过试验得到最佳的 pH 值。往往需要加酸或碱来调整 pH 值，通常加碱的较多。

（3）温度

温度对混凝效果影响很大，温度高时效果好，温度低时效果差。因无机盐类混凝剂的水解时呈吸热反应，温度低时水解困难，如硫酸铝当温度低于 5℃时，水解速度变慢，不易生成 Al(OH)₃ 胶体，要求最佳温度是 35～40℃。低温时，水的黏度大，水中杂质的热运动减慢，彼此接触碰撞的机会减少，不利相互凝聚。水的黏度大，水流的剪力增大，絮凝体的成长受到阻碍，因此，温度低时混凝效果差。但温度过高，超过 90℃时，易使高分子絮凝剂老化生成不溶性物质，反而降低絮凝效果。

（4）共存杂质的种类和浓度

共存杂质的种类对混凝的效果是不同的。有利于絮凝的物质主要有除硫、磷化合物以外的其他各种无机金属盐，它们均能压缩胶体粒子的扩散层厚度，促进胶体粒子凝聚。离子浓度越高，促进能力越强，并可使混凝范围扩大。二价金属离子 Ca^{2+}、Mg^{2+} 等对阴离子型高分子絮凝剂凝聚带负电的胶体粒子有很大促进作用，表现在能压缩胶体粒子的扩散层，降低微粒间的排斥力，并能降低絮凝剂和微粒间的斥力，使它们表面彼此接触。

不利于混凝的物质主要有磷酸离子、亚硫酸离子、高级有机酸离子等，这些离子的存在阻碍高分子絮凝作用。另外，氯、螯合物、水溶性高分子物质和表面活性物质都不利于混凝。

2. 混凝剂的影响

（1）无机金属盐混凝剂

无机金属盐水解产物的分子形态、荷电性质和荷电量等对混凝效果均有影响。

（2）高分子絮凝剂

高分子絮凝剂的分子结构形式和分子量均直接影响混凝效果。一般线状结构较支链结构的絮凝剂为优，分子量较大的单个链状分子的吸附架桥作用比小分子量的好，但水溶性较差，不易稀释搅拌。分子量较小时，链状分子短，吸附架桥作用差，但水溶性好，易于稀释搅拌。因此，分子量应适当，不能过高或过低，一般以 300 万～500 万为宜。此外还要求沿链状分子分布有发挥吸附架桥作用的足够官能基团。高分子絮凝剂链状分子上所带电荷量越大，电荷密度越高，链状分子越能充分伸展，吸附架桥的空间作用范围也就越大，絮凝作用就越好。

另外，混凝剂的投加量对混凝效果也有很大影响，应根据实验确定最佳的投药量。

3. 搅拌的影响

搅拌的目的是帮助混合反应、凝聚和絮凝，搅拌的速度和时间对混凝效果都有较大的

影响。过于激烈的搅拌会打碎已经凝聚和絮凝的絮状沉淀物，反而不利于混凝沉淀，因此搅拌一定要适当。

第二节　废水处理中常用的混凝剂

按照所加药剂在混凝过程中所起的作用，混凝剂可分为凝聚剂和絮凝剂两类，分别起胶粒脱稳和结成絮体的作用。硫酸铝、三氯化铁等传统混凝剂实际上属于凝聚剂，采用这类凝聚剂时，在混凝的絮凝阶段往往自动出现尺寸足够大、容易沉淀的絮体，因而不需另加絮凝剂。有些混凝剂，特别是合成聚合物，往往不只起絮凝剂的作用，而是起凝聚剂和絮凝剂的双重作用。

根据混凝剂的化学成分与性质，混凝剂还可分为无机混凝剂、有机混凝剂和微生物混凝剂三大类。微生物混凝剂是现代生物学与水处理技术相结合的产物，是当前混凝剂研究发展的一个重要方向。

一、混凝剂

1. 无机混凝剂

传统的无机混凝剂主要为低分子的铝盐和铁盐，铝盐主要有硫酸铝 $[Al_2(SO_4)_3 \cdot 18H_2O]$、明矾 $[(Al_2(SO_4)_3 \cdot K_2SO_4 \cdot 24H_2O)]$、氯化铝、铝酸钠（$NaAlO_2$）等。铁盐主要有三氯化铁（$FeCl_3 \cdot 6H_2O$）、硫酸亚铁（$FeSO_4 \cdot 7H_2O$）和硫酸铁 $[Fe_2(SO_4)_3 \cdot 2H_2O]$ 等。无机低分子混凝剂价格低、货源充足，但用量大、残渣多、效果较差。20 世纪 60 年代，新型无机高分子混凝剂（IPF）研制成功，目前在生产和应用上都取得了迅速发展，被称为第二代无机混凝剂。IPF 不仅具有低分子混凝剂的特征，而且分子量大，具有多核络离子结构，且电中和能力强，吸附桥连作用明显，用量少，价格比有机高分子混凝剂（OPF）低廉，因此被广泛应用于污水处理中，逐渐成为主流混凝剂。

2. 有机混凝剂

有机高分子混凝剂与无机高分子混凝剂相比，具有用量少，絮凝速度快，受共存盐类、pH 值及温度影响小，污泥量少等优点。但普遍存在未聚合单体有毒的问题，而且价格昂贵，这在一定程度上限制了它的应用。目前使用的有机高分子混凝剂主要有合成的与改性的两种。

污水处理中大量使用的有机混凝剂仍然是人工合成的。人工合成有机高分子混凝剂多为聚丙烯、聚乙烯物质，如聚丙烯酰胺、聚乙烯亚胺等。这些混凝剂都是水溶性的线性高分子物质，每个大分子由许多包含有带电基团的重复单元组成，因而也称为聚电解质。按其在水中的电离性质，聚电解质又有非离子型、阴离子型和阳离子型三类。

人工合成有机高分子混凝剂虽然被广泛应用于污水处理中，但它毒性较强，难以生物降解，在环境意识日益增强的今天，越来越多的研究者正致力于开发天然改性高分子混凝剂。方法是将天然淀粉、纤维素、植物胶等经过醚化、脂化、磺化等反应制得淀粉类、纤维素类、植物胶类改性高分子混凝剂。经改性后的天然高分子混凝剂与人工合成有机高分子混凝剂相比，虽然具有无毒、价廉等优点，但其使用量仍然低于人工合成高分子混凝剂，主要是因为天然高分子混凝剂电荷密度较小、分子量低，且易发生生物降解而失去活性。

由于淀粉来源广泛，价格便宜，且产品可以完全生物降解，可在自然界中形成良性循环。因此，淀粉改性混凝剂的研制与使用较多。此外，甲壳素类混凝剂的开发研究近年来也十分热门。

3. 微生物混凝剂

20世纪80年代，微生物絮凝剂首先在日本研制开发成功，被称为第三代混凝剂。该类混凝剂是利用生物技术，通过微生物发酵抽提、精制而得的一种新型、高效的水处理药剂。微生物混凝剂与普通混凝剂相比，具有更强的凝聚性能，可使一些难降解的高浓度废水得到混凝，另外它易于固液分离、形成沉淀物少、易被微生物降解、无毒无害、无二次污染、适用范围广并有除浊脱色功能。

二、助凝剂

在废水混凝处理中，有时使用单一的混凝剂不能取得良好的效果，往往需要投加辅助药剂以提高混凝效果，这种辅助药剂称为助凝剂。

助凝剂的作用只是提高絮凝体的强度，增加其质量，促进沉降，且使污泥有较好的脱水性能，或者用于调整pH值，破坏对混凝作用有干扰的物质。助凝剂本身不起凝聚作用，因为它不能降低胶粒的ζ电位。常用的助凝剂有两类。

① 调节或改善混凝条件的助凝剂，如CaO、$Ca(OH)_2$、Na_2CO_3、$NaHCO_3$等碱性物质，用来调整pH值，以达到混凝使用的最佳pH值。用Cl_2作氧化剂，可以去除有机物对混凝剂的干扰，并将Fe^{2+}氧化为Fe^{3+}（在亚铁盐作混凝剂时尤为重要），还有MgO等。

② 改善絮凝体结构的高分子助凝剂，如聚丙烯酰胺、活性硅酸、活性炭、各种黏土等。

三、混凝剂和助凝剂的选择

混凝剂和助凝剂的选择和用量要根据不同废水的试验资料加以确定，选择的原则是价格便宜、易得、用量少、效率高，生成的絮凝体密实、沉淀快、容易与水分离等。下面介绍几种常用的混凝剂和助凝剂。

1. 硫酸铝

硫酸铝$[Al_2(SO_4)_3 \cdot K_2SO_4 \cdot 2H_2O]$无毒、价格便宜，使用方便，用它处理后的水不带色，用于脱除浊度、色度和悬浮物，但絮凝体较轻，适用水温为20～40℃，pH值范围为5.7～7.8。

2. 聚合氯化铝（PAC，即碱式氯化铝）

PAC是一种多价电解质，能显著降低水中黏土类杂质（多带负电荷）的胶体电荷。

由于分子量大，吸附能力强，具有优良的凝聚能力，形成的絮凝体较大，凝聚沉淀性能优于其他混凝剂。PAC 聚合度较高，投加后快速搅拌，可以大大缩短絮凝体形成的时间。PAC 受水温影响较小，低水温时凝聚效果也很好。PAC 对水的 pH 值降低较少，适宜的 pH 值范围为 5～9。结晶析出温度在 -20℃ 以下。

3. 三氯化铁

三氯化铁（$FeCl_3 \cdot 6H_2O$）是铁盐混凝剂中最常用的一种。固体三氯化铁是具有金属光泽的褐色结晶体，一般杂质含量少。市售无水三氯化铁产品中 $FeCl_3$ 含量达 92% 以上，不溶杂质小于 4%。液体三氯化铁浓度一般在 30% 左右，价格较低，使用方便。三氯化铁的混凝机理也与硫酸铝相似，但混凝特性与硫酸铝略有区别。一般三价铁适用的 pH 值范围较宽，形成的絮凝体比铝盐絮凝体密实，处理低温或低浊水的效果优于硫酸铝。但三氯化铁腐蚀性比较强，且固体产品易吸水潮解，不易保管。

4. 硫酸亚铁

硫酸亚铁（$FeSO_4 \cdot 7H_2O$）固体产品是半透明绿色结晶体，俗称绿矾。硫酸亚铁在水中离解出的是二价铁离子 Fe^{2+}，水解产物只是单核配合物，故不具 Fe^{3+} 的优良混凝效果。硫酸亚铁作混凝剂形成的絮凝体较重，形成较快而且稳定，沉淀时间短，能去除臭味和一定色度。适用于碱度高、浊度大的废水。废水中若有硫化物，可生成难溶于水的硫化亚铁，更易去除。缺点是：腐蚀性比较强；废水色度高时，色度不易除净。

5. 聚合铁

聚合铁包括聚合硫酸铁（PFS）和聚合氯化铁（PFC）。这两种物质都是聚合物，均具有优良的混凝效果，而且腐蚀性比三氯化铁小。

6. 聚丙烯酰胺

聚丙烯酰胺是一种高分子混凝剂。在处理废水时，凝聚速度快，用量少，絮凝体粒大而且强韧，常与铁盐、铝盐合用。利用无机混凝剂对胶体微粒电荷的中和作用和高分子混凝剂优异的絮凝功能，从而得到满意的处理效果。目前，聚丙烯酰胺已在废水处理上普遍应用。

7. 活化硅酸

活化硅酸是一种无机高分子助凝剂，由硅酸钠（水玻璃）加酸水解聚合而得。它的优点是：絮凝体形成快而且粗大、密实，在低水温、低碱度条件下也能良好凝聚，最佳凝聚 pH 值范围广，常与硫酸亚铁、硫酸铝合用。应用活化硅酸，凝聚剂投量减少。

8. 骨胶

骨胶无毒，常用骨胶和三氯化铁混合制剂，成本低、投量少，用骨胶比单独用混凝剂效果好，能提高混凝沉淀池出水能力。骨胶可以单独使用，也可以与铁盐、铝盐等混合使用，效果也都较好。

第三节　混凝装置与工艺过程

一、混凝过程

混凝沉淀分为混合、反应、沉淀三个阶段。混合阶段的作用主要是将药剂迅速、均匀地分配到废水中的各个部分，以压缩废水中的胶体颗粒的双电层，降低或消除胶粒的稳定性，使这些微粒能互相聚集成较大的微粒——绒粒。混合阶段需要剧烈短促的搅拌，作用时间要短，以获得瞬时混合效果为最好。

反应阶段的作用是促使失去稳定的胶体粒子碰撞结大，成为可见的矾花绒粒，所以反应阶段需要较长的时间，而且只需缓慢地搅拌。在反应阶段，由聚集作用所生成的微粒与废水中原有的悬浮微粒之间或各自之间由于碰撞、吸附、黏着、架桥作用生成较大的绒体，然后送入沉淀池进行沉淀分离。

二、混凝剂溶液的配制

投药方法有干投法和湿投法。干投法是把经过破碎易于溶解的药剂直接投入废水中。干投法占地面积小，但对药剂的粒度要求较严，投量控制较难，对机械设备的要求较高，同时劳动条件也较差，目前国内用的较少。湿投法是将混凝剂和助凝剂配成一定浓度溶液，然后按处理水量大小定量投加。

药剂调制有水力法、压缩空气法、机械法等。当投加量很小时，也可以在溶液桶、溶液池内进行人工调制。

水力调制和人工调制、机械调制和压缩空气调制适用于各种药剂，但压缩空气调制不宜作长时间的石灰乳液连续搅拌。

三、混凝剂的投加设备

混凝剂的投加设备包括计量设备、药液提升设备、投药箱、必要的水封箱以及注入设备等。根据不同投药方式或投药量控制系统，所用设备也有所不同。

1. 计量设备

药液投入原水中必须有计量或定量设备，并能随时调节。计量设备多种多样，应根据具体情况选用。计量设备有：转子流量计、电磁流量计、苗嘴、计量泵等。采用苗嘴计量仅适用于人工控制，其他计量设备既可人工控制，也可自动控制。

2. 投加方式

（1）泵前投加

药液投加在水泵吸水管或吸水喇叭口处，见图3-4。这种投加方式安全可靠，一般适用于距水厂较近的取水泵房。水封箱是为防止空气进入而设。

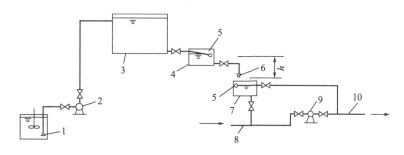

图 3-4　泵前投加

1—溶解池；2—提升泵；3—溶液池；4—恒位箱；5—浮球阀；6—投药苗嘴；7—水封箱；
8—吸水管；9—水泵；10—压水管

（2）高位溶液池重力投加

当取水泵房距水厂较远时，应建造高架溶液池利用重力将药液投入水泵压水管上（图3-5），或者投加在混合池入口处。这种投加方式安全可靠，但溶液池位置较高。

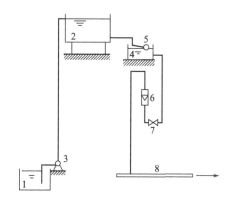

图 3-5　高位溶液池重力投加

1—溶解池；2—溶液池；3—提升泵；4—水封箱；5—浮球阀；6—流量计；7—调节阀；8—压水管

（3）水射器投加

利用高压水通过水射器喷嘴和喉管之间真空抽吸作用将药液吸入，同时随水的余压注入原水管中，见图3-6。这种投加方式设备简单，使用方便，溶液池高度不受太大限制，但水射器效率较低，且易磨损。

（4）泵投加

泵投加有两种方式，一种是采用计量泵（柱塞泵或隔膜泵），另一种是采用离心泵配上流量计。采用计量泵不必另备计量设备，泵上有计量标志，可通过改变计量泵行程或变频调速改变药液投量，见图3-7。这种投加方式最适合用于混凝剂自动控制系统。

四、混合

废水与混凝剂和助凝剂进行充分混合，是进行反应和混凝沉淀的前提。混合要求速度快，常用的有：水泵混合、管式混合、混合槽混合三种混合型式。

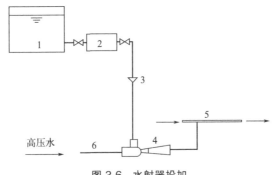

图 3-6 水射器投加

1—溶液池；2—投药箱；3—漏斗；4—水射器；5—压水管；6—高压水管

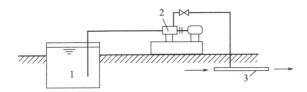

图 3-7 计量泵投加

1—溶液池；2—计量泵；3—压水管

1. 水泵混合

水泵混合是常用的混合方式。药剂投加在取水泵吸水管或吸水喇叭口处，利用水泵叶轮高速旋转以达到快速混合的目的。水泵混合效果好，不需另建混合设施，节省动力。但当采用三氯化铁作为混凝剂时，若投量较大，药剂对水泵叶轮可能有轻微腐蚀作用。当水泵距水处理构筑物较远时，不宜采用水泵混合，因为经水泵混合后的原水在长距离管道输送过程中，可能过早地在管中形成絮凝体。已形成的絮凝体在管道中一经破碎，往往难于重新聚集，不利于后续絮凝，且当管中流速低时，絮凝体还可能沉积管中。因此，水泵混合通常用于水泵靠近水处理构筑物的场合，两者间距不宜大于 150m。

2. 管式混合

最简单的管式混合即将药剂直接投入水泵压水管中以借助管中流速进行混合。管中流速不宜＜1m/s，投药点后的管内水头损失≥0.3～0.4m。投药点至末端出口距离以≥50倍管道直径为宜。为提高混合效果，可在管道内增设孔板或文丘里管。这种管道混合简单易行，无需另建混合设备，但混合效果不稳定，管中流速低时，混合不充分。

目前，广泛使用的管式混合器是管式静态混合器。混合器内按要求安装若干固定混合单元。每一混合单元由若干固定叶片按一定角度交叉组成。水流和药剂通过混合器时，将被单元体多次分割、改向并形成涡旋，达到混合目的。这种混合器构造简单，无活动部件，安装方便，混合快速而均匀。目前，我国已生产多种形式静态混合器，图 3-8 为管式静态混合器。图中未绘出单元体构造，仅作为示意图。

管式静态混合器的口径与输水管道相配合，目前最大口径已达 2000mm。这种混合器水头损失稍大，但混合效果好。唯一缺点是当流量过小时效果下降。

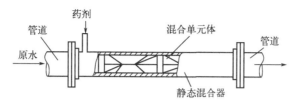

图 3-8　管式静态混合器

3. 混合槽混合

常用的混合槽有机械混合槽、分流隔板式混合槽、多孔隔板式混合槽。

（1）机械混合槽

机械混合槽多为钢筋混凝土制，通过桨板转动搅拌达到混合的目的。特别适用于多种药剂处理废水的情况，混合效果比较好。

（2）分流隔板式混合槽

其结构如图 3-9 所示。槽为钢筋混凝土或钢制，槽内设隔板，药剂于隔板前投入，水在隔板通道间流动过程中与药剂达到充分混合，混合效果比较好。缺点是占地面积大，压头损失也大。

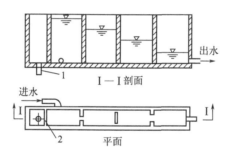

图 3-9　分流隔板式混合槽

1—溢流管；2—溢流堰

（3）多孔隔板式混合槽

其结构如图 3-10 所示。槽为钢筋混凝土或钢制，槽内设若干穿孔隔板，水流经小孔时做旋流运动，保证迅速、充分地得到混合。当流量变化时，可调整淹没孔口数目，以适应流量变化。缺点是压头损失较大。

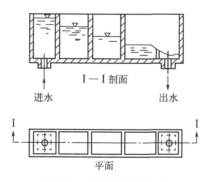

图 3-10　多孔隔板式混合槽

五、反应

水与药剂混合后进入反应池进行反应。反应池内水流特点是变速由大到小，在较大的反应流速时，使水中的胶体颗粒发生碰撞吸附；在较小的反应流速时，使碰撞吸附后的颗粒结成更大的絮凝体（矾花）。反应池的形式有隔板反应池、涡流式反应池等。

1. 隔板反应池

隔板反应池有平流式、竖流式和回转式三种。

（1）平流式隔板反应池

平流式隔板反应池的结构如图 3-11 所示。它多为矩形钢筋混凝土池子，池内设木质或水泥隔板，水流沿廊道回转流动，可形成很好的絮凝体。一般进口流速 0.5～0.6m/s，出口流速 0.15～0.2m/s，反应时间 20～30min。其优点是反应效果好，构造简单，施工方便。缺点是池容大，水头损失大。

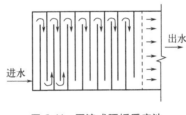

图 3-11　平流式隔板反应池

（2）竖流式隔板反应池

竖流式隔板反应池与平流式隔板反应池的原理相同。

（3）回转式隔板反应池

回转式隔板反应池的结构如图 3-12 所示。它是平流式隔板反应池的一种改进形式，常和平流式沉淀池合建。其优点是反应效果好，压头损失小。隔板反应池适用于处理水量大且水量变化小的情况。

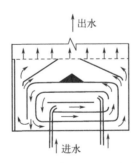

图 3-12　回转式隔板反应池

2. 涡流式反应池

涡流式反应池的结构如图 3-13 所示。其下半部为圆锥形，水从锥底部流入，形成涡流扩散后缓慢上升，随锥体截面积变大，反应液流速也由大变小，流速变化的结果有利于

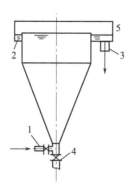

图 3-13　涡流式反应池

1—进水管；2—圆周集水槽；3—出水管；4—放水阀；5—格栅

絮凝体形成。涡流式反应池的优点是反应时间短，容积小，好布置。涡流式反应池适用水量比隔板反应池小些。

六、沉淀

进行混凝沉淀处理的废水经过投药混合反应生成絮凝体后，要进入沉淀池，使生成的絮凝体沉淀与水分离，最终达到净化的目的。沉淀池参照本书第二章相关内容。

第四章 吸 附

第一节 吸附类型与吸附剂

一、吸附类型

吸附是一种界面现象，其作用发生在两个相的界面上。例如活性炭与废水相接触，废水中的污染物会从水中转移到活性炭的表面上，这就是吸附作用。具有吸附能力的多孔性固体物质称为吸附剂，废水中被吸附的物质称为吸附质。

根据吸附剂表面吸附力的不同，吸附可分为物理吸附和化学吸附两种类型。物理吸附指吸附剂与吸附质之间通过范德华力而产生的吸附。化学吸附是由原子或分子间的电子转移或共有，即剩余化学键力所引起的吸附。在水处理中，物理吸附和化学吸附并不是孤立的，往往相伴发生，是两类吸附综合的结果，例如有的吸附在低温时以物理吸附为主，而在高温时以化学吸附为主。表 4-1 是两类吸附特征的比较。

表 4-1　两类吸附特征的比较

吸附性能	吸附类型	
	物理吸附	化学吸附
作用力	分子引力（范德华力）	化学价键力
选择性	一般没有选择性	有选择性
形成吸附层	单分子或多分子吸附层均可	只能形成单分子吸附层
吸附热	较小，一般在 41.9kJ/mol 以内	较大，相当于化学反应热，一般在 83.7～418.7kJ/mol
吸附速度	快，几乎不要活化能	较慢，需要一定的活化能
温度	放热过程，低温有利于吸附	温度升高，吸附速度增加
可逆性	较易解吸	化学价键力大时，吸附不可逆

二、吸附剂

吸附剂应该是多孔物质或磨得极细的物质，具有很大的表面积。废水处理过程中应用的吸附剂有活性炭、磺化煤、沸石、活性白土、硅藻土、焦炭、木炭、木屑、树脂等。

活性炭是一种非极性吸附剂，是由含炭为主的物质作原料，经高温度炭化和活化制得的疏水性吸附剂。外观为暗黑色，有粒状和粉状两种，目前工业上大量采用的是粒状活性炭。活性炭的主要成分除碳以外，还含有少量的氧、氢、硫等元素，以及水分、灰分。它具有良好的吸附性能和稳定的化学性质，可以耐强酸、强碱，能经受水浸、高温、高压作用，不易破碎。

与其他吸附剂相比，活性炭具有巨大的比表面积和微孔特别发达等特点。通常活性炭的比表面积可达 $500\sim1700\,\mathrm{m^2/g}$，因而形成了强大的吸附能力。但是，比表面积相同的活性炭，其吸附容量并不一定相同，因为吸附容量不仅与比表面有关，而且还与微孔结构、微孔分布以及碳表面化学性质有关。

活性炭是目前废水处理中普遍采用的吸附剂，已用于炼油、含酚印染、氯丁橡胶、腈纶、三硝基甲苯等废水处理以及城市污水的深度处理。

三、吸附平衡与吸附速度

1. 吸附平衡

如果吸附过程是可逆的，当废水和吸附剂充分接触后，一方面吸附质被吸附剂吸附，另一方面一部分已被吸附的吸附质由于热运动的结果，能够脱离吸附剂的表面，又回到液相中去。前者称为吸附过程，后者称为解吸过程。当吸附速度和解吸速度相等时，即单位时间内吸附的数量等于解吸数量时，则吸附质在液相中的浓度和吸附剂表面上的浓度都不再改变而达到吸附平衡。此时，吸附质在液相中的浓度称为平衡浓度。

2. 吸附容量

吸附剂对吸附质的吸附效果一般用吸附容量和吸附速度来衡量。所谓吸附容量是指单位质量的吸附剂所吸附的吸附质的质量。吸附容量由式（4-1）计算：

$$q = \frac{V(C_0 - C)}{W} \tag{4-1}$$

式中　q——吸附容量，g/g；

　　　V——废水容积，L；

　　　W——吸附剂投加量，g；

　　　C_0——原水中吸附质浓度，g/L；

　　　C——吸附平衡时水中剩余吸附质浓度，g/L。

在温度一定条件下，吸附容量随吸附质平衡浓度的提高而增加。把吸附量随平衡浓度而变化的曲线称为吸附等温线。常见的吸附等温线有两种类型，如图 4-1 所示。

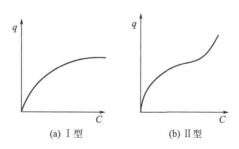

(a) Ⅰ型　　　　　　　(b) Ⅱ型

图 4-1　吸附等温线的形式

3. 吸附速度

所谓吸附速度是指单位质量的吸附剂在单位时间内所吸附的物质量。吸附速度决定了废水和吸附剂的接触时间。吸附速度越快，接触时间越短，所需的吸附设备的容积也就越小。吸附速度决定于吸附剂对吸附质的吸附过程，水处理中吸附过程可分为三阶段。

（1）颗粒外部扩散阶段

此阶段也称为膜扩散阶段。在吸附剂表面存在着一层固定的溶剂薄膜（液膜）。该薄膜不随溶液运动而移动，吸附质必须先通过这层薄膜才能到达吸附剂表面，所以吸附质在薄膜内的迁移速度是影响吸附速度的重要因素。

（2）颗粒内部的扩散阶段

经液膜扩散到吸附剂表面的吸附质向细孔（或中孔）深处扩散。该扩散速度也影响吸附速度。

（3）吸附反应阶段

在此阶段，吸附质被吸附在细孔（或中孔）内表面上。

在一般情况下，由于吸附反应阶段进行的吸附反应速度很快，因此，吸附速度主要由液膜内的扩散速度和颗粒内的扩散速度所控制。通常，吸附开始阶段是液膜内的迁移速度起决定作用，而在终了阶段由颗粒内的扩散速度起决定作用。

在实际工作中，吸附速度多通过试验来确定。

四、影响吸附的主要因素

1. 吸附剂性质

如前所述，吸附剂的比表面积越大，吸附能力就越强。吸附剂种类不同，吸附效果也不同，一般是极性分子（或离子）型的吸附剂吸附极性分子（或离子）型的吸附质，非极性分子型的吸附剂易于吸附非极性的吸附质。此外，吸附剂的颗粒大小、细孔构造和分布情况以及表面化学性质等对吸附也有很大影响。

2. 吸附质性质

（1）溶解度

吸附质的溶解度对吸附有较大影响。吸附质的溶解度越低，一般越容易被吸附。

（2）表面自由能

能降低液体表面自由能的吸附质，容易被吸附。例如活性炭吸附水中的脂肪酸，由于含碳较多的脂肪酸可使炭液界面自由能降低得较多，所以吸附量也较大。

（3）极性

因为极性的吸附剂易吸附极性的吸附质，非极性的吸附剂易于吸附非极性的吸附质，所以吸附质的极性是吸附的重要影响因素之一。例如活性炭是一种非极性吸附剂（或称疏水性吸附剂），可从溶液中有选择地吸附非极性或极性很低的物质。硅胶和活性氧化铝为极性吸附剂（或称亲水性吸附剂），可从溶液中有选择地吸附极性分子（包括水分子）。

（4）吸附质分子大小和不饱和度

吸附质分子大小和不饱和度对吸附也有影响。例如活性炭与沸石相比，前者易吸附分子直径较大的饱和化合物，后者易吸附直径较小的不饱和化合物。应该指出的是，活性炭对同族有机物的吸附能力虽然随有机物分子量的增大而增强，但分子量过大会影响扩散速度。所以当有机物分子量超过 1000 时，需进行预处理，将其分解为小分子量后再进行活性炭吸附。

（5）吸附质浓度

吸附质浓度对吸附的影响是当吸附质温度较低时，由于吸附剂表面大部分是空着的，因此适当提高吸附质浓度将会提高吸附量。当浓度提高到一定程度后再提高浓度时，吸附量虽有增加，但速度减慢，说明吸附剂表面已大部分被吸附质占据。当全部吸附表面被吸附质占据后，吸附量便达到极限状态，吸附量就不再因吸附质浓度的提高而增加。

3. 废水 pH 值

废水 pH 值对吸附剂和吸附质的性质都有影响。活性炭一般在酸性溶液中比在碱性溶液中的吸附能力强。pH 值对吸附质在水中的存在状态（分子、离子、络合物等）及溶解度有时也有影响，从而影响吸附效果。

4. 共存物质

吸附剂可吸附多种吸附质，因此如共存多种吸附质时，吸附剂对某种吸附质的吸附能力比只有该种吸附质时的吸附能力低。

5. 温度

因为物理吸附过程是放热过程，温度高时，吸附量减少，反之吸附量增加。温度对气相吸附影响较大，对液相吸附影响较小。

6. 接触时间

在进行吸附时，应保证吸附剂与吸附质有一定的接触时间，使吸附接近平衡，以充分利用吸附能力。达到吸附平衡所需的时间取决于吸附速度，吸附速度越快，达到吸附平衡的时间越短，相应的吸附容器体积就越小。

第二节　吸附装置与操作

一、吸附操作方式

在废水处理中，吸附操作分为静态吸附和动态吸附两种。

1. 静态吸附操作

废水在不流动的条件下进行的吸附操作称为静态吸附操作，所以静态吸附操作是间歇式操作。静态吸附操作的工艺过程是把一定量的吸附剂投入废水中，不断地进行搅拌，达到吸附平衡后，再用沉淀或过滤的方法使废水与吸附剂分开。如一次吸附后出水水质达不到要求时，往往采用多次静态吸附操作。多次吸附在废水处理中应用较少。静态吸附常用装置有水池和桶等。

2. 动态吸附操作

动态吸附操作是废水在流动条件下进行的吸附操作。动态吸附操作常用的装置有固定床、移动床和流化床三种。

（1）固定床

固定床是废水处理中常用的吸附装置。当废水连续地通过填充吸附剂的设备时，废水中的吸附质便被吸附剂吸附。若吸附剂数量足够时，从吸附设备流出的废水中吸附质的浓度可以降低到零。吸附剂使用一段时间后，出水中的吸附质的浓度逐渐增加，当增加到一定数值时，应停止通水，将吸附剂进行再生。吸附和再生可在同一设备内交替进行，也可以将失效的吸附剂排出，送到再生设备进行再生。因为这种动态吸附设备中，吸附剂在操作过程中是固定的，所以叫固定床。

固定床根据水流方向又分为升流式和降流式两种，图4-2所示为降流式固定床。

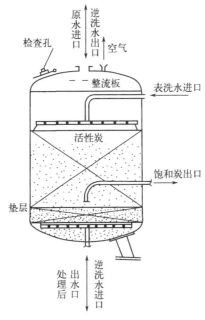

图4-2　降流式固定床

① 降流式固定床水流自上而下流动，出水水质较好，但经过吸附后的水头损失较大，特别是处理含悬浮物较高的废水时，为了防止悬浮物堵塞吸附层需定期进行反冲洗。有时在吸附层上部设有反冲洗设备。

② 在升流式固定床中，水流自下而上流动，当发现水头损失增大，可适当提高水流流速，使填充层稍有膨胀（上下层不要互相混合）就可以达到自清的目的。升流式固定床的优点是由于层内水头损失增加较慢，所以运行时间较长。其缺点是对废水入口处吸附层的冲洗难于降流式固定床，并且如果流量或操作一时失误就会使吸附剂流失。

固定床根据处理水量、原水的水质和处理要求可分为单床式、多床串联式和多床并联式三种（图4-3）。

（2）移动床

移动床的运行操作方式如下。原水从吸附塔底部流入和吸附剂进行逆流接触，处理后的水从塔顶流出，再生后的吸附剂从塔顶加入，接近吸附饱和的吸附剂从塔底间歇地排出（图4-4）。

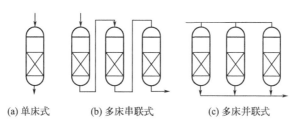

(a) 单床式　　(b) 多床串联式　　(c) 多床并联式

图 4-3　固定床吸附操作

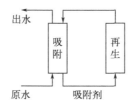

图 4-4　移动床吸附操作

移动床比固定床能够充分利用吸附剂的吸附容量,水头损失小。由于采用升流式,废水从塔底流入,从塔顶流出,被截留的悬浮物随饱和的吸附剂间歇地从塔底排出,所以不需要反冲洗设备。但这种操作方式要求塔内吸附剂上下层不能互相混合,操作管理要求高。移动床适宜于处理有机物浓度高和低的废水,也可以用于处理含悬浮物固体的废水。

（3）流动床

流动床也称为流化床。吸附剂在塔中处于膨胀状态,塔中吸附剂与废水逆向连续流动。流动床是一种较为先进的床型。与固定床相比,可使用小颗粒的吸附剂,吸附剂一次投量较少,不需反洗,设备小,生产能力大,预处理要求低。但运转中操作要求高,不易控制,对吸附剂的机械强度要求高。目前应用较少。

二、吸附容量的利用

吸附柱出水浓度超过处理要求时,进水端的吸附剂已经饱和,但出水端的吸附剂并未完全饱和。如继续通水,尽管出水浓度不断增加,但仍能吸附相当数量的吸附质,直到出水浓度等于原水浓度为止。这部分吸附容量的利用问题,特别是吸附带比较长或不明显时,是设计时必须考虑的重要问题之一。这部分吸附容量的利用一般有以下两个途径。

（1）采用多床串联操作

将几个柱子串联操作,当最前面的柱子接近饱和时,停止向这个柱子进水,进行再生,将备用柱串联在最后面,从第二个柱子进水,依次类推。这样进行再生的吸附柱中的吸附剂都是接近饱和的。

（2）采用升流式移动床操作

废水自下而上流过填充层,最底层的吸附剂先饱和。每隔一定时间从底部卸出一部分饱和的吸附剂,同时在顶部加入等量的新的或再生后的吸附剂。这样从底部排出的吸附剂都是接近饱和的,从而能够充分地利用吸附剂的吸附容量。

三、吸附剂的解吸再生

吸附饱和的吸附剂经再生后可重复使用。所谓再生，就是在吸附剂本身结构不发生或极少发生变化的情况下，用某种方法将被吸附的物质从吸附剂的细孔中除去，以达到能够重复使用的目的。活性炭的再生主要有以下几种方法。

1. 加热再生法

加热再生法分低温和高温两种方法。前者适于吸附浓度较高的简单低分子量的碳氢化合物和芳香族有机物的活性炭的再生。由于沸点较低，一般加热到 200℃ 即可脱附。多采用水蒸气再生，再生可直接在塔内进行。被吸附有机物脱附后可利用。后者适于水处理粒状炭的再生。高温加热再生过程分 5 步进行。

（1）脱水

使活性炭和输送液体进行分离。

（2）干燥

加热到 100～150℃，将吸附在活性炭细孔中的水分蒸发出来，同时部分低沸点的有机物也能够挥发出来。

（3）炭化

加热到 300～700℃，高沸点的有机物由于热分解，一部分成为低沸点的有机物进行挥发；另一部分被炭化，留在活性炭的细孔中。

（4）活化

将炭化留在活性炭细孔中的残留炭，用活化气体（如水蒸气、二氧化碳及氧）进行气化，达到重新造孔的目的。活化温度一般为 700～1000℃。

（5）冷却

活化后的活性炭用水急剧冷却，防止氧化。

活性炭高温加热再生系统由再生炉、活性炭贮罐、活性炭输送及脱水装置等组成。

活性炭再生炉形式有立式多段炉、转炉、盘式炉、立式移动床炉、流化床炉及电加热炉等。

2. 药剂再生法

药剂再生法又可分为无机药剂再生法和有机溶剂再生法两类。

（1）无机药剂再生法

用无机酸（H_2SO_4、HCl）或碱（$NaOH$）等无机药剂使吸附在活性炭上的污染物脱附。例如，吸附高浓度酚的饱和炭用 $NaOH$ 再生，脱附下来的酚为酚钠盐，可回收利用。

（2）有机溶剂再生法

用苯、丙酮及甲醇等有机溶剂萃取吸附在活性炭上的有机物。例如吸附含二硝基氯苯的染料废水的饱和活性炭，用有机溶剂氯苯脱附后，再用热蒸汽吹扫氯苯，脱附率可达 93%。

药剂再生可在吸附塔内进行，设备和操作管理简单，但药剂再生一般随再生次数的增加，吸附性能明显降低，需要补充新炭，废弃一部分饱和炭。

3. 化学氧化法

化学氧化法有下列几种方法。

（1）湿式氧化法

近年来为了提高曝气池的处理能力，向曝气池投加粉状炭。吸附饱和的粉状炭可采用湿式氧化法进行再生。饱和炭用高压泵经换热器和水蒸气加热器送入氧化反应塔。在塔内被活性炭吸附的有机物与空气中的氧反应，进行氧化分解，使活性炭得到再生。再生后的炭经热交换器冷却后，再送入再生贮槽。在反应器底积集的无机物（灰分）定期排出。

（2）电解氧化法

将碳作阳极，进行水的电解，在活性炭表面产生的氧气把吸附质氧化分解。

（3）臭氧氧化法

利用强氧化剂臭氧，将吸附在活性炭上的有机物加以分解。

4. 生物法

利用微生物的作用，将被活性炭吸附的有机物加以氧化分解。这种方法目前还处于试验阶段。

第五章 气　　浮

第一节　气浮的基本原理

气浮处理法就是向废水中通入空气，并以微小气泡形式从水中析出成为载体，使废水中的乳化油、微小悬浮颗粒等污染物质黏附在气泡上，随气泡一起上浮到水面，形成泡沫——气、水、颗粒（油）三相混合体，通过收集泡沫或浮渣达到分离杂质、净化废水的目的。气浮法主要用来处理废水中靠自然沉降或上浮难以去除的乳化油或相对密度接近于1的微小悬浮颗粒。

当注入水中的微气泡与水中固体颗粒黏附时便形成水、气、固三相的黏附界面，亲水性和疏水性物质的接触角如图 5-1 所示。

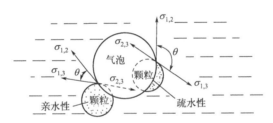

图 5-1　亲水性和疏水性物质的接触角

图中下角标 1、2、3 表示水、气、固，σ 表示两相界面的表面张力，如 $\sigma_{1,2}$ 表示水、气界面的表面张力，$\sigma_{2,3}$ 为气、固界面的表面张力。当固体颗粒处于水、气两相中时，水、气表面张力 $\sigma_{1,2}$ 与水、固表面张力 $\sigma_{1,3}$ 的夹角称固体颗粒的润湿接触角。从图 5-1 可以看出，润湿接触角 θ 可能大于 90°，也可能小于 90°，取决于颗粒的表面特性，凡 $\theta <$ 90°者称亲水性颗粒（可以理解为疏气性颗粒）；$\theta >$ 90°者称疏水性颗粒（可以理解为亲气性颗粒）。气浮法进行固液分离的前提条件是固体颗粒具有疏水性表面，即被气浮的颗粒应能较稳定地吸附在气泡上，随气泡上浮。

为提高气浮法的固液分离效率，往往采取措施改变固体颗粒的表面特性，使亲水性颗粒转变成为疏水性颗粒，增加废水中悬浮颗粒的可浮性，需向废水中投加各种化学药剂，这种化学药剂称为气浮剂。

气浮剂根据其作用的不同可分为捕收剂、起泡剂和调整剂。

一、捕收剂

能够提高颗粒可浮性的药剂称为捕收剂。捕收剂一般为含有亲水性（极性）及疏水性

（非极性）基团的有机物，如硬脂酸、脂肪酸及其盐类、胺类等。亲水性基团能够选择性地吸附在悬浮颗粒的表面上，而疏水性基团朝外，这样，亲水性的颗粒表面转化为疏水性的表面而黏附在空气泡上，如图5-2所示。因此，捕收剂能降低颗粒表面的润湿性，增加悬浮颗粒的可浮性指标，提高其黏附在气泡表面的能力。

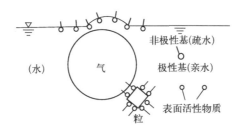

图 5-2　亲水性的颗粒表面转化为疏水性的表面

二、起泡剂

起泡剂大多是含有亲水性和疏水性基团的表面活性剂，通过降低液体表面自由能，产生大量微细且均匀的气泡，防止气泡相互兼并，造成相当稳定的泡沫。起泡剂能够降低气-液界面自由能，但同时也降低了可浮性指标，对气浮不利。因此，起泡剂的用量不可过多。

三、调整剂

为了提高气浮过程的选择性，加强捕收剂的作用并改善气浮条件，在气浮过程中常使用调整剂。调整剂包括抑制剂、活化剂和介质调整剂三大类。

1. 抑制剂

能够降低物质可浮性的药剂称为抑制剂。通过投加抑制剂，可以实现从废水中优先气浮出一种或几种有毒或值得回收的物质。

2. 活化剂

能够消除抑制作用的药剂称为活化剂。投加活化剂可以消除抑制剂的抑制作用，促进气浮的进行。

3. 介质调整剂

介质调整剂的主要作用是调整废水的 pH 值。

气浮法广泛应用于含油废水处理。含油废水经隔油池处理，只能去除颗粒大于 $30\sim 50\mu m$ 的油珠。小于这个粒径的油珠具有很大的稳定性，不易合并变大迅速上浮，称为乳化油。乳化油易黏附于气泡，增加其上浮速度，例如粒径为 $1.5\mu m$ 的油珠，上浮速度不大于 $0.001mm/s$，黏附在气泡上后，上浮速度可达 $0.9mm/s$，即上浮速度增加 900 倍。因此，在含油废水处理中常把气浮处理置于隔油池的后面，作为进一步去除乳化油的措施。

第二节 气浮方法及设备

废水处理中采用的气浮法，按水中气泡产生的方法可分为散气气浮法、溶气气浮法和电解气浮法三类。

一、散气气浮法

散气气浮是利用机械剪切力，将混合于水中的空气粉碎成细小的气泡，以进行气浮的方法。按粉碎气泡方法的不同，散气气浮又分为扩散板曝气气浮、叶轮气浮、水泵吸水管吸气气浮、射流气浮。

1. 扩散板曝气气浮

这是早年采用最为广泛的一种散气气浮法。压缩空气通过具有微细孔隙的扩散板或微孔管，使空气以细小气泡的形式进入水中，进行气浮过程，扩散板曝气气浮装置构造如图5-3所示。

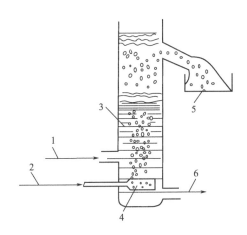

图5-3 扩散板曝气气浮装置构造
1—进水；2—压缩空气；3—气浮柱；4—扩散板；5—气浮渣；6—出水

这种方法的优点是简单易行，但缺点较多。其中主要的是空气扩散装置的微孔易于堵塞，气泡较大，气浮效果不好等，因此这种方法近年已少用。

2. 叶轮气浮

叶轮气浮设备构造如图5-4所示。

在气浮池底部设有旋转叶轮，在叶轮的上部装着带有导向叶片的固定盖板，盖板上有孔洞。当电动机带动叶轮旋转时，在盖板下形成负压，从空气管吸入空气，废水由盖板上的小孔进入，在叶轮的搅动下，空气被粉碎成细小的气泡，并与水充分混合成为水气混合体，甩出导向叶片之外，导向叶片使水流阻力减小，又经整流板稳流后，在池体内平稳地垂直上升，进行气浮。形成的泡沫不断地被刮板刮出槽外。

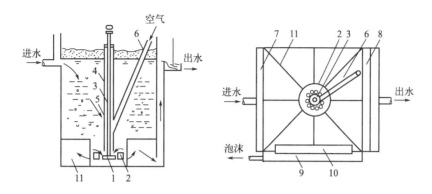

图 5-4 叶轮气浮设备构造

1—叶轮；2—盖板；3—转轴；4—轴套；5—轴承；6—进气管；7—进水槽；8—出水槽；
9—泡沫槽；10—刮沫板；11—整流板

这种气浮机采用正方形，叶轮直径一般为 200～400mm，最大不超过 600～700mm，叶轮转速为 900～1500r/min。气浮池有效水深为 1.5～2.0m，最大不超过 3.0m。这种气浮池适用于处理水量不大、污染物浓度较高的废水，除油效果可达 80％左右。

散气气浮的优点是设备简单，易于实现，其缺点是空气被粉碎得不够充分，形成的气泡粒度较大。在供气量一定的情况下，气泡的表面积小，而且由于气泡直径大，运动速度快，气泡与被去除污染物质的接触时间短促。这些因素都使散气气浮达不到高度的去除效果。

3. 水泵吸水管吸气气浮

这是最原始的也是最简单的一种气浮方法。这种方法的优点是设备简单，其缺点主要是由于水泵工作特性的限制，吸入的空气量不能过多，一般不大于吸水量的 10％（按体积计），否则将破坏水泵吸水管的负压工作。此外，气泡在水泵内破碎得不够完全，粒度大。因此，气浮效果不好。这种方法用于处理通过除油池后的石油废水，除油效率一般在 50％～65％。

4. 射流气浮

这是采用以水带气射流器向废水中混入空气进行气浮的方法。射流器构造如图 5-5 所示。

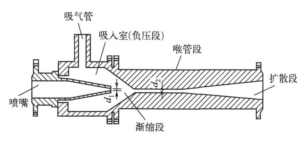

图 5-5 射流器构造

由喷嘴射出的高速废水使吸入室形成负压，并从吸气管吸入空气，在水气混合体进入喉管段后进行激烈的能量交换，空气被粉碎成微小气泡，然后进入扩压段（扩散段），动能转化为势能，进一步压缩气泡，增大了空气在水中的溶解度，然后进入气浮池中进行气水分离，即气浮过程。

二、溶气气浮法

溶气气浮法是使空气在一定压力的作用下溶解于水中，并达到过饱和状态，然后再突然使废水减到常压，这时溶解于水中的空气便以微小气泡的形式从水中逸出，进行气浮过程的方法。溶气气浮形成的气泡粒度很小。另外，在溶气气浮操作过程中，气泡与废水的接触时间还可以人为地加以控制。因此，溶气气浮的净化效果较高，在废水处理中，特别是对含油废水的处理，取得了广泛的应用。

根据气泡在水中析出时所处压力的不同，溶气气浮又可分为加压溶气气浮和溶气真空气浮两种类型。前者是空气在加压条件下溶于水中，而在常压下析出；后者是空气在常压或加压条件下溶于水中，而在负压条件下析出。

1. 加压溶气气浮法

加压溶气气浮法是在加压情况下，将空气溶解在废水中达饱和状态，然后突然减至常压，这时溶解在水中的空气就成了过饱和状态，以极微小的气泡释放出来，乳化油和悬浮颗粒就黏附于气泡周围而随其上浮，在水面上形成泡沫然后由刮泡器清除，使废水得到净化。

加压溶气气浮法在国内外应用最为广泛。炼油厂几乎都采用这种方法来处理废水中的乳化油，并获得较好的处理效果。出水含油量可在 $10\sim25mg/L$ 以下。

（1）加压溶气气浮法的基本流程

加压溶气气浮工艺由空气饱和设备、空气释放设备和气浮池等组成。其基本工艺流程有全溶气流程、部分溶气流程和回流加压溶气流程 3 种。

① 全溶气流程如图 5-6 所示。

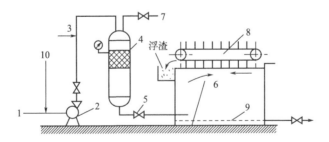

图 5-6　全溶气流程

1—原水进入；2—加压泵；3—空气加入；4—压力溶气罐（含填料层）；5—减压阀；
6—气浮池；7—放气阀；8—刮渣机；9—集水系统；10—化学药剂

该流程是将全部废水进行加压溶气，再经减压释放装置进入气浮池进行固液分离。与其他两流程相比，其电耗高，但因不另加溶气水，所以气浮池容积小。至于泵前投混凝剂形成的絮凝体是否会在加压及减压释放过程中产生不利影响，目前尚无定论。从分离效果来看并无明显区别，其原因是气浮法对混凝反应的要求与沉淀法不一样，气浮并不要求将絮体结大，只要求混凝剂与水充分混合。

②部分溶气流程如图5-7所示。

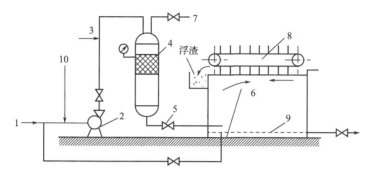

图5-7　部分溶气流程

1—原水进入；2—加压泵；3—空气进入；4—压力溶气罐（含填料层）；5—减压阀；

6—气浮池；7—放气阀；8—刮渣机；9—集水系统；10—化学药液

该流程是将部分废水进行加压溶气，其余废水直接送入气浮池。该流程比全溶气流程省电，另外因部分废水经溶气罐，所以溶气罐的容积比较小。但因部分废水加压溶气所能提供的空气量较少，因此，若想提供同样的空气量，必须加大溶气罐的压力。

③回流加压溶气流程如图5-8所示。

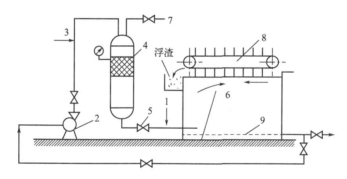

图5-8　回流加压溶气流程

1—原水进入；2—加压泵；3—空气进入；4—压力溶气罐（含填料层）；5—减压阀；

6—气浮池；7—放气阀；8—刮渣机；9—集水管及回流清水管

该流程将部分出水进行回流加压，废水直接送入气浮池。该法适用于含悬浮物浓度高的废水固液分离，但气浮池的容积较前两者大。

（2）溶气方式

溶气方式可分为水泵吸水管吸气溶气方式、水泵压水管射流溶气方式和水泵-空压机溶气方式。

①水泵吸水管吸气溶气方式可分为两种形式。一种是利用水泵吸水管内的负压作用，在吸水管上开一小孔，空气经气量调节和计量设备被吸入，并在水泵叶轮高速搅动形成气水混合体后送入溶气罐，如图5-9（a）所示。另一种是在水泵压水管上接一支管，支管上安装一射流器，支管中的压力水通过射流器时把空气吸入并送入吸水管，再经水泵送入溶气罐，如图5-9（b）所示。

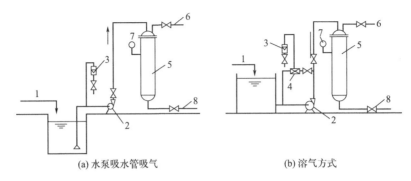

(a) 水泵吸水管吸气　　　　　　　　　　　(b) 溶气方式

图 5-9　水泵吸水管吸气、溶气方式

1—回流水；2—加压泵；3—气量计；4—射流器；5—溶气罐；6—放气管；7—压力表；8—减压释放设备

这种方式设备简单，不需空压机，没有因空压机带来的噪声。当吸气量控制适当（一般只为饱和溶解量的 50% 左右），压力不太高时，尽管水泵压力降低 10%～15%，但运行尚稳定可靠。当吸气量过大，超过水泵流量的 7%～8%（体积比）时，会造成水泵工作不正常并产生振动，同时水泵压力下降 25%～30%，长期运行还会发生水泵气蚀。

② 水泵压水管射流溶气方式是利用在水泵压水管上安装的射流器抽吸空气。缺点是射流器本身能量损失大，一般约 30%，当所需溶气水压力为 0.3MPa 时，则水泵出口处压力约需 0.5MPa。

(3) 加压溶气浮选法的主要设备

① 溶气罐。溶气罐的作用是在一定的压力（一般为 0.2～0.6MPa）下，保证空气能充分地溶于废水中，并使水、气良好混合。混合时间一般为 1～3min，混合时间与进气方式有关，即泵前进气混合时间可短些，泵后进气混合时间要长些。溶气罐的顶部设有排气阀，以便定期将积存在罐顶部未溶解的空气排掉，以免减少罐容，另外多余的空气如不排出，由于游离气泡的搅动，会影响浮选池的浮选效果。罐底设放空阀，以便清洗时放空溶气罐。

为了防止溶气罐内短流，增大紊流程度，促进水气充分接触，加快气体扩散，常在罐内设隔套、挡板或填料。

溶气罐的形式可分为静态型和动态型两大类。静态型包括花板式、纵隔板式、横隔板式等，这种溶气罐多用于泵前进气。动态型分为填充式、涡轮式等，多用于泵后进气。如图 5-10 所示为各种溶气罐型式，国内多采用花板式和填充式。

② 溶气水的减压释放设备。其作用是将压力溶气水减压后迅速将溶于水中的空气以极细小的气泡形式释放出来。微气泡的直径大小和数量对气浮效果有很大影响。目前生产中采用的减压释放设备分两类：一种是减压阀；另一种是释放器。

减压阀可以利用现成的截止阀，其缺点是：多个阀门相互间的开启度不一致，其最佳开启度难以调节控制，因而每个阀门的出流量各异，且释放出的气泡尺寸大小不一致；阀门安装在气浮池外，减压后经过一段管道才送入气浮池，如果此段管道较长，则气泡合并现象严重，从而影响气浮效果；另外，在压力溶气水昼夜冲击下，阀芯与阀杆螺栓易松动，造成流量改变，使运行不稳定。

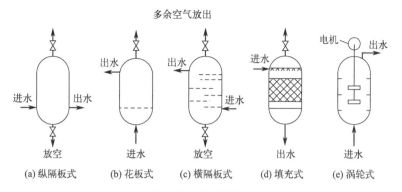

多余空气放出

(a) 纵隔板式 (b) 花板式 (c) 横隔板式 (d) 填充式 (e) 涡轮式

图 5-10　溶气罐型式

专用释放器是根据溶气释放规律制造。在国外，有英国水研究中心的 WRC 喷嘴、针形阀等。在国内，有 TS 型、TJ 型和 TV 型等。

③ 气浮池。气浮池的作用主要是当废水从减压阀流入敞口水池后，由于压力减至常压，使溶解于废水中的空气以微小气泡形式逸出。气泡在上升过程中吸附乳化油和细小悬浮颗粒，上浮至水面形成浮渣，由刮渣机除去。加压溶气浮选池的种类较多，一般可归纳成平流式、竖流式两种，如图 5-11、图 5-12 所示。它们分别与平流式和竖流式沉淀池类似。

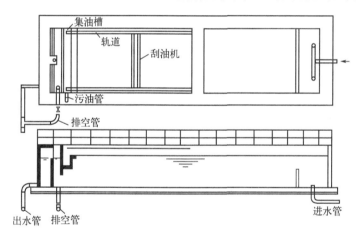

图 5-11　平流式浮选池

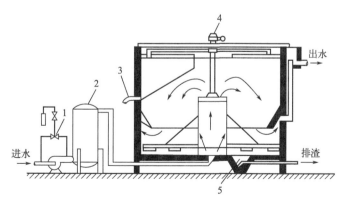

图 5-12　竖流式浮选池

1—射流器；2—溶气罐；3—泡沫排出管；4—变速装置；5—沉渣斗

除上述两种基本形式外，还有各种组合式一体化气浮池。组合式气浮池有反应-气浮、反应-气浮-沉淀和反应-气浮-过滤一体化气浮设备，如图 5-13～图 5-15 所示。

　　废水在气浮池内的停留时间一般为 30～40min。表面负荷为 $5～10m^3/(m^2 \cdot h)$。

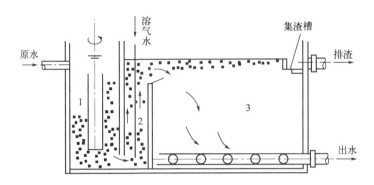

图 5-13　平流式气浮池（反应-气浮）

1—反应室；2—接触室；3—气浮池

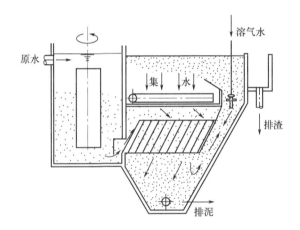

图 5-14　组合一体化气浮池

（反应-气浮-沉淀）

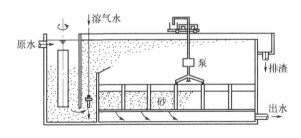

图 5-15　组合式一体化气浮池

（反应-气浮-过滤）

2. 溶气真空气浮法

溶气真空气浮法的主要特点是：气浮池是在负压（真空）状态下运行的，空气的溶解可在常压下进行，也可在加压下进行。图 5-16 为溶气真空气浮设备示意图。

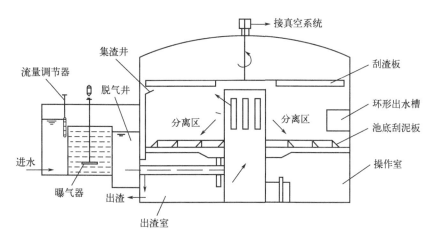

图 5-16　溶气真空气浮设备

由于是在负压（真空）条件下运行，因此，溶解在水中的空气易于呈现过饱和状态，从而大量地以气泡形式从水中析出，进行浮选。析出的空气量，取决于水中的溶解空气量和真空度。

溶气真空浮选池平面多为圆形，池面压力为 $30 \sim 40$ kPa，废水在池内停留时间为 $5 \sim 20$ min。

溶气真空浮选的主要优点是：空气溶解所需压力比压力溶气低，动力设备和电能消耗较少。但这种浮选方法的最大缺点是：浮选在负压下进行，一切设备部件，如除泡沫的设备，都要密封在浮选池内。因此，浮选池的构造复杂，给运行与维护都带来很大困难。此外，这种方法只适用于处理污染物浓度不高的废水（不高于 300mg/L），因此实际应用不多。

三、电解气浮法

电解气浮法对废水进行电解，这时在阴极产生大量的氢气泡，氢气泡的直径很小，仅有 $20 \sim 100 \mu m$，起着气浮剂的作用。废水中的悬浮颗粒黏附在氢气泡上，随其上浮，从而达到了净化废水的目的。与此同时，在阳极上电离形成的氢氧化物起着混凝剂的作用，有助于废水中的污泥物上浮或下沉。

电解气浮法的优点是：能产生大量小气泡，在利用可溶性阳极时，气浮过程和混凝过程结合进行，装置构造简单。电解气浮法除用于固液分离外，还有降低 BOD、氧化、脱色和杀菌作用，对废水负荷变化适应性强，生成污泥量少，占地少，不产生噪声。

电解气浮装置可分为竖流式和平流式两种，如图 5-17 和图 5-18 所示。

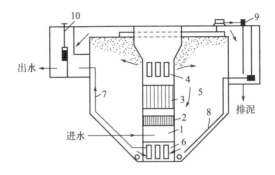

图 5-17 竖流式电解气浮池

1—入流室；2—整流栅；3—电极组；4—出流孔；5—分离室；6—集水孔；7—出水管；

8—排沉泥管；9—刮渣机；10—水位调节器

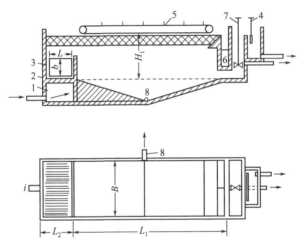

图 5-18 双室平流式电解气浮池

1—入流室；2—整流栅；3—电极组；4—出口水位调节器；5—刮渣机；6—浮渣室；7—排渣阀；8—污泥排除口

第六章　中　和

第一节　中和方法分类与中和剂

酸性工业废水和碱性工业废水来源广泛。酸性废水一般来源于化工厂、化纤厂、电镀厂、煤加工厂及金属酸洗车间等，碱性废水一般来源于印染厂、金属加工厂、炼油厂、造纸厂。酸性废水有的含无机酸，有的含有机酸，也有的同时含有机酸和无机酸。碱性废水的浓度差别很大，从小于1%～10%以上。碱性废水有的含有机碱，有的含无机碱。碱性废水的浓度可达百分之几。

当浓度不高（例如小于3%）时，酸性工业废水和碱性工业废水一般采用中和处理。中和处理就是用化学法去除废水中的酸或碱，使其pH达到中性左右，以免废水腐蚀管道和构筑物、危害农作物和水生植物，以及破坏废水生物处理系统的正常运行。当酸或碱废水的浓度达到3%～5%，应考虑回用和综合利用的可能性，可以利用酸性废水制造硫酸亚铁、硫酸铁等，利用碱性废水制造石膏、化肥等。

一、中和方法分类

酸性废水的中和方法可分为酸性废水与碱性废水互相中和、药剂中和及过滤中和3种方法。
碱性废水的中和方法可分为碱性废水与酸性废水互相中和、药剂中和等方法。

二、中和剂

酸性废水中和剂一般采用碱性材料，如石灰、石灰石、白云石、苏打、苛性钠等。
石灰来源广泛，价格便宜，中和法处理酸性废水采用石灰的比较多。苏打（Na_2CO_3）和苛性钠（$NaOH$）具有组成均匀、易于贮存、投加和反应迅速、易溶于水而且溶解度较高的优点，但是处理成本高，一般很少采用。
石灰石、白云石（$MgCO_3 \cdot CaCO_3$）成本低，而且劳动卫生条件要比石灰好一些。
碱性废水中和剂一般采用盐酸和硫酸。

第二节　酸性废水和碱性废水互相中和法

酸性废水和碱性废水互相中和是一种既简单又经济的以废治废的处理方法。酸碱废水互相中和一般是在混合反应池内进行，池内设有搅拌装置。两种废水互相中和时，由于水量和浓度难以保持稳定，所以给操作带来困难。在此情况下，一般在混合反应池前设有均质池。

一、酸性或碱性废水需要量

利用酸性废水和碱性废水互相中和时，应计算所用酸性废水和碱性废水的量。理论用量是以废水含酸和碱的摩尔浓度及化合价进行计算，即：

$$Q_1 C_1 n_1 = Q_2 C_2 n_2 \tag{6-1}$$

式中　　Q_1——酸性废水流量，L/h；

C_1——酸性废水酸的摩尔浓度，mol/L；

Q_2——碱性废水流量，L/h；

C_2——碱性废水碱的摩尔浓度，mol/L；

n_1——酸的化合价；

n_2——碱的化合价。

在中和过程中，酸碱的当量恰好相等时称为中和反应的等当点。强酸强碱互相中和时，中和反应的等当点就是中性点，溶液的 pH 值等于 7.0。当中和的一方为弱酸或弱碱时，由于中和反应生成的盐会发生水解，因此，反应等当点时溶液并非中性，pH 值大小取决于所生成盐的水解度。

二、中和设备

中和设备的选用与酸碱废水排放及水质变化规律有关。

① 当水质水量变化较小或对中和后的 pH 值要求较宽时，可以采用简易的中和设备进行连续混合反应，如集水井、管道、混合槽等。

② 当水质水量变化不大或对中和后的 pH 值要求高时，可选用连续流中和池。中和池的有效容积按下式计算：

$$V = (Q_1 + Q_2)t \tag{6-2}$$

式中　　V——中和池有效容积，m³；

Q_1——酸性废水设计流量，m³/h；

Q_2——碱性废水设计流量，m³/h；

t——中和时间，h。视水质水量变化情况确定，一般采用 1～2h。

③ 当水质水量变化较大，且水量较小时，多采用间歇式中和池。因为来水的水质水量变化无规律，连续流无法保证出水 pH 值稳定。间歇式中和池的有效容积可按污水排放周期（如一班或一昼夜）的废水量计算。间歇式中和池不应少于 2 座（格），交替使用。

第三节　药剂中和法

一、酸性废水的药剂中和处理

1. 中和剂

酸性废水中和剂有石灰、石灰石、白云石、苛性钠、碳酸钠等，石灰最为常用。石灰适用于处理杂质多、浓度高的酸性废水，因为投加石灰中和剂产生的氢氧化钙对废水中杂质有凝聚作用。一些工业废渣也可以作为中和剂，如化学软水站排出的废渣、乙炔发生站排放的电石废渣、热电厂的炉灰渣等。

2. 中和反应

采用石灰乳中和剂时，发生的中和反应如下：

$$H_2SO_4 + Ca(OH)_2 = CaSO_4 + 2H_2O$$
$$2HNO_3 + Ca(OH)_2 = Ca(OH)_2 + 2H_2O$$
$$2HCl + Ca(OH)_2 = CaCl_2 + 2H_2O$$

如果废水中含有其他金属盐类，如铁、铅、锌、铜、镍等，会发生如下反应：

$$FeCl_2 + Ca(OH)_2 = Fe(OH)_2 + CaCl_2$$
$$PbCl_2 + Ca(OH)_2 = Pb(OH)_2 + CaCl_2$$

这些反应也消耗石灰乳的用量。

采用石灰石或白云石中和处理硫酸废水时，生成的硫酸钙是微溶物质，不仅在水中形成沉淀，而且当硫酸浓度很高时，还会在石灰石或白云石中和剂表面产生硫酸钙的覆盖层，影响和阻止中和反应的继续进行。因此当采用石灰石或白云石中和硫酸废水时，中和剂颗粒应在 0.5mm 以下。

3. 中和剂用量

中和酸性废水所需的药剂的理论耗量可根据中和反应方程式来计算。中和各种酸性废水所需碱、盐的理论耗量见表 6-1。

表 6-1　中和各种酸性废水所需碱、盐的理论耗量

酸	中和 1kg 酸所需碱、盐的克数/(kg/kg)						
	NaOH	Ca(OH)$_2$	CaO	CaCO$_3$	MgCO$_3$	Na$_2$CO$_3$	CaMg(CO$_3$)$_2$
HNO$_3$	0.635	0.59	0.445	0.795	0.668	0.84	0.732
HCl	1.10	1.01	0.77	1.37	1.15	1.45	1.29
H$_2$SO$_4$	0.816	0.755	0.57	1.02	0.86	1.08	0.94
H$_2$SO$_3$	0.975	0.90	0.68			1.29	1.122
CO$_2$	1.82	1.63					2.09
C$_2$H$_4$O$_2$	0.666	0.616				0.88	1.53
CuSO$_4$	0.251	0.465	0.352	0.628	0.525	0.667	0.576
FeSO$_4$	0.264	0.485	0.37	0.66	0.553	0.700	0.605
H$_2$SiF$_6$	0.556	0.51	0.38	0.69		0.73	0.63
FeCl$_2$	0.63	0.58	0.44	0.79		0.835	0.725
H$_3$PO$_4$	1.22	1.13	0.86	1.53		1.62	1.41

由于药剂的纯度不是 100%，因此药剂的实际比耗量应比表 6-1 理论耗量要大些。药剂的纯度应根据所购买产品的成分资料确定。一般情况下，生石灰含 60%～80%CaO，熟石灰含 65%～75%Ca(OH)$_2$；电石渣及废石灰含 60%～70%CaO；石灰石含 90%～

95%$CaCO_3$；白云石含 45%～50%$CaCO_3$。

另外，由于存在着混合反应的不均匀性和中和反应的不彻底性，因此，中和剂的实际耗量要比理论耗量高。计算中和剂的实际耗量要乘以一个不均匀系数 K。因此，药剂总耗量可按下式计算：

$$G_a = \frac{KQ(C_1\alpha_1 + C_2\alpha_2)}{\alpha}$$ (6-3)

式中　G_a——药剂总耗量，kg/d；

　　　K——不均匀系数。石灰乳中和硫酸时，K 值采用 1.05～1.10；以干投或石灰浆

　　　　　　投加时，K 值采用 1.4～1.5；中和硝酸、盐酸时，K 值采用 1.05；

　　　Q——酸性废水量，m^3/d；

　　　C_1——废水含酸浓度，kg/m^3；

　　　C_2——废水中需中和的酸性盐浓度，kg/m^3；

　　　α_1——中和剂理论耗量，即中和 1kg 酸所需的碱量，kg/kg，见表 6-1；

　　　α_2——中和 1kg 酸性盐类所需碱性药剂量，kg/kg，见表 6-1；

　　　α——中和剂的纯度，%。

中和反应产生的盐类和药剂中惰性杂质一般通过沉淀去除，沉淀过程中产生的沉渣也包含了原废水中的悬浮物。因此，投药中和沉渣量可按下式计算：

$$W = G_a(B+e) + Q(s-c-d)$$ (6-4)

式中　W——沉渣量，kg/h；

　　　G_a——投药量，kg/h；

　　　Q——废水量，m^3/h；

　　　B——消耗单位药剂产生的盐量，kg/kg，见表 6-2；

　　　e——单位药剂中杂质含量，kg/kg；

　　　s——原废水中悬浮物含量，kg/m^3；

　　　c——中和后废水中溶解盐量，kg/m^3；

　　　d——中和后出水中悬浮物含量，kg/m^3。

表 6-2　消耗单位药剂产生的盐量

酸	药　剂	中和单位酸量所产生的盐量(B)/(kg/kg)
H_2SO_4	$Ca(OH)_2$	$CaSO_4$：1.39
	$CaCO_3$	$CaSO_4$：1.39
	NaOH	Na_2SO_4：1.45
HNO_3	$Ca(OH)_2$	$Ca(NO_3)_2$：1.30
	$CaCO_3$	$Ca(NO_3)_2$：1.30
	NaOH	$NaNO_3$：1.35
HCl	$Ca(OH)_2$	$CaCl_2$：1.53
	$CaCO_3$	$CaCl_2$：1.53
	NaOH	NaCl：1.61

4. 处理工艺流程

废水量少（每小时几吨到十几吨）时宜采用间歇处理，两池、三池（格）交替工作。废水量大时宜采用连续式处理。为获得稳定可靠的中和处理效果宜采用多级式自动控制系统。目前多采用二级或三级，分为粗调和终调，或粗调、中调和终调。投药量由设在池出口的 pH 值检测仪控制。一般初调可将 pH 值调至 4～5。酸性废水投药中和流程如图 6-1 所示。

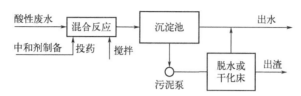

图 6-1　酸性废水投药中和流程

酸性废水投药中和之前，有时需要进行预处理。预处理包括悬浮杂质的澄清、水质及水量的均和。前者可以减少投药量，后者可以创造稳定的处理条件。

投加石灰有干投法和湿投法两种方式。干投法如图 6-2 所示。

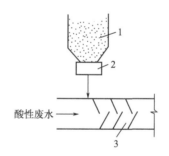

图 6-2　干投法

1—石灰粉贮斗；2—电磁振荡设备；3—隔板混合槽

首先将生石灰或石灰石粉碎，使其达到技术上要求的粒径（0.5mm）。投加时，为了保证石灰能均匀地加到废水中去，可用具有电磁振荡装置的石灰投配器。石灰投入废水渠，经混合槽折流混合 0.5～1min，然后进入沉淀池将沉渣进行分离。干投法的优点是设备简单，缺点是反应不彻底，反应速度慢，投药量大，为理论值的 1.4～1.5 倍，石灰破碎、筛分等劳动强度大。

湿投法如图 6-3 所示。

首先将石灰投入消解槽，消解成 40%～50% 的浓度后投放到乳液槽，经搅拌配制成 5%～10% 浓度的石灰乳，再用泵送到投配槽，经投加器投入到混合设备。送到投配槽的石灰乳量大于投加量，剩余部分回流，保持投配槽液面不变，投加量由投加器孔口的开启度来控制。当短时间停止投加石灰乳时，石灰乳可在系统内循环，不易堵塞。石灰消解槽及乳液槽不宜采用压缩空气搅拌，因为石灰乳与空气中 CO_2 会生成 $CaCO_2$ 沉淀，既浪费中和剂，又易引起堵塞。一般采用机械搅拌。与干投法相比，湿投法的设备多。但湿投法反应迅速、彻底，投药量较少，仅为理论值的 1.05～1.10 倍。

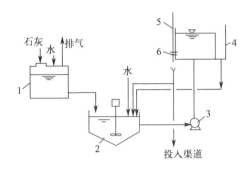

图 6-3　湿投法

1—石灰消解槽；2—乳液槽；3—泵；4—投配槽；5—提板闸；6—投加器

废水在混合反应池中的停留时间一般不大于 5min。实际混合时间可按下式计算：

$$t = 60 \frac{V}{Q} \tag{6-5}$$

式中　t——实际混合时间，min；

Q——废水流量，m^3/h；

V——混合反应池容积，m^3。

二、碱性废水的药剂中和处理

1. 中和剂

碱性废水中和剂有硫酸、盐酸、硝酸等。一般常用工业硫酸，因为硫酸价格较低。使用盐酸的最大优点是反应物的溶解度大，沉渣量少，但出水中溶解固体浓度高。有工业废酸利用可以优先考虑，这样更经济。有条件时，也可以采取向碱性废水中通入烟道气（含 CO_2、SO_2 等）的办法进行中和。

2. 中和反应

采用工业硫酸中和处理含氢氧化钠和氢氧化铵碱性废水时，发生的化学反应如下：

$$2NaOH + H_2SO_4 \longrightarrow Na_2SO_4 + 2H_2O$$
$$2NH_4OH + H_2SO_4 \longrightarrow (NH_4)_2SO_4 + 2H_2O$$

烟道气一般含 CO_2 量可达 24%，有的还含有少量的 SO_2 和 H_2S。用烟道气中和处理含氢氧化钠碱性废水时，发生的化学反应如下：

$$2NaOH + CO_2 + H_2O \longrightarrow Na_2CO_3 + 2H_2O$$
$$2NaOH + SO_2 + H_2O \longrightarrow Na_2SO_3 + 2H_2O$$

用烟道气中和处理碱性废水通常是和烟道气除尘相结合，用碱性废水作为烟道气除尘水进行喷淋，在除尘的同时，也完成了碱性废水的中和处理，以废治废。这种方法投资省、运行费用低、节水，但出水的硫化物、色度、耗氧量等指标都升高，还需进一步处理。

中和各种碱性废水所需酸的理论耗量见表 6-3。

表 6-3　中和各种碱性废水所需酸的理论耗量

| 碱 | 中和 1kg 碱需酸的克数/(kg/kg) | | | | | | | |
| | H_2SO_4 | | HCl | | HNO_3 | | CO_2 | SO_2 |
	100%	98%	100%	36%	100%	65%		
NaOH	1.22	1.24	0.91	2.53	1.57	2.42	0.55	0.80
KOH	0.88	0.90	0.65	1.80	1.13	1.74	0.39	0.57
$Ca(OH)_2$	1.32	1.34	0.99	2.74	1.70	2.62	0.59	0.86
NH_3	2.88	2.93	2.12	5.90	3.71	5.70	1.29	1.88

第四节　过滤中和

一、概述

过滤中和是指废水通过具有中和能力的滤料进行中和反应。这种方法适用于含硫酸浓度≤2~3mg/L 并生成易溶盐的各种酸性废水的中和处理。当废水含大量悬浮物、油脂、重金属盐和其他毒物时，不宜采用。

具有中和能力的滤料有：石灰石、白云石、大理石等，一般最常用的是石灰石。采用石灰石作滤料时，其反应式如下：

$$2HCl+CaCO_3 \longrightarrow CaCl_2+H_2O+CO_2 \uparrow$$
$$2HNO_3+CaCO_3 \longrightarrow Ca(NO_3)_2+H_2O+CO_2 \uparrow$$
$$H_2SO_4+CaCO_3 \longrightarrow CaSO_4+H_2O+CO_2 \uparrow$$

对含硫酸废水，采用白云石作滤料，其反应式如下：

$$2H_2SO_4+CaCO_3 \cdot MgCO_3 \longrightarrow CaSO_4+MgSO_4+2H_2O+2CO_2 \uparrow$$

由于 $MgSO_4$ 的溶解度较大，$CaSO_4$ 生成量仅为石灰石反应的 50%，从而可以提高进水的硫酸浓度，但白云石的反应速度较石灰石慢。

过滤中和均产生 CO_2，CO_2 溶于水即为碳酸，使出水 pH 值在 5 左右，需用曝气等方法脱掉 CO_2，提高 pH 值。

过滤中和所使用的设备有普通中和滤池、升流式膨胀中和滤池、过滤中和滚筒 3 种类型。

二、普通中和滤池

普通中和滤池为固定床，有平流和竖流两种形式，目前多用竖流式。竖流式又分升流式和降流式两种（图 6-4）。

普通中和滤池的滤料粒径一般为 30~50mm，滤床厚度一般为 1~1.5m。过滤速度一般≤5m/h，接触时间≥10min。如果废水中含有可能堵塞滤料的物质时，应进行预处理。

三、升流式膨胀中和滤池

升流式膨胀中和滤池中废水从滤池的底部进入，从池顶流出，流速可达 30~70m/h，再加上生成 CO_2 气体作用，使滤料互相碰撞摩擦，表面不断更新，因此中和效果较好。

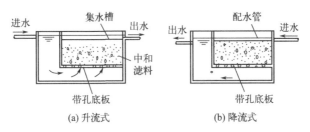

图 6-4　普通中和滤池

升流式膨胀中和滤池分为恒速升流式膨胀中和滤池和变速升流式膨胀中和滤池两种。

1. 恒速升流式膨胀中和滤池

恒速升流式膨胀中和滤池如图 6-5 所示。

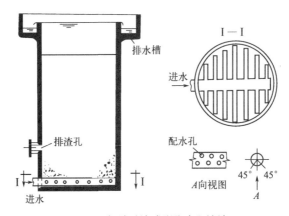

图 6-5　恒速升流式膨胀中和滤池

滤池分四部分：底部为进水设备，一般采用大阻力穿孔管布水，孔径 $9 \sim 12 mm$；进水设备上面是卵石垫层，其厚度为 $0.15 \sim 0.2 m$，卵石粒径为 $20 \sim 40 mm$；垫层上面为石灰石滤料，粒径为 $0.5 \sim 3 mm$，平均为 $1.5 mm$，滤料层厚度在运转初期为 $1 \sim 1.2 m$，最终换料时为 $2 m$，滤料膨胀率为 50%，滤料的分布状态是由下往上，粒径逐渐减小；滤料上面是缓冲层，高度 $0.5 m$，使水和滤料分离，在此区内水流速逐渐减慢，出水由出水槽均匀汇集出流。

滤池的出水中由于含有大量溶解 CO_2，使出水 pH 值为 $4.2 \sim 5.0$，可以用甲基橙来判断滤料的效能。滤池在运行中，滤料有所消耗，应定期补充，运行中应防止高浓度硫酸废水进入滤池，否则会使滤料表面结垢而失去作用。滤池运行一定时期后，由于沉淀物积累过多导致中和效果下降，应进行倒床，更换新滤料。

当废水硫酸浓度 $< 2200 mg/L$ 时，中和处理后出水的 pH 值可达 $4.2 \sim 5$。若将出水中 CO_2 气体吹脱后，废水的 pH 值可提高到 $6 \sim 6.5$。

膨胀中和滤池一般每班加料 $2 \sim 4$ 次。当出水的 $pH \leqslant 4.2$ 时，必须倒床换料。

2. 变速升流式膨胀中和滤池

图 6-6 所示为变速升流式膨胀中和滤池。

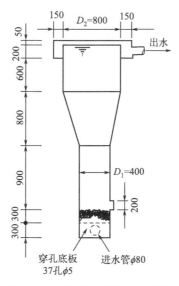

图 6-6 变速升流式膨胀中和滤池

其特点是滤料层截面面积是变化的。底部流速较大，可使大颗粒滤料处于悬浮状态；上部流速较小，可保持上部微小滤料不致流失，从而可防止池内滤料表面形成 $CaSO_4$ 覆盖层，可以提高滤料的利用率，还可以提高进水的含酸浓度，同时不产生堵塞。这种滤池可大大提高滤速，下部滤速可达 130～150m/h，上部滤速可达 40～60m/h。

滤池出水中的 CO_2 一般由脱气池去除，方法有空气曝气、出水跌落自然曝气等。

图 6-7 所示为变速升流式膨胀中和滤池（塔）酸性废水处理装置流程图。

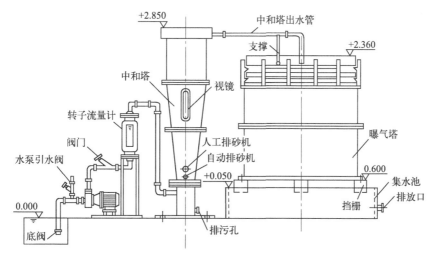

图 6-7 变速升流式膨胀中和滤池（塔）酸性废水处理装置流程

四、过滤中和滚筒

卧式过滤中和滚筒如图 6-8 所示。

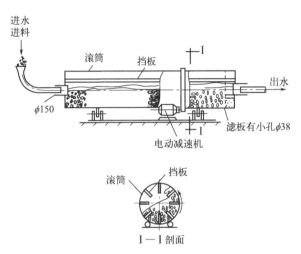

图 6-8 卧式过滤中和滚筒

滚筒直径 1m 以上，长度与直径的比为 6～7。滚筒采用钢板制成，内衬防腐层。筒内壁焊数条纵向挡板，带动滤料不断翻滚。为避免滤料被水带出，在滚筒出水端设穿孔滤板。滚筒转速为 10～20r/min，线速度为 0.3～0.5m/s。滤料不必破碎到很小粒径，一般在 10mm 左右。滤料填装体积占筒体体积的 1/2。这种装置的填料互相碰撞，硫酸钙覆盖膜不容易形成，因此，进水硫酸浓度可超过极限值数倍。但过滤中和滚筒构造复杂，运行时设备噪声大，动力费用高。

第七章　膜分离技术

第一节　渗　析

有一种半渗透膜能允许水中或溶液中的溶质通过。用这种膜将浓度不同的溶液隔开，溶质即从浓度高的一侧透过膜而扩散到浓度低的一侧，这种现象称为渗析作用，也称扩散渗析、浓差渗析或扩散渗透。

渗析作用的推动力是浓度差，即依靠膜两侧溶液浓度差而引起溶质进行扩散分离。这个扩散过程进行很慢，需时较长，当膜两侧的浓度达到平衡时，渗析过程即停止。废水处理中的渗析多采用离子交换膜，主要用于酸、碱的回收，回收率可达 70％～90％，但不能将它们浓缩。

现以酸洗钢铁废水回收硫酸为例介绍扩散渗析的原理。扩散渗析器中的薄膜全部为阴离子交换膜，渗析原理如图 7-1 所示。

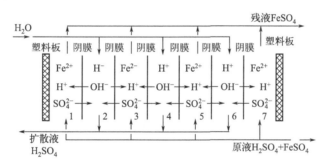

图 7-1　渗析原理

含硫酸废水自下而上地进入第 1、3、5、7 原液室，水自上而下地进入 2、4、6 回收室。原液室中含酸废水的 Fe^{2+}、H^+、SO_4^{2-} 浓度比回收室浓度高，虽然三种离子都有向两侧回收室的水中扩散的趋势，但由于阴离子交换膜的选择透过性，SO_4^{2-} 离子易通过阴膜，而 H^+ 离子和 Fe^{2+} 离子难于通过。又由于回收室中 OH^- 浓度比原液室中的高，回收室中的 OH^- 通过阴膜而进入原液室，与原液室中的 H^+ 结合成水，结果从回收室下端流出的为 H_2SO_4，从原液室上端排出的主要是 $FeSO_4$。

第二节　电　渗　析

一、电渗析原理

电渗析的原理是在直流电场的作用下，依靠对水中离子有选择透过性的离子交换膜，使离子从一种溶液透过离子交换膜进入另一种溶液，以达到分离、提纯、浓缩、回收的目的。电渗析原理如图 7-2 所示。

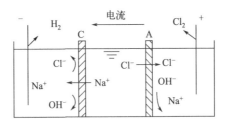

图 7-2　电渗析原理

C 为阳离子交换膜，A 为阴离子交换膜（分别简称阳膜和阴膜），阳膜只允许阳离子通过，阴膜只允许阴离子通过。纯水不导电，而废水中溶解的盐类所形成的离子却是带电的，这些带电离子在直流电场作用下能做定向移动。

以废水中的盐 NaCl 为例，当电流按图示方向流经电渗析器时，在直流电场的作用下，Na^+ 和 Cl^- 分别透过阳膜（C）和阴膜（A）离开中间隔室，而两端电极室中的离子却不能进入中间隔室，结果使中间隔室中 Na^+ 和 Cl^- 含量随着电流的通过而逐渐降低，最后达到要求的含量。在两旁隔室中，由于离子的迁入，溶液浓度逐渐升高而成为浓溶液。

二、电渗析器的组成

电渗析器由离子交换膜、隔板、电极组装而成。

1. 离子交换膜

离子交换膜是电渗析器的关键部分，离子交换膜具有与离子交换树脂相同的组成，含有活性基团和使离子透过的细孔，常用的离子交换膜按其选择透过性可分为阳膜、阴膜、复合膜等数种。

（1）阳膜

阳膜含有阳离子交换基团，在水中交换基团发生离解，使膜上带有负电，能排斥水中的阴离子，吸引水中的阳离子并使其通过。

（2）阴膜

阴膜含有阴离子交换基团，在水中离解出阴离子并使其通过。

（3）复合膜

复合膜由一面阳膜和一面阴膜其间夹一层极细的网布做成，具有方向性的电阻。当阳膜面朝向负极，阴膜面朝向正极，正、负离子都不能透过膜，显示出很高的电阻。这时两膜之间的水分子离解成 H^+ 和 OH^-，分别进入膜两侧的溶液中。当膜的朝向与上述相反时，膜电阻降低，膜两侧相应的离子进入膜中。

离子交换膜是由离子交换树脂做成的，具有选择透过性强、电阻低、抗氧化耐腐蚀性强，机械强度高、使用中不发生变形等性能。

2. 隔板

隔板是用塑料板做成的很薄的框，其中开有进出水孔，在框的两侧紧压着膜，使框中形成小室，可以通过水流。生产上使用的电渗析器由许多隔板和膜组成。

3. 电极

电极的作用是提供直流电，形成电场。常用的电极如下。

① 石墨电极。可作阴极或阳极。

② 铅板电极。也可作阴极或阳极。

③ 不锈钢电极。只能作阴极。

④ 铅银合金电极。作阴极、阳极均可。

电渗析器的组装一般是将阴、阳离子交换膜和隔板交替排列，再配上阴、阳电极就能构成电渗析器。但电渗析器的组装根据其应用而有所不同。一般可分为少室电渗析器和多室电渗析器两类。少室电渗析器只有一对或数对阴阳离子交换膜，而多室电渗析器则往往有几十对到几百对阴阳离子交换膜。

三、电渗析在废水处理中的应用

在废水处理中，电渗析法可以有效地回收废水中的无机酸、碱、金属盐及有机电解质等，使废水净化。主要包括以下几种。

① 从酸液清洗金属表面所形成的废液中回收酸和金属。

② 从电镀废水中回收重金属离子。

③ 从合成纤维废水中回收硫酸盐。

④ 从纸浆废液中回收亚硫酸盐等。

第三节　反　渗　透

一、反渗透原理

1. 渗透和反渗透

有一种膜只允许溶剂通过而不允许溶质通过，如果用这种半渗透膜将盐水和淡水或两种浓度不同的溶液隔开，则可发现水将从淡水侧或浓度较低的一侧通过膜自动地渗透到盐水或浓度较高的溶液一侧，盐水体积逐渐增加，在达到某一高度后便自行停止，此时即达到了平衡状态。这种现象称为渗透作用。当渗透平衡时，溶液两侧液面的静水压差称为渗透压。如果在盐水面上施加大于渗透压的压力，则此时盐水中的水就会流向淡水侧，这种现象称为反渗透，如图 7-3 所示。

任何溶液都具有相应的渗透压，但要有半透膜才能表现出来。渗透压与溶液的性质、浓度和温度有关，而与膜无关。

反渗透不是自动进行的，为了进行反渗透作用，就必须加压。只有当工作压力大于溶液的渗透压时，反渗透才能进行。在反渗透过程中，溶液的浓度逐渐增高，因此，反渗透

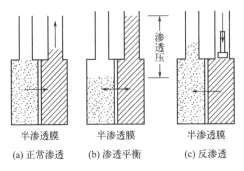

半渗透膜 半渗透膜 半渗透膜

(a) 正常渗透　　(b) 渗透平衡　　(c) 反渗透

图 7-3　反渗透原理

设备的工作压力必须超过与浓水出口处浓度相应的渗透压。温度升高,渗透压增高。所以溶液温度的任何增高必须通过增加工作压力予以补偿。

2. 反渗透膜的透过机理

反渗透膜的透过机理一般认为是选择性吸附-毛细管流机理,即认为反渗透膜是一种多孔性膜,具有良好的化学性质,当溶液与这种膜接触时,由于界面现象和吸附的作用,对水优先吸附或对溶质优先排斥,在膜面上形成一纯水层。

被优先吸附在界面上的水以水流的形式通过膜的毛细管并被连续地排出。所以反渗透过程是界面现象和在压力下流体通过毛细管的综合结果。

反渗透膜的种类很多,目前在水处理中应用较多的是醋酸纤维素膜和芳香族聚酰胺膜。

二、反渗透装置

反渗透装置有板框式、管式、螺卷式和中空纤维式 4 种。

1. 板框式反渗透装置

板框式反渗透装置的构造与压滤机类似(图 7-4)。

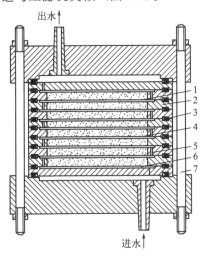

出水

进水

图 7-4　板框式反渗透装置

1—膜;2—水引出孔;3—橡胶密封圈;4—多孔性板;5—处理水通道;6—膜间流水道;7—双头螺栓

整个装置由若干圆板一块一块地重叠起来组成。圆板外环有密封圈支撑，使内部组成压力容器，高压水串流通过每块板。圆板中间部分是多孔性材料，用以支撑膜并引出被分离的水。每块板两面都装上反渗透膜，膜周边用胶黏剂和圆板外环密封。板式装置上下安装有进水和出水管，使处理水进入和排出，板周边用螺栓把整个装置压紧。

板式反渗透装置结构简单，体积比管式反渗透装置的小，其缺点是装卸复杂，单位体积膜表面积小。

2. 管式反渗透装置

管式反渗透装置与多管热交换器相仿，如图 7-5 所示。

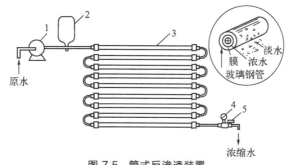

图 7-5　管式反渗透装置

1—高压水泵；2—缓冲器；3—管式组件；4—压力表；5—阀门

管式反渗透装置是将若干根直径 10～20mm，长 1～3m 的反渗透管状膜装入多孔高压管中，管膜与高压管之间衬尼龙布以便透水。高压管常用铜管或玻璃钢管，管端部用橡胶密封圈密封，管两头有管箍和管接头以螺栓连接。

管式反渗透装置的特点是水力条件好，安装、清洗、维修比较方便，能耐高压，可以处理高黏度的原液；缺点是膜的有效面积小，装置体积大，而且两头需要较多的联结装置。

3. 螺卷式反渗透装置

螺卷式反渗透装置由平膜做成。在多孔的导水垫层两侧各贴一张平膜，膜的三个边与垫层用胶黏剂密封呈信封状，称为膜叶。将一个或多个膜叶的信封口胶接在接受淡水的穿孔管上，在膜与膜之间放置隔网，然后将膜叶绕淡水穿孔管卷起来便制成了圆筒状膜组件（图 7-6）。

将一个或多个组件放入耐压管内便可制成螺卷式反渗透装置。工作时，原水沿隔网轴向流动，而通过膜的淡水则沿垫层流入多孔管，并从那里排出器外。

螺卷式反渗透装置的优点是结构紧凑，单位容积的膜面积大，所以处理效率高，占地面积小，操作方便。缺点是不能处理含有悬浮物的液体，原水流程短，压力损失大，浓水难以循环以及密封长度大，清洗、维修不方便。

4. 中空纤维式反渗透装置

中空纤维式反渗透装置是用中空纤维膜制成的一种反渗透装置。图 7-7 所示为中空纤维式反渗透装置。

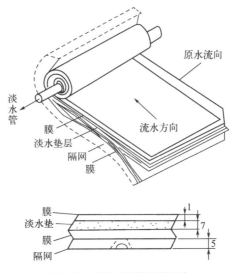

图 7-6　螺卷式圆筒状膜组件

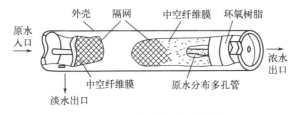

图 7-7　中空纤维式反渗透装置

中空纤维外径 $50\sim200\mu m$，内径 $25\sim42\mu m$，将其捆成膜束，膜束外侧覆以保护性格网，内部中间放置供分配原水用的多孔管，膜束两端用环氧树脂加固。将其一端切断，使纤维膜呈开口状，并在这一侧放置多孔支撑板。将整个膜束装在耐压圆筒内，在圆筒的两端加上盖板，其中一端为穿孔管进口，而放置多孔支撑板的另一端则为淡水排放口。高压原水从穿孔管的一端进入，由穿孔管侧壁的孔洞流出在纤维膜际间空隙流动，淡水渗入纤维膜内，汇流到多孔支撑板的一侧，通过排放口流出器外，而浓水则汇集于另一端，通过浓水排放口排出。

中空纤维式反渗透装置的优点是单位体积膜表面积大，制造和安装简单，不需要支撑物。缺点是不能用于处理含有悬浮物的废水，必须预先经过过滤处理，另外难以发现损坏的膜。

三、反渗透处理工艺系统

在实际工程中反渗透处理工艺系统常将组件进行多种组合，以满足处理出水水质的要求。反渗透处理工艺系统有一级处理系统和多级处理系统，多级处理系统一般采用二级处理系统。一级处理系统是指进水经过一次加压的分离过程，多级处理系统是指进水必须经过多次加压的分离过程。在每个级别中又分为一段和多段，如一级一段、一级多段和多级多段等。

四、膜清洗工艺

膜运行一段时间后就会出现膜污染，结果就是膜通量下降。解决膜污染最直接的办法就是膜清洗。膜的清洗工艺分为物理法和化学法两大类。

（1）物理法

物理法包括水力清洗、水气混合冲洗、逆流清洗及海绵球清洗4种方法。

① 水力清洗就是利用具有一定压力的水冲洗膜面污染物。

② 水气混合冲洗就是利用气水混合体冲洗膜面污染物，这种方法能够利用气液与膜面发生剪切作用而消除极化层。

③ 逆流清洗仅适用于卷式或中空纤维式组件，让冲洗水反向通过膜片，松动和去除膜进料侧活化层表面污染物。

④ 海绵球清洗是在内压管式组件中放入直径稍大于管径的海绵球，然后依靠水力冲击使海绵球流经膜面，去除膜表面的污染物。

（2）化学法

化学法就是利用化学药品或其他水溶液清除物体表面污垢的方法。化学清洗利用的是化学药品的反应能力，具有作用强烈、反应迅速的特点。化学药品通常都是配成水溶液形式使用，由于液体有流动性好、渗透力强的特点，容易均匀分布到所有清洗表面，所以适合清洗形状复杂的物体，而不至于产生清洗不到的死角。

化学清洗的缺点是化学清洗液选择如果不当，会对清洗物造成腐蚀破坏，造成损失。

化学清洗产生的废液排放会造成对环境的污染，因此化学清洗必须配备废水处理装置。另外，化学药剂操作处理不当时会对工人的健康、安全造成危害。

化学清洗的种类很多，按化学清洗剂的种类可分为碱清洗、酸清洗、表面活性剂清洗、络合剂清洗、聚电解质清洗、消毒剂清洗、有机溶剂清洗、复合型药剂清洗和酶清洗等。化学清洗的主要方法、药剂和用途见表7-1。

表7-1 化学清洗的主要方法、药剂和用途

清洗方法	使用的主要药剂	主要用途
碱洗	氢氧化钠、碳酸钠、磷酸钠、硅酸钠	除去油脂、二氧化硅垢
酸洗	盐酸、硝酸、硫酸、氨基磺酸、氢氟酸	除去金属氧化物、水垢和二氧化硅垢
络合剂清洗	聚磷酸盐、柠檬酸、乙二胺四乙酸、氮三乙酸、HEDP、ATMP、氨	除去铁的氧化物、碳酸钙和硫酸钙垢
表面活性剂清洗	低泡型非离子表面活性剂、乳化剂	除去油脂
消毒剂清洗	次氯酸钠、双氧水	除去微生物污泥、有机物
聚电解质清洗	聚丙烯酸、聚丙烯酰胺	除去碳酸钙垢、硫酸钙垢
有机溶解清洗	三氯乙烷、乙二醇、甲醛	除去有机污垢

五、反渗透在废水处理中的应用

反渗透是20世纪60年代发展起来的一种新的膜分离技术，与其他分离技术相比，具

有设备简单、操作方便、能量消耗少、处理效果好等优点。近年来，已用于废水的三级处理和废水中有用物质的回收，当处理压力为 1.5～10MPa、温度为 25℃ 时，Na^+、K^+、NH_4^+、Cr^{6+}、Fe^{3+}、Al^{3+}、Cr^{3+}、CN^-、SO_4^{2-} 等离子去除率可达 96% 以上。

反渗透法处理溶解性有机物如葡萄糖、蔗糖、染料、可溶性淀粉、蛋白质、细菌与病毒等，可获得 100% 的分离效率，达到净化水与回收有用物质的双重目的。

反渗透法处理电镀废水在我国已被广泛采用。处理镀铬废水的膜组件多采用内压管式或卷式，Ni^{2+} 分离率可以达到 97.2%～97.7%，镍回收率大于 99%。处理镀镍废水的膜组件采用内压管式，材质为聚砜酰胺膜，铬分离率可以达到 93%～97%。

第四节 超　　滤

一、超滤工作原理

超滤又称超过滤，用于截留水中胶体大小的颗粒，而水和低分子量溶质则允许透过膜。超滤的截留包括膜表面机械筛分、膜孔阻滞和膜表面及膜孔吸附 4 个机理过程，但以筛滤为主。

超滤原理是一种膜分离过程原理，它是利用一种压力活性膜，在外界推动力（压力）作用下截留水中胶体、颗粒和分子量相对较高的物质，而水和小的溶质颗粒透过膜的分离过程。通过膜表面的微孔筛选可截留分子量为 1 万～3 万的物质。当被处理水借助于外界压力的作用以一定的流速通过膜表面时，水分子和分子量小于 300～500 的溶质透过膜，而大于膜孔的微粒、大分子等由于筛分作用被截留，从而使水得到净化。也就是说，当水通过超滤膜后，可将水中含有的大部分胶体硅除去，同时可去除大量的有机物等。

超滤与反渗透的共同点在于，两种过程的动力同是溶液的压力，在溶液的压力下，溶剂的分子通过薄膜，而溶解的物质阻滞在薄膜表面上。两者区别在于，超过滤所用的薄膜（超滤膜）较疏松，透水量大，除盐率低，用以分离高分子和低分子有机物以及无机离子等，能够分离的溶质分子至少要比溶剂的分子大 10 倍，在这种系统中渗透压已经不起作用了。超过滤的去除机理主要是筛滤作用。超过滤的工作压力低（0.07～0.7MPa）。反渗透所用的薄膜（反渗透膜）致密，透水量低，除盐率高，具有选择透过能力，用以分离分子大小大致相同的溶剂和溶质，所需的工作压力高（>2.8MPa），其去除机理，在反渗透膜上分离过程伴随有半透膜、溶解物质和溶剂之间复杂的物理化学作用。

超滤技术具有以下特点。

① 去除过程是在常温下进行。

② 去除过程不发生相变化，无需加热，能耗低，无需添加化学试剂，无污染。

③ 超滤技术分离效率高，对稀溶液中的微量成分的回收、低浓度溶液的浓缩均非常有效。

④ 超滤过程仅采用压力作为膜分离的动力，因此分离装置简单、流程短、操作简便、易于控制和维护。

二、超滤膜和膜组件

超滤膜有多种，最常用的是二醋酸纤维素膜和聚砜膜。

（1）二醋酸纤维素膜

二醋酸纤维素膜可以根据截留的分子量不同而成为一个膜系列。膜孔径大小和制膜组分间的配比与成膜条件有关。例如截留分子量为 1 万左右的膜，它的制膜组分在二醋酸纤维素、丙酮、甲酰胺之间的质量百分比分别为 16.3%、44.5%、39.2%。其成膜工艺与反渗透膜相似，在凝胶成型后，不需再进行热处理。

（2）聚砜膜

聚砜膜具有良好的化学稳定性和热稳定性。这种膜也有多种孔径。该膜的制膜液由聚砜树脂、二甲基甲酰胺和乙二醇甲醚组成。

超滤的膜组件和反渗透组件一样，可分为板式、管式（包括内压管式和外压管式）、卷式和中空纤维组件等。

三、超滤的影响因素

（1）料液流速

料液流速应适当，一般紊流体系中流速控制在 1～3m/s。料液流速越大，透过通量越大，浓差极化越小，但所需的压力越大，进而导致能耗增加。

（2）操作压力

超滤膜透过通量与操作压力的关系与膜和凝胶层的性质有关。一般操作压力为 0.5～0.6MPa。

（3）温度

提高温度，有助于提高透过通量。因为提高高温可降低料液的黏度，增加传质效率。实际操作中应在允许的最高温度下进行操作。

（4）运行周期

从开始运行，到通量达到某一最低数值后进行清洗，这段时间称为一个运行周期。运行周期的变化与清洗情况有关。运行周期越长，清洗次数越少，清洗费用越少。

（5）进料浓度

进料浓度越高，液体黏度越大，凝胶层厚度增大速度也越快，最终使透过通量降低。因此对主体液流应定出最高允许浓度。

四、超过滤法在废水处理中的应用

工业废水处理中，超滤技术可用于回收电泳涂漆废水中的涂料。超滤技术可用于金属加工生产工业及其他领域的含油废水处理，超滤法可将含乳化油 0.8%～1.0% 的废水的含油量浓缩到 10%，必要时可浓缩到 50%～60%。超滤技术还广泛用于纺织工业上浆材料 PVA 的回收和重复利用。还可用于胶黏剂工业中废液的处理，浓缩并回收其中的苯乙烯、丁二烯、PVC 等胶乳。造纸厂工业废液已采用超滤技术处理。在采矿及冶金工业中采用超滤技术处理酸性矿物排出液，其渗透液可循环使用，浓缩液中可回收有用物质。

第八章　高级氧化技术

第一节　Fenton 试剂及类 Fenton 试剂氧化法

一、基本原理

Fenton 试剂由亚铁盐和过氧化氢组成，当 pH 值足够低时，在 Fe^{2+} 的催化作用下，过氧化氢（H_2O_2）就会分解出羟基自由基（·OH），从而引发一系列的链反应。其中，·OH 的产生为链的开始：

$$Fe^{2+} + H_2O_2 \longrightarrow Fe^{3+} + ·OH + OH^-$$

以下反应则构成了链的传递节点：

$$·OH + Fe^{2+} \longrightarrow Fe^{3+} + OH^-$$
$$·OH + H_2O_2 \longrightarrow HO_2· + H_2O$$
$$Fe^{3+} + H_2O_2 \longrightarrow Fe^{2+} + HO_2· + H^+$$
$$HO_2· + Fe^{3+} \longrightarrow Fe^{2+} + O_2· + H^+$$

各种自由基之间或自由基与其他物质的相互作用使自由基被消耗，反应链终止。

Fenton 试剂之所以具有非常强的氧化能力，是因为过氧化氢在催化剂铁离子存在下生成氧化能力很强的·OH（其氧化电位高达 +2.8V）。另外，·OH 具有很高的电负性或亲电子性，其电子亲和能力 569.3kJ，具有很强的加成反应特征。因而 Fenton 试剂可无选择地氧化水中大多数有机物，特别适用于生物难降解或一般化学氧化难以奏效的有机废水的氧化处理。因此，Fenton 试剂在废水处理中的应用具有特殊意义，在国内外均受到普遍重视。

Fenton 试剂氧化法具有过氧化氢分解速度快、氧化速率高、操作简单、容易实现等优点。但体系内有大量 Fe^{2+} 的存在，H_2O_2 的利用率不高，使有机污染物降解不完全，且反应必须在酸性条件下进行，否则因析出 $Fe(OH)_3$ 沉淀而使加入的 Fe^{2+} 或 Fe^{3+} 失效，并且溶液的中和还需消耗大量的酸碱。另外，处理成本高也制约这一方法的广泛应用。因此，随着近年来环境科学技术的发展，Fenton 试剂派生出许多分支，如 UV/Fenton 法和电 Fenton 法等。另外，人们还尝试以三价铁离子代替传统的 Fenton 体系中的二价铁离子（$Fe^{3+} + H_2O_2$ 体系），发现 Fe^{3+} 也可以催化分解过氧化氢。因此，从广义上讲可以把除 Fenton 法外其余的通过 H_2O_2 产生·OH 处理有机物的技术称为类 Fenton 试剂法。

二、主要工艺系统

1. H₂O₂＋UV 系统

过氧化氢作为一种强的氧化剂，可以将水中有机的或无机的毒性污染物氧化成无毒或较易为微生物分解的化合物。但一般来说，无机物与过氧化氢的反应较快，且因传质的限制，水中极微量的有机物难以被过氧化氢氧化。对于高浓度难降解的有机污染物，仅使用过氧化氢氧化效果也不十分理想，而紫外光的引入大大提高了过氧化氢的处理效果，紫外光分解过氧化氢的机理如下。

$$H_2O_2 + h\nu \longrightarrow 2 \cdot OH$$
$$\cdot OH + H_2O_2 \longrightarrow \cdot OOH + H_2O$$
$$\cdot OOH + H_2O_2 \longrightarrow \cdot OH + H_2O + O_2$$

该系统相对于 Fenton 试剂，其特点为：由于无 Fe^{2+} 对过氧化氢的消耗，因此氧化剂的利用率高，并且该系统的氧化效果基本不受 pH 值的影响。但是该系统反应速率较慢，由于需要紫外光源，反应装置可能复杂一些。

2. H₂O₂＋Fe²⁺＋UV(UV/Fenton) 系统

UV/Fenton 法实际上是 Fe^{2+}/H_2O_2 与 UV/H_2O_2 两种系统的结合，该系统具有明显的优点。

① 降低 Fe^{2+} 的用量，保持 H_2O_2 较高的利用率。

② 紫外光和 Fe^{2+} 对 H_2O_2 催化分解存在协同效应，即 H_2O_2 的分解速率远大于 Fe^{2+} 或紫外光催化 H_2O_2 分解速率的简单加和。

③ 此系统可使有机物矿化程度更充分，是因为 Fe^{3+} 与有机物降解过程中产生的中间产物形成的络合物是光活性物质，可在紫外线照射下继续降解。

④ 有机物在紫外线作用下可部分降解。与非均相 UV/TiO_2 光催化体系相比，均相 UV/Fenton 体系反应效率更高，有数据表明，UV/Fenton 对有机物的降解速率可达到 UV/TiO_2 光催化的 3~5 倍，因而在处理难降解有毒有害废水方面表现出比其他方法如 UV/H_2O_2、UV/TiO_2 等更多的优势，因而受到研究者的广泛重视。

UV/Fenton 法具有很强的氧化能力，能有效地分解有机物，且矿化程度较好，但其利用太阳能的能力不强，处理设备费用也较高，能耗大。另外，UV/Fenton 法只适宜于处理中低浓度的有机废水。这是由于有机物浓度高时，被 Fe(Ⅲ) 络合物所吸收的光量子数很少，并需较长的辐射时间，而且 H_2O_2 的投入量也会增加，同时·OH 易被高浓度 H_2O_2 所清除。因此有必要在 UV/Fenton 体系中引入光化学活性较高的物质。水中含 Fe(Ⅲ) 的草酸盐和柠檬酸盐络合物具有很高的光化学活性，把草酸盐和柠檬酸盐引入 UV/Fenton 体系可有效提高对紫外线和可见光的利用效果。

一般说来，pH 值在 3~4.9 时，草酸铁络合物效果好；pH 值在 4~8 时，Fe(Ⅲ) 柠檬酸盐络合物的效果好。但 UV-Vis/草酸铁络合物/H₂O₂ 法更具发展前途，因为草酸铁络合物具有 Fe(Ⅲ) 的其他络合物所不具备的光谱特性，有极强的吸收紫外线的能力，不仅对波长大于 200 nm 的紫外光有较大的吸收系数，甚至在可见光照射的情况下就可产生 $Fe(II)$、$C_2O_4^-\cdot$ 和 $CO_2^-\cdot$，在 $250\sim450nm$ 范围内实测 $Fe(II)$ 的量子产率为 $1.0\sim1.2$，$C_2O_4^-\cdot$ 和 $CO_2^-\cdot$ 在溶解氧作用下进一步转化成 H_2O_2，这就为 Fenton 试剂提供了来源。

3. $H_2O_2+Fe^{2+}+O_2$、$H_2O_2+UV+O_2$ 及 $H_2O_2+Fe^{2+}+UV+O_2$ 系统

研究结果表明，氧气的引入对于有机物的氧化是有效的，可以节约过氧化氢的用量，降低处理成本。因为在这三种体系中，氧气都参与了氧化有机物的反应链中，从而起到了促进 Fenton 反应的作用。而对于有紫外光参与的后两种体系而言，除了上述作用之外，氧气吸收紫外光后可生成臭氧等次生氧化剂氧化有机物，提高反应速率。

4. 电 Fenton 法

电 Fenton 法的实质就是把用电化学法产生的 Fe^{2+} 和 H_2O_2 作为 Fenton 试剂的持续来源。电 Fenton 法较光 Fenton 法具有自动产生 H_2O_2 的机制较完善、H_2O_2 利用率高、有机物降解因素（除·OH 的氧化作用外，还有阳极氧化、电吸附）较多等优点。

自 20 世纪 80 年代中期后，国内外广泛开展了用电 Fenton 技术处理难降解有机废水的研究，电 Fenton 法研究成果可基本分为以下 4 类。

① EF-H_2O_2 法，又称阴极电 Fenton 法。即把氧气喷到电解池的阴极上，使还原为 H_2O_2，H_2O_2 与加入的 Fe^{2+} 发生 Fenton 反应。该法不用加 H_2O_2，有机物降解很彻底，不易产生中间毒害物。但由于目前所用的阴极材料多是石墨、玻璃炭棒和活性炭纤维，这些材料电流效率低，H_2O_2 产量不高。

② EF-Feox 法，又称牺牲阳极法。电解情况下与阳极并联的铁将被氧化成 Fe^{2+}，Fe^{2+} 与加入的 H_2O_2 发生 Fenton 反应。在 EF-Feox 体系中导致有机物降解的因素除·OH 外，还有 Fe(OH)$_2$、Fe(OH)$_3$ 的絮凝作用，即阳极溶解出的活性 Fe^{2+}、Fe^{3+}，可水解成对有机物有强络合吸附作用的 Fe(OH)$_2$、Fe(OH)$_3$。该法对有机物的去除效果高于 EF-H_2O_2 法，但需加 H_2O_2，且耗电能，故成本比普通 Fenton 法高。

③ FSR 法，又称 Fe^{3+} 循环法。FSR 系统包括一个 Fenton 反应器和一个将 Fe(OH)$_3$ 还原为 Fe^{2+} 的电解装置。Fenton 反应进行过程中必然有 Fe^{3+} 生成，Fe^{3+} 与 H_2O_2 反应生成活性不强的 $HO_2\cdot$，从而降低 H_2O_2 的有效利用率和·OH 产率。FSR 系统可加速 Fe^{3+} 向 Fe^{2+} 的转化，提高了·OH 产率。该法的缺点是 pH 值操作范围窄，pH 值必须<1。

④ EF-Fere 法。该法与 FSR 法的原理基本相同，不同之处在于 EF-Fere 系统不包括 Fenton 反应器，Fenton 反应直接在电解装置中进行。该法 pH 值操作范围大于 FSR 法，要求 pH 值必须<2.5，电流效率高于 FSR 法。

三、 Fenton 及类 Fenton 法在废水处理中的应用

Fenton 及类 Fenton 试剂在废水处理中的应用可分为两个方面：一是单独作为一种处理方法氧化有机废水；二是与其他方法联用，例如与混凝沉淀法、活性炭法、生物处理法等。

1. 作为一种单独的处理方法

1968 年，D. F. Bishop 对 Fenton 试剂氧化去除城市污水中的难降解有机物的可行性进行了研究，20 世纪 70 年代开始出现大量的专利。1980 年美国 AD 报告报道了采用 H_2O_2+UV 处理 TNT 废水，并已建成生产装置。国内朱秀珍等进行了 Fenton 试剂处理表面活性剂的试验，证明对含有非离子表面活性剂，COD 为 5000mg/L，油分为 1000mg/L 的废液，加入 $2\sim2.5$mg/L 的 H_2O_2 进行 Fenton 氧化处理后效果明显，处理后 COD 及油分均能达到国家排放标准。

2. 与其他方法联用

在处理难生物降解或一般化学氧化难以奏效的有机废水时，Fenton 试剂具有其他方法无可比拟的优点，其在实践中的应用具有非常广阔的前景。但由于过氧化氢价格昂贵，如果单独使用 Fenton 试剂处理废水，则成本较高，所以在实践应用中，与其他处理方法联合使用，将其用于废水的最终深度处理或预处理，可望解决单独使用 Fenton 试剂成本较高的问题。

（1）用于废水的最终深度处理

一些工业废水，经物化、生化处理后，水中仍残留少量的生物难降解有机物，当水质不能满足排放要求时，可以采用 Fenton 试剂对其进行深度处理。例如，采用中和-生化法处理染料废水时，由于一些生物难降解有机物还未除去，出水的 COD 和色度不能达到国家排放标准。此时，加入少量的 Fenton 试剂，可以同时达到去除 COD 和脱色的目的，使出水达到国家排放标准。

（2）用于废水的预处理

$H_2O_2+Fe^{2+}+$曝气系统对甘醇废水进行预处理，然后再进行活性污泥法可去除 99% 的 COD。肖羽堂等通过试验证明：向某染料化工厂的二硝基氯化苯生产废水中加入 0.08% 的 H_2O_2（30%）和一定量的铁屑后，废水的 COD 从 953mg/L 下降到 290mg/L 左右，而 BOD_5/COD 值从不到 0.07 上升至 0.6 以上。丛锦华等发现：对于环氧乙烷生产废水，若先加入 0.15% 的 H_2O_2（30%）和一定量的 $FeSO_4$ 进行氧化处理，然后再用瓦斯灰进行混凝、吸附处理，与单独用瓦斯灰处理相比其 COD 去除率可从 34% 上升至 76%。填埋场封场多年后，其渗滤液生化性很差（BOD_5/COD 值 < 0.1），当将 pH 值调至 3.5，加入一定量的 $FeSO_4$ 和 H_2O_2（摩尔比为 0.08），反应一段时间后，其 BOD_5/COD 值上升至 0.4 以上，可以进行后续的生化处理。

第二节　臭氧氧化法

一、臭氧的性质

臭氧（O_3）是氧的同素异构体，分子由 3 个氧原子组成。臭氧在室温下为无色气体，具有一种特殊的臭味。在标准状态下，容重为 2.144g/L。臭氧是一种强氧化剂，其氧化能力仅次于氟，比氧、氯及高锰酸盐等常用的氧化剂都高。臭氧具有强腐蚀性，除金和铂外，臭氧化空气几乎对所有金属都有腐蚀作用。臭氧对非金属材料也有强烈的腐蚀作用。因此，与臭氧接触的设备管路均采用耐腐蚀材料或防腐处理。

臭氧在水中的分解很快，能与废水中大多数有机物及微生物迅速作用，因此在废水处理中对除臭，脱色，杀菌，除酚、氰、铁、锰，降低 COD 和 BOD 等具有显著的效果，剩余的臭氧很容易分解为氧，一般来说不产生二次污染。臭氧氧化适用于废水的三级处理。

臭氧是有毒气体。空气中臭氧浓度为 0.1mg/L 时，眼、鼻、喉会感到刺激；臭氧浓度为 $1\sim10$mg/L 时，会感到头痛，出现呼吸器官局部麻痹等症状；臭氧浓度为 $15\sim20$mg/L 时，可能致死，其毒性还和接触时间有关。一般从事臭氧处理工作人员所在的环境中，臭氧浓度的允许值定为 0.1mg/L。

二、臭氧反应机理

臭氧一旦溶解到水里，就可以和大量生物难降解性化合物（persistent organic pollutants，POPs）反应，所产生的氧化产物的种类决定于起始化合物与臭氧反应的活性程度以及臭氧化的效率。臭氧在水中有两个主要反应途径：一是臭氧直接氧化；二是通过形成羟基自由基而进行自由基氧化。由于臭氧具有选择性攻击不饱和官能团的特性，水中有特殊官能团如芳香环、C═C 等的化合物容易被臭氧进攻，生成羰基化合物。对有芳香环的化合物，臭氧可以使芳香环断裂，生成脂肪酸。

pH 值在臭氧的分解中起很重要的作用。根据不同的 pH 值，臭氧氧化按照以下两种主要的方式进行。

① 臭氧直接对难生物降解污染物发生亲电子进攻。

② 臭氧在分解过程中产生羟基自由基，然后羟基自由基进攻污染物。

在酸性 pH 值范围内，臭氧接受有机化合物上有亲电选择性的特殊部位的进攻，如 C═C 双键和（或）芳香环，然后将它们分解成为羧酸和酮作为最终产物。然而，当 pH 值在 $8\sim9$ 的范围内时，由于 OH^- 的存在，臭氧很快分解成更活泼的 ·OH，后者的氧化电位为 2.80V。在强碱环境下，许多与臭氧反应相当慢的有机化合物能很快被 ·OH 氧化。·OH 能快速地和大部分的目标分子反应，反应动力速度在 $10^6\sim10^9$ mol/(L·s) 之间。·OH 是一个有很高反应活性的物质，它能将有机化合物彻底矿化成碳酸盐作为最终产物。

三、臭氧的制备

臭氧不易贮存，需边生产边用。目前臭氧的制备方法有：无声放电法、放射法、紫外线辐射法、等离子射流法和电解法等。无声放电法又有气相中无声放电和液相中无声放电两种。在水处理中多采用气相中无声放电法。

工业上利用无声放电法制备臭氧的臭氧发生器，按其电极构造可分为管式和板式两大类。管式的有立管式和卧管式两种，板式的有奥托板式和劳泽板式两种。

（1）奥托板式

奥托板式是 20 世纪初设计的，直至 20 世纪 80 年代还在使用。其放电元件是由两块金属板和气体间隙隔开的箱体组成，这些空心箱体兼作电极和散热器用。冷阴极中心为合金电极（阴极），玻璃管中充惰性气体，玻璃管外围包上金属丝网作为阳极，在频率为 50Hz 的电源下，在网间形成电晕放电，电离空气中的氧形成臭氧。

（2）劳泽板式

劳泽板式是 20 世纪 80 年代后期发展起来的，与奥托板式的区别是奥托板式只能在低于大气压下运行，而劳泽板式可以在略高于大气压下运行。而且其电晕功率密度比奥托板式提高 32 倍以上，比管式双液冷式提高了 1 倍。

低温等离子体发生器是 20 世纪 90 年代后利用陶瓷和半导体合金材料的新产品，其电晕功率密度为劳泽板式的 2 倍，降低了无用能耗，体积也缩小为原来的 $1/6 \sim 1/4$，降温问题也小多了。

臭氧制造的成本主要来自电耗与气耗。以空气和氧气为气源时，1kg 臭氧电耗分别为 22kW·h 和 10kW·h。以氧气为原料气，臭氧质量分数可高达 $10\% \sim 14\%$，以空气为原料，则只能达到 $2\% \sim 4\%$，因此，需要高纯臭氧时只能采用氧气为气源，相应的成本也就增加了。水处理中通常采用空气气源，所需装置包括空气压缩系统、自动控制的臭氧发生器（根据处理水量）、臭氧投加器，以及臭氧尾气消除器等。

四、臭氧接触反应设备

臭氧氧化是在臭氧接触反应设备中完成，臭氧接触反应设备有气泡式反应器、水膜式反应器和水滴式反应器 3 种。

1. 气泡式反应器

气泡式反应器按气泡溶入水中的方式不同，可分为多孔扩散式、机械表面曝气式及塔板式 3 种。

（1）多孔扩散式

多孔扩散式反应器与活性污泥法的扩散曝气原理是一致的，通过设在反应器底部的多孔扩散装置将臭氧化空气分散成微小气泡后进入水中，在扩散接触的过程能中完成氧化过程。多孔扩散装置主要有穿孔管、穿孔板和微孔滤板等。气泡式反应器有同向流和异向流两种。同向流反应器是最早应用的一种反应器，气体与水流方向一致。同向流反应器的特点是臭氧浓度大的臭氧化空气首先与杂质浓度高的原水相接触，大部分臭氧被易于氧化的杂质消耗掉，而末端臭氧浓度小，溶液中剩余杂质也较难氧化，因此，臭氧利用率较低，一般为 75%。异向流反应器的气体与水流方向相反，使低浓度的臭氧与杂质浓度大的水相接触，臭氧的利用率可达 80%。目前我国多采用异向流反应器。

（2）机械表面曝气式

机械表面曝气式反应器与曝气池的机械叶轮曝气的方式相似，在反应器上面上部安装曝气叶轮，高速旋转的叶轮剧烈搅动水面，形成水跃，将沿水面流动的臭氧化空气卷入被处理的水中，使臭氧溶于水中。此法能耗大，适用于臭氧投量低的场合。

（3）塔板式

塔板式反应器有筛板塔和泡罩塔。筛板塔内设多层塔板，每层塔板上设溢流堰和降液管，水在塔板上翻过溢流堰，经降液管流到下层塔板，见图8-1。

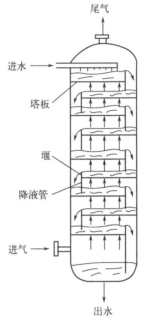

图 8-1　筛板塔

筛板塔是在塔板上开许多筛孔，上升的气流通过筛孔，被分散成细小的气泡，与板上的水层接触后逸出液面，然后再与上层液体接触。臭氧化空气在上升的过程中不断被分割形成气泡，不断与水接触，完成氧化的过程。

2. 水膜式反应器

水膜式反应器最常用的是填料塔，就是在反应塔内填装填料，其工作原理是废水经配水装置分布到填料上，在填料表面形成水膜并沿填料表面向下流动，在向下流动的过程中与从填料间通过的上升气流逆向接触，完成氧化过程。常用填料有拉西环和鞍形填料。填料塔适用面广，但当废水悬浮物高时易堵塞填料。

3. 水滴式反应器

水滴式反应器就是让被处理的水在反应器中形成水滴，与臭氧化空气接触完成氧化过程。常用的水滴式反应器是喷雾塔。废水经过喷雾喷头喷入塔内，分散成细小水珠慢慢下落，下落的水珠同上升的臭氧化空气接触，完成氧化过程。处理后的水从塔底流出，尾气从塔顶排出。喷雾塔结构简单，造价低，但对臭氧的吸收能力低。另外喷雾喷头易堵塞，预处理要求高。

五、臭氧氧化法的优缺点

臭氧氧化处理废水具有很多优点。

① 臭氧的氧化能力强，约为氯的氧化能力的 2 倍，适用于多种难氧化有机物的处理。

② 反应速度快，所需的反应时间短，因此，臭氧氧化设备规格小，设备费用低。

③ 没有二次污染问题。

④ 臭氧制取只需空气或氧和电能，不需要原料的贮存和运输。

⑤ 操作管理简便。

臭氧氧化处理废水缺点主要如下。

① 电耗大、处理成本高。

② 不能贮存，只能现场制备、现场使用。

第三节　湿式氧化法

一、湿式氧化基本原理

湿式氧化法一般在高温（150～350℃）高压（0.5～20MPa）操作条件下，在液相中，用氧气或空气作为氧化剂，氧化水中呈溶解态或悬浮态的有机物或还原态的无机物的一种处理方法，最终产物是二氧化碳和水，可以看作是不发生火焰的燃烧。

在高温高压下，水及作为氧化剂的氧的物理性质都发生了变化。在室温到 100℃ 范围内，氧的溶解度随温度升高而降低，但在高温状态下，氧的这一性质发生了改变。当温度大于 150℃，氧的溶解度随温度升高反而增大，且其溶解度大于室温状态下的溶解度。同时氧在水中的传质系数也随温度升高而增大。因此，氧的这一性质有助于高温下进行的氧化反应。

湿式氧化过程比较复杂，一般认为有 2 个主要步骤。

① 空气中的氧从气相向液相的传质过程。

② 溶解氧与基质之间的化学反应。若传质过程影响整体反应速率，可以通过加强搅拌来消除。

本书着重介绍湿式氧化化学反应机理。

目前普遍认为，湿式氧化去除有机物所发生的氧化反应主要属于自由基反应，共经历诱导期、增殖期、退化期以及结束期 4 个阶段。在诱导期和增殖期，分子态氧参与了各种自由基的形成。但也有学者认为分子态氧只是在增殖期才参与自由基的形成。生成的 $HO\cdot$，$RO\cdot$，$ROO\cdot$ 等自由基攻击有机物 RH，引发一系列的链反应，生成其他低分子酸和二氧化碳。

湿式氧化法的氧化程度取决于操作温度、压力等因素。

（1）温度

温度是湿式氧化过程中的主要影响因素。温度越高，反应速率越快，反应进行得越彻底。同时温度升高还有助于增加溶氧量及氧气的传质速度，减少液体的黏度，产生低表面张力，有利于氧化反应的进行。但过高的温度又是不经济的。因此，操作温度通常控制在 150～280℃。

（2）压力

总压不是氧化反应的直接影响因素，它与温度偶合。压力在反应中的作用主要是保证呈液相反应，所以总压应不低于该温度下的饱和蒸气压。同时，氧分压也应保持在一定范围内，以保证液相中的高溶解氧浓度。若氧分压不足，供氧过程就会成为反应的控制步骤。

（3）反应时间

有机底物的浓度是时间的函数。为了加快反应速率，缩短反应时间，可以采用提高反应温度或投加催化剂等措施。

（4）废水性质

由于有机物氧化与其电荷特性和空间结构有关，故废水性质也是湿式氧比反应的影响因素之一。研究表明：氰化物、脂肪族和卤代脂肪族化合物、芳烃（如甲苯）、芳香族和含非卤代基团的卤代芳香族化合物等易氧化；而不含非卤代基团的卤代芳香族化合物（如氯苯和多氯联苯）则难氧化。村一郎等认为：氧在有机物中所占比例越少，其氧化性越强；碳在有机物中所占比例越大，其氧化越容易。

二、湿式氧化工艺

湿式氧化法工艺流程如图 8-2 所示。

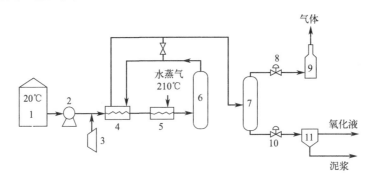

图 8-2　湿式氧化法工艺流程

1—贮槽；2—高压泵；3—空气压缩机；4—热交换器；5—起动热交换器；6—反应塔；
7—气液分离器；8—压力控制阀；9—洗涤器；10—液位控制阀；11—固液分离器

废水由贮槽经高压泵加压后，与来自空压机的空气混合，经换热器加热升温后进入反应塔进行氧化燃烧，反应后汽液混合液进入气液分离器，分离出来的蒸汽和其他废气在洗涤器内洗涤后，可用于涡轮机发电或其他动力，而分离出来的废水则进入固液分离器，进行固液分离后排放或作进一步处理。

湿式氧化法的主要设备是反应塔，属于高温高压设备。

三、湿式氧化法的应用

湿式氧化法已广泛应用于炼焦、化工、石油、轻工等废水处理，如有机农药、染料、合成纤维、还原性无机物（如 CN^-、SCN^-、S^{2-} 等）以及难于生物降解的高浓度废水的处理。

Randall 及 Knopp 等采用湿式氧化技术对多种农药废水进行了试验，当温度在 204～316℃范围内，废水中烃类有机物及其卤化物的分解率达到或超过 99%，甚至连一般化学氧化难以处理的氯代物，如多氯联苯（PCB）、DDT 等通过湿式氧化，毒性也降低了 99%，大大提高了处理出水的可生化性，使得后续的生化处理能得以顺利进行。侯纪蓉等应用湿式氧化对乐果废水做预处理，在温度为 225～240℃，压力为 6.5～7.5MPa，停留时间为 1～1.2h 的条件下，有机磷去除率为 93%～95%，有机硫去除率为 80%～88%，未经回收甲醇，COD 去除率为 40%～45%。

采用湿式氧化法处理含酚废水具有较好的优点：出水处理效果稳定，可生化性好，不太高的进水浓度可以处理后直接排放，若进水浓度极高可以辅以生化法。

湿式氧化和焚烧是两种不同形式的氧化方法。废水中有机物的热值大于 4360kJ/kg 时，可用喷雾燃烧法焚烧。而 COD 含量为 10～100g/L 的有机废水，其热值相当于 138～1380kJ/kg，在空气中燃烧就要补充大量燃料，这类废水最适于用湿式氧化法处理。湿式氧化法的运行费用低，约为焚烧法的 1/3。

第四节　超临界水氧化法

一、基本原理

任何物质随着温度、压力的变化，都会相应地呈现为固态、液态和气态这三种物相状态，即所谓的物质三态。三态之间互相转化的温度和压力值叫作三相点。除了三相点外，每种分子量不太大的稳定的物质都具有一个固定的临界点。临界点由临界温度、临界压力、临界密度构成。

当把处于汽液平衡的物质升温升压时，热膨胀引起液体密度减少，而压力的升高又使汽液两相的相界面消失，成为一均相体系，这一点即为临界点。当物质的温度、压力分别高于临界温度和临界压力时就处于超临界状态。在超临界状态下，流体的物理性质处于气体和液体之间，既具有与气体相当的扩散系数和较低的黏度，又具有与液体相近的密度和对物质良好的溶解能力。因此可以说，超临界流体是存在于气、液这两种流体状态以外的第三种流体。

超临界水氧化的主要原理是利用超临界水作为介质来氧化分解有机物。在超临界水氧化过程中，由于超临界水对有机物和氧气都是极好的溶剂，因此有机物的氧化可以在富氧的均一相中进行，反应不会因相间转移而受限制。同时，高的反应温度（建议采用的温度范围为 400～600℃）也使反应速度加快，可以在几秒钟内对有机物达到很高的破坏效率。有机废物在超临界水中进行的氧化反应，概略地可以用以下化学方程表示：

$$有机化合物 + O_2 \longrightarrow CO_2 + H_2O$$
$$有机化合物中的杂原子 \longrightarrow 酸、盐、氧化物$$
$$酸 + NaOH \longrightarrow 无机盐$$

超临界水氧化反应完全彻底。有机碳转化为 CO_2，氢转化为 H_2O，卤素原子转化为卤化物的离子，硫和磷分别转化为硫酸盐和磷酸盐，氮转化为硝酸根和亚硝酸根离子或氮气。同时，超临界水氧化在某种程度上与简单的燃烧过程相似，在氧化过程中释放出大量的热，一旦开始，反应可以自己维持，无需外界能量。

目前，已对许多化合物，包括硝基苯、尿素、氰化物、酚类、乙酸和氨等进行了超临界水氧化的试验，证明全都有效。此外，对火箭推进剂、神经毒气及芥子气等也有研究，证明用超临界水氧化后，可将上述物质处理成无毒的最简单小分子。

二、超临界水氧化技术的工艺及装置

由于超临界水具有溶解非极性有机化合物（包括多氯联苯等）的能力，在足够高的压力下，它与有机物和氧或空气完全互溶，因此这些化合物可以在超临界水中均相氧化，并通过降低压力或冷却选择性地从溶液中分离产物。超临界水氧化处理工艺流程见图 8-3。

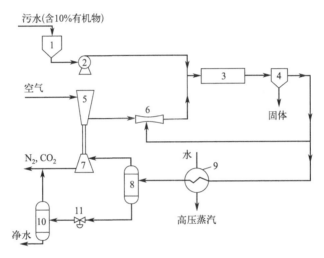

图 8-3　超临界水氧化处理工艺流程

1—污水槽；2—污水泵；3—氧化反应器；4—旋风分离器；5—空气压缩机；6—循环用喷射泵；
7—透平膨胀机；8—高压气液分离器；9—蒸汽发生器；10—低压气液分离器；11—减压阀

将污水压入反应器，在反应器与一般循环反应物直接混合而加热，提高温度。然后，用压缩机将空气增压，通过循环用喷射器把上述的循环反应物一并带入反应器。有害有机物与氧在超临界水相中迅速反应，使有机物完全氧化，氧化释放出的热量足以将反应器内的所有物料加热至超临界状态，在均相条件下，使有机物和氧进行反应。离开反应器的物料进入旋风分离器，在此将反应中生成的无机盐等固体物料从流体相中沉淀析出。离开旋风分离器的物料一分为二，一部分循环进入反应器，另一部分作为高温高压流体先通过蒸汽发生器，产生高压蒸汽，再通过高压气液分离器，在此 N_2 及大部分 CO_2 以气体物料离开分离器，进入透平膨胀机，为空气压缩机提供动力。液体物料（主要是水和溶在水中的 CO_2）经减压阀减压，进入低压气液分离器，分离出的气体（主要是 CO_2）进行排放，液体则为洁净水，而作补充水进入水槽。图 8-4 所示为连续流动超临界水氧化反应装置。

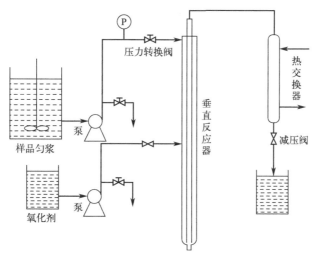

图 8-4　连续流动超临界水氧化反应装置

该反应装置的核心是一个由两个同心不锈钢管组成的高温高压反应器。被处理的废水或污泥先被匀浆，然后用一个小的高压泵将其从反应器外管的上部输送到高压反应器。进入反应器的废液先被预热，在移动到反应器中部时与加入的氧化剂混合，通过氧化反应，废液得到处理。生成的产物从反应器下端的内管入口进入热交换器。反应器内的压力由减压器控制，其值通过压力计和一个数值式压力传感器测定。在反应器的管外安装有电加热器，并在不同位置设有温度监测装置。整个系统的温度、流速、压力的控制和监测都设置在一个很容易操作的面板上，同时有一个用聚碳酸酯制备的安全防护板来保护操作者。在反应器的中部、底部和顶部都设有取样口。

图 8-5 所示为超临界水氧化分批微反应器。它由线圈型的管式反应器、压力传感器、温差热电偶和一个反应器支架组成。反应器用外部的沙浴加热。

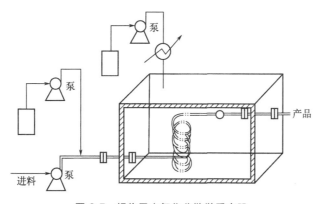

图 8-5　超临界水氧化分批微反应器

三、超临界水氧化技术的应用

① 酚的氧化。有关酚的超临界水氧化的研究报道得较多。表 8-1 总结了在不同条件下酚的超临界水氧化过程的处理效果。

表 8-1　酚的超临界水氧化过程的处理效果

温度/℃	压力/MPa	浓度/(mg/L)	氧化剂	反应时间/min	去除率/%
340	28.3	6.99×10^{-6}	$O_2 + H_2O_2$	1.7	95.7
380	28.2	5.39×10^{-6}	$O_2 + H_2O_2$	1.6	97.3
380	22.1	590	O_3	15	100
381	28.2	225	O_2	1.2	99.4
420	22.1	750	O_2	30	100
420	28.2	750	O_2	10	100
490	39.3	1650	O_2	1	92
490	42.1	1100	$O_2 + H_2O_2$	1.5	95
530	42.1	150	O_2	10	99

由表 8-1 可以看出，在不同温度和压力下，酚的处理效果是不一样的，但在长至十几分钟的反应中，对酚均有较高的去除率。

② 处理含硫废水。超临界水氧化法由于具有反应快速、处理效率高、过程封闭性好、处理复杂体系更具优势等优点，在含硫废水的处理中得到了应用，且取得了较好的效果。向波涛等利用超临界水氧化法处理含硫废水，在温度为 723.2℃，压力为 26MPa，氧硫比为 3.47，反应时间为 17s 的条件下，S^{2-} 可被完全氧化为 SO_4^{2-} 而除去。

③ 多氯联苯等有机物。研究结果表明，超临界水氧化能够氧化 1,1,1-三氯乙烷、六氯环己烷、甲基乙基酮、苯、邻二甲苯、2,2′-二硝基甲苯、DDT 等有毒有害污染物。在温度高于 550℃时，有机碳的破坏率超过 99.97%，并且所有有机物都转化成二氧化碳和无机物。

第五节　超声波氧化法

超声波指的是频率超过人耳听阈（16kHz）的声波，它是物理介质中的一种弹性机械波。超声波和电、磁、光等同样是一种物理能量形式。超声技术的用途可分为检测超声和功率超声两大类，二者的主要区别是介质微粒的振动幅度不同。检测超声介质微粒的振动幅度很小，对介质没有破坏，主要用于无损探测，如超声波医学检测、超声波建筑测量、超声波流量计、超声波测距（声纳）等。功率超声中则介质微粒的振动幅度大，利用能量来改变材料的某些状态，需要比较大的功率。水处理中应用的是功率超声。

一、基本原理

超声波用于水处理利用的是超声波在液体介质（水、废水、污泥等）中产生的超声空化效应。超声空化是一个复杂的非线性声学过程。超声波是纵波，进入水中后，通过介质（水及其中的各种杂质）的振动而传递能量，沿传播方向对介质进行压缩和扩张，其压缩和扩展的频率与所输入的超声波的频率一致。也就是说，20kHz 的超声波进入水中，水分子及其中的杂质以 20000 次/min 的频率被声波沿传递方向进行周期性的压缩和扩展。

各种天然原水和废水中都溶解了大量的气体，含有众多微小的气泡，存在于液体中的微气泡（空化核）在声场的作用下发生振动并被压缩和扩展。当声压达到一定值时，部分气泡将迅速膨胀，然后以极高的速度突然闭合，在气泡闭合时产生冲击波，最终崩溃，这种微小气泡振动、膨胀、闭合、崩溃等一系列动力学过程称为超声空化。

施加于液体中的声压需要高于一个最低幅值，才能引起超声空化，这个最低幅值称为空化阈。空化阈不仅取决于介质本身，而且取决于所施加的超声波，与很多因素有关，包括温度、压力、空化核半径、介质中含气量、声强、介质黏滞性、超声波频率等。

气泡或空穴闭合炸裂的瞬间将产生一系列的高压、高热和光电等物理效应。发生空化处的局部压力可达上千个大气压，$4000 \sim 5000 ℃$ 的高温。与此同时，空化泡破裂时还能产生速度很高（$> 300 \text{m/s}$）的冲击波。

超声波氧化氧化水中有机物污染物主要包括以下几个方面。

① 进入空化泡的水蒸气在高温和高压下发生分裂和链式反应，产生·OH 和·H，·OH 氧化水中有机污染物。

② 溶解在水中的空气（O_2、N_2）或其他气体可以发生热解反应而产生 N·和 O·。同时，空化泡崩溃产生的冲击波和射流使·OH 和其他自由基进入整个溶液，这些自由基会进一步引发有机分子的断裂、自由基转移和氧化还原反应。

③ 溶解在水中的有机物也可能通过扩散进入空化泡内，在空化的瞬间发生高温高压下的化学键断裂，从而引发系列反应，在第二个途径中所发生的反应与有机物燃烧过程中发生的反应类似，可以用燃烧化学的单元反应来描述。

水离解过程为

$$H_2O \xrightarrow{\text{超声空化}} H + \cdot OH$$
$$H + \cdot H \longrightarrow H_2$$
$$H + O_2 \longrightarrow HO_2$$
$$HO_2 \cdot + HO_2 \cdot \longrightarrow H_2O_2 + O_2$$
$$HO \cdot + \cdot H \longrightarrow H_2O$$
$$H + H_2O_2 \longrightarrow HO \cdot + H_2O$$
$$H + H_2O_2 \longrightarrow H_2 + HO_2 \cdot$$
$$HO \cdot + H_2O_2 \longrightarrow H_2O + HO_2 \cdot$$
$$HO \cdot + H_2 \longrightarrow H_2O + H \cdot$$

有机物存在时

$$R \xrightarrow{\text{热解}} 产物$$
$$R + 自由基 \longrightarrow 产物$$

由以上方程和分析可以看出，溶液中有机物的声化学反应包括热解反应和氧化反应两种类型：疏水性、易挥发的有机物可进入空化泡内进行类似燃烧化学反应的热解反应；亲水性、难挥发的有机物在空化泡气液界面上或在液体中同空化产生的·OH 进行氧化反应。局部高温高压、自由基、冲击波和射流被认为是超声波技术处理有机污染物与破解生物污泥的机理。

二、超声波反应器

超声波反应器是指超声波参与并在其作用下进行反应的容器或系统，它是实现超声反应的场所。在水处理应用中常见的超声反应器有槽式、探头式、杯式等几种形式。超声反应器通常采用单一频率，也可以使用两种或更多频率组合成复频反应器，效果比单一频率反应器好，但加工比较复杂。

槽式反应器超声换能器紧密贴在反应器外壁或内壁。反应器材料必须有化学稳定性，避免与槽内处理液发生化学反应。如果换能器贴在外壁，要求有良好的透声性，换能器透过反应器侧壁向反应器内辐射超声波。槽式反应器结构如图8-6所示。

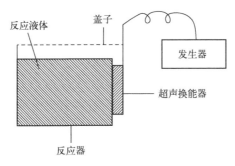

图8-6 槽式反应器结构

探头式反应器是一种很有效的反应器，声强高，而且因为探头直接浸入反应液中发射超声波，所以能量损耗很低。探头式反应器结构如图8-7所示。

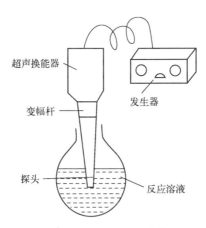

图8-7 探头式反应器结构

杯式反应器用化学稳定性好的不锈钢材料制作，在杯的底部紧密粘贴圆片式或夹心式换能器，透过反应器底面向反应器内辐射超声波。流动式反应器适合工业在线使用，处理液在反应器外可构成回路，换能器的输入功率、液体流速及其温度均可控，缺点是超声探头可能受到腐蚀。采用具有任何几何截面的管子，超声通过管壁振动而引入反应液体内，从而排除了换能器振动表面受腐蚀的问题。

三、影响因素

超声波处理系统影响因素众多，其中比较重要的几个包括超声波频率、超声功率强度、空化气体、温度、溶液性质。

1. 超声波频率

超声波频率是影响超声化学的一个重要因素。通常来说，超声波频率增加，会使得水溶液空化阈上升，超声频率越高，空化阈越高。但环境中应用的超声系统都不可能是纯水系统，其中溶解了大量的空化气体、悬浮物质等，因此超声频率对空化阈的影响不是特别明显。也有实验结果表明，较高的频率有利于羟基自由基的产生，水中空化泡数量也较多，因此对于以自由基反应为主要机理的化学过程来说，高频更为有利。

2. 超声功率强度

超声功率强度可以用两个指标来表征：

① 声强（I）。每单位面积所承受的超声波功率。

② 声密度（D）。每单位作用体积所承受的超声波功率。

对于同一个超声波处理系统来说，声强与声密度是不完全一致的，例如，增加所处理的水深，就可以在不改变声强的条件下减少声密度；而增加承受声波的反应器面积，就可以不改变声密度而降低声强。由于超声波研究历史上采用声强这个指标，因此，在超声化学与超声水处理中，更多地沿用了声强来描述超声功率强度，而实际上，对于水处理来说，单位体积（或是单位质量）的水消耗了多少功率是更为科学与有用的指标。

除了注意声强与声密度的区别之外，在超声化学中还要特别注意电功率与声功率的区别。通常所用的超声波发生器都以电为能源，发生器铭牌上所标注的功率其实是所消耗的电功率，而电声转换效率并非100%，不同的发生器转换效率不同，可能在50%～85%之间，因此，很多文献直接采用电功率来计算声强或声密度，从而导致了大量文献数据不能进行直接比较。也有部分厂家在铭牌上标明声功率，但所标明的声功率是在厂家的测试条件下所测得的，实际使用时，条件很可能与厂家的检测条件不同，从而导致了实际的声功率变化。因此，严格来说，需要进行实测，得到真实的声功率，并因此计算声强与声密度。

超声功率必须超过空化阈，才能引起空化以及化学反应。在超过空化阈之后，一般来说，随着超声功率强度的增加，超声化学反应速率相应的提高，某些时候呈现出线性比例关系。然而，超声功率增加到一定程度后，出现平台效应，也就是功率的进一步增加对化学反应速度的提高效应变小直至没有，某些情况下，还发现过高的超声功率不利于反应的进行。

对此的解释是：随着超声功率的增加，所产生的空化气泡的直径变大，一方面可以提供更多的空化空间以供反应物与水热解，另一方面，空化泡破裂所需要的时间相应的增加，如果这个时间超过了该频率下所能提供的声波压缩时间，空化泡就不再破裂而变成稳定的气泡从而失去空化功能，其结果就是系统内空化强度的削弱。

另一个解释是：随着声强增加到定值，溶液与产生声波的振动面之间出现退耦现象，从而降低了能量利用效率。对于不同的反应物来说，出现平台效应的功率是不一致的。关于超声波功率，还需要注意到虽然超声波处理与紫外光、电磁辐射一样，属于物理辐射，但其所引起的化学反应并不是根据剂量（辐射强度×辐射时间）决定的。在光辐射和电磁辐射中，只要剂量一定，不管辐射强度与辐射时间如何组合，化学反应的效果是一样的。这是因为在光、电、磁辐射中反应物分子直接吸收辐射能量发生化学变化，因此化学反应的程度与所吸收的总能量直接相关。而超声波辐射中，由于频率较低，波长较长，例如在20℃的水中20kHz的超声波波长达到17cm，相应的能量很低，不能为反应物分子所直接吸收利用，而需要通过空化作用来间接地传递能量，因此化学反应的程度与超声剂量没有直接关系，在超声化学中也不使用剂量这个指标。由于空化能量中很大的一部分转换成为热能而不参加化学反应，因此，超声水处理的能量利用效率较低，而所需要的能耗较高，这正是限制超声技术在环境中应用的瓶颈。

3. 空化气体

在环境保护中所涉及的水溶液不可能是纯水，其中溶解了大量的气体，某些反应中，还人为提供单原子气体如氩气、氦气等。这些气体进入空化泡中，参与空化，被称为空化气体。一般来说，水中溶解的气体越多，越容易产生空化现象，空化泡的数量也越多，因此为了加快超声化学反应的进行，可以进行曝气处理。空化气体的性质对于空化强度以及空化产生的自由基具有很大的影响，因此影响化学反应的反应机理以及反应热力学与动力学。

超声空化时，空化泡破裂瞬间产生的高温高压强度随着空化泡内气体的绝热指数 γ 增加而上升。对于单原子气体来说，$\gamma = 1.666$，而多原子气体的 γ 值总是小于单原子气体，氧气为1.40，而 N_2 饱和的水蒸气为1.33。因此，单原子空化气体可以提供更高的空化强度，产生更多的自由基，利用 Kr、Ar、He、O_2 四种气体作为空化气体，在20kHz的超声波辐照下，水中所产生的过氧化氢和羟基自由基浓度差别达到一个数量级，多氯联苯降解反应也表明，单原子气体 Ar 曝气时降解速度是空气曝气的1.5倍以上。与此同时，空化气体也可以采用热解反应而形成新的自由基，从而提供其他的反应途径。

4. 温度

对于通常的化学反应来说，温度越高，反应进行得越快，每升高10℃，可以提高化学反应速度约1倍。然而，对于超声化学反应来说，环境温度越高，反应速度越下降。对此的解释是：温度升高导致空化气体的溶解度降低，表面张力降低，而水分子的饱和蒸气压上升，从而降低的空化强度，不利于化学反应的进行。一般来说，超声化学反应效率随着环境温度的增加成指数下降，而超声辐射的能量很大部分转化成热能引起溶液温度升高，因此，声化学反应需要控制温度。

5. 溶液性质

溶液的性质如黏度、表面张力、pH 值、盐度等都对超声空化效应有一定的影响。黏度增加不利于超声空化的发生，不过对于环境工程来说，超声处理对象通常是水溶液，其黏度变化很小。表面张力的提高会增加空化的难度，但同时加强空化强度，有利于超声降解。如果水溶液中存在表面活性剂，那么即使是较低的浓度，也能产生大量的气泡、降低空化强度，从而不利于反应的进行。pH 值的影响主要表现在对所需处理的化学物质上，由于超声降解主要发生在空化气泡以及空化泡-水的界面表面上，如果化学物质能较多地集中在这两个区域，其降解速率较快。如果在一定的 pH 值下，化学物质以离子形式存在于水溶液中不能进入空化泡或空化泡-水界面，其降解速率就会很慢。因此，对于会发生离解的化学物质如酚类来说，酸性物质应尽量在弱酸性条件下进行超声反应，而碱性物质应尽量在弱碱性 pH 值下进行超声反应，这样更多的反应物以分子形式存在。对于不会发生离解的物质如多氯联苯，pH 值对其反应没有影响。

水溶液中的盐度越高，离子强度越大，越多的溶质分子被驱赶到空化泡或空化泡-水界面上，相应的反应速率增加，因此，在水溶液中加入一定量的盐可以促进超声化学的进行，对于某些含盐量高的废水来说这是有利的。

第九章 其他化学及物理化学法

第一节 化学沉淀

一、概述

在处理含金属离子的工业废水时，常向工业废水中投加某种化学物质作为沉淀剂，使它和某些金属离子发生反应生成沉淀物质，从而达到去除的目的。这种方法就叫化学沉淀法。

在一定温度下，难溶盐 $M_m N_n$（固体）的电离方程式如下：

$$M_m N_n \longrightarrow m M^{n+} + n N^{m-} \tag{9-1}$$

溶度积常数 $L_{M_m N_n}$ 为：

$$L_{M_m N_n} = [M^{n+}]^m [N^{m-}]^n \tag{9-2}$$

式中　M^{n+}——金属阳离子；

　　　N^{m-}——阴离子；

　　　[ ]——摩尔浓度，mol/L。

根据溶度积的规则，为了去除废水中的 M^{n+}，应向其中投加具有 N^{m-} 的某种化合物，使 $[M^{n+}]^m [N^{m-}]^n > L_{M_m N_n}$，形成 $M_m N_n$ 沉淀，从而降低废水中的 M^{n+} 离子的浓度。通常称具有这种作用的化学物质为沉淀剂。

从式(9-2)可以看出，投加的 N^{m-} 越多，M^{n+} 离子被去除的更完全。但是在实际工作中，沉淀剂的用量也不宜加的过多，否则会导致相反的作用，一般不超过理论用量的 20%～50%。

化学沉淀法主要包括石灰沉淀法、氢氧化物沉淀法、硫化物沉淀法、钡盐沉淀法等。

二、氢氧化物沉淀法

氢氧化物沉淀法就是向含有金属离子的工业废水中投加氢氧化物，改变溶液的 pH 值，生成金属氢氧化物沉淀，进而达到去除金属离子的目的。氢氧化物的沉淀与 pH 值有很大关系。金属氢氧化物的溶解度与 pH 值的关系见表9-1。

重金属离子溶解度与 pH 值的关系见图9-1。

关系和理论计算值都是在理想状态下得出来的，但实际废水的水质比较复杂，因此金属氢氧化物在废水中的溶解度与 pH 值的关系和理论计算值有出入。实际工程中的控制条件必须通过试验来确定。

表 9-1　金属氢氧化物的溶解度与 pH 值的关系

金属氢氧化物	$pL_{M(OH)n}$	$lg[M^{n+}]=x-n pH$	金属氢氧化物	$pL_{M(OH)n}$	$lg[M^{n+}]=x-n pH$
$Fe(OH)_2$	15.2	$lg[Fe^{2+}]=12.8-2pH$	$Fe(OH)_3$	38	$lg[Fe^{3+}]=4.0-3pH$
$Cu(OH)_2$	20	$lg[Cu^{2+}]=8.0-2pH$	$Cd(OH)_2$	14.2	$lg[Cd^{2+}]=13.8-2pH$
$Zn(OH)_2$	17	$lg[Zn^{2+}]=11.0-2pH$	$Ni(OH)_2$	18.1	$lg[Ni^{2+}]=9.3-2pH$
$Mn(OH)_2$	12.8	$lg[Mn^{2+}]=15.2-2pH$	$Cr(OH)_3$	10	$lg[Cr^{3+}]=12.0-3pH$
$Pb(OH)_2$	15.3	$lg[Pb^{2+}]=12.9-2pH$	$Al(OH)_3$	33	$lg[Al^{3+}]=9.0-3pH$

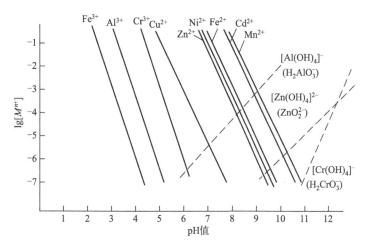

图 9-1　重金属离子溶解度与 pH 值的关系

另外还要注意，Zn、Pb、Cr、Sn、Al 等金属氢氧化物是两性物质，既能和酸作用，又能和碱作用。例如 Zn，在 pH＝9 时，Zn 几乎全部以 $Zn(OH)_2$ 的形式沉淀。但在 pH>11 时，生成的 $Zn(OH)_2$ 又能和碱起作用，溶于碱中生成 $Zn(OH)_4^{2-}$ 或 ZnO_2^{2-}，因此，沉淀时 pH 值应控制在 9～11 范围内。

采用氢氧化物法分离废水中的重金属时，pH 值是一个重要的控制条件。

三、硫化物沉淀法

硫化物沉淀法就是向废水中投加硫化物，与水中的金属离子生成硫化物沉淀物，使金属离子被去除。常采用的沉淀剂有硫化氢、硫化钠、硫化钾等。由于大多数金属硫化物的溶解度一般比其氢氧化物的要小很多，因此，从理论上讲硫化物沉淀法比氢氧化物沉淀法能更完全地去除金属离子。但是处理费用较高，且硫化物不易沉淀，常需要投加凝聚剂进行共沉，因此，硫化物沉淀法应用得并不广泛，有时作为氢氧化物沉淀法的补充法。

硫化物沉淀法在含汞废水处理中得到应用。具体做法是在碱性条件下（pH 值为 8～10），向废水中投加硫化钠，使其与废水中的汞离子或亚汞离子进行反应。由于生成的 HgS 颗粒细小，沉淀物分离困难，所以再投加适量的混凝剂（如 $FeSO_4$ 等），生成的 FeS 和 $Fe(OH)_2$，可作为 HgS 的载体。细小的 HgS 吸附在载体表面上，与载体共同沉淀。

某化工厂采用硫化钠共沉法处理乙醛车间排出的含汞废水。废水量为 $200m^3/d$，汞浓度为 5mg/L，pH 值为 2～4。原水用石灰将 pH 值调至 8～10 后，投硫化钠 30mg/L，硫酸亚铁 60mg/L，处理后废水含汞浓度为 0.2mg/L。

四、钡盐沉淀法

钡盐沉淀法是向水中投加碳酸钡、氯化钡、硝酸钡、氢氧化钡等沉淀剂，与废水中的铬酸根进行反应，生成难溶盐铬酸钡沉淀，去除废水中的六价铬。以碳酸钡为例，投加碳酸钡后 Ba^{2+} 就会和 CrO_4^{2-} 生成 $BaCrO_4$ 沉淀，从而达到去除六价铬的目的。

为了提高除铬效果，应投加过量的碳酸钡，反应时间应保持 25～30min。投加过量的碳酸钡会使出水中含有一定数量的残钡，在这种水回用前，需要去除其中的残钡。常用方法就是石膏法：

$$CaSO_4 + Ba^{2+} \Longleftrightarrow BaSO_4 \downarrow + Ca^{2+}$$

第二节　氧　化　法

利用溶解于废水中的有毒有害物质，在氧化还原反应中能被氧化或还原的性质，将其转化为无毒无害的新物质，这种方法称为氧化还原法。

根据有毒有害物质在氧化还原反应中能被氧化或还原的不同，废水的氧化还原法又可分为氧化法和还原法两大类。在废水处理中常用的氧化剂有：空气中的氧、纯氧、臭氧、氯气、漂白粉、次氯酸钠、三氯化铁等；常用的还原剂有硫酸亚铁、亚硫酸盐、氯化亚铁、铁屑、锌粉、二氧化硫、硼氢化钠等。

氧化和还原是互为依存的，在化学反应中，原子或离子失去电子称为氧化，接受电子称为还原。得到电子的物质称为氧化剂，失去电子的物质称为还原剂。

一、药剂氧化法

向废水中投加氧化剂，氧化废水中的有毒有害物质，使其转变为无毒无害的或毒性小的新物质的方法称为氧化法。药剂氧化法中最常用的是氯氧化法。

氯是最为普遍使用的氧化剂，而且氧化能力较强，可以氧化处理废水中的酚类、醛类、醇类以及洗涤剂、油类、氰化物等，还有脱色、除臭、杀菌等作用。在化学工业方面，它主要用于处理含氰、含酚、含硫化物的废水和染料废水。

氯氧化处理常用的药剂有：漂白粉、漂白精、液氯、次氯酸和次氯酸钠等。工业上最常用的是漂白粉 [$CaCl(OCl)$]、漂白精 [$Ca(OCl)_2$]、液氯。它们在水溶液中可电离生成次氯酸离子：

$$CaCl(OCl) \longrightarrow Ca^{2+} + Cl^- + OCl^-$$
$$Ca(OCl)_2 \longrightarrow Ca^{2+} + 2OCl^-$$
$$Cl_2 + H_2O \longrightarrow H^+ + Cl^- + HOCl$$
$$HOCl \longrightarrow H^+ + OCl^-$$

HOCl 和 OCl⁻ 具有很强的氧化能力。

碱性氯化法是一种应用比较广泛的处理方法，在国内外已有较成熟的经验。碱性氯化法有局部氧化法和完全氧化法两种工艺。本书以处理含氰废水为例。

（1）局部氧化法

向废水中直接加入氯气和氢氧化钠，将氰化物氧化为氰酸盐，反应如下：

$$NaCN+2NaOH+Cl_2 \longrightarrow NaCNO+2NaCl+H_2O$$

此反应在 pH>10 的条件下进行得完全而且迅速，氧化时间为 0.5~2h，反应过程中要连续搅拌。

（2）完全氧化法

局部氧化法生成的氰酸盐虽然毒性较低，仅为氰的千分之一，但 CNO^- 易水解生成 NH_3。为净化水质，可将氰酸盐进一步氧化为二氧化碳和氮，彻底消除氰化物的污染，其反应为：

$$2NaCNO+3HOCl \longrightarrow 2CO_2+2NaCl+N_2+HCl+H_2O$$

完全氧化法的关键条件是控制反应的 pH 值。pH>12，则反应停止，pH 值也不能太低，否则氰酸根会水解生成氨并与次氯酸生成有毒的氯胺。

完成两段反应所需的总药剂量为 CN：Cl_2：NaOH＝1：6.8：6.2。实际上，为使氰化物完全氧化，一般加入 8 倍的氯。

二、光氧化法

光氧化法是利用光和氧化剂产生很强的氧化作用来氧化分解废水中有机物或无机物的方法。氧化剂有臭氧、氯、次氯酸盐、过氧化氢及空气加催化剂等，其中常用的为氯气。在一般情况下，光源多为紫外光，但它对不同的污染物有一定的差异，有时某些特定波长的光对某些物质比较有效。光对污染物的氧化分解起催化剂的作用。如以氯为氧化剂的光氧化法处理有机废水的原理如下。

氯和水作用生成的次氯酸吸收紫外光后，被分解产生初生态氧［O］，这种初生态氧很不稳定且具有很强的氧化能力。初生态氧在光的照射下，能把含碳有机物氧化成二氧化碳和水。简化后反应过程如下：

$$Cl_2+H_2O \longrightarrow HOCl+HCl$$

$$HOCl \xrightarrow{\text{光}} HCl+[O]$$

$$[H \cdot C]+[O] \xrightarrow{\text{光}} H_2O+CO_2$$

式中　［H·C］——含碳有机物。

光氧化的氧化能力比只用氯氧化高 10 倍以上，处理过程一般不产生沉淀物，不仅可处理有机废水，也可处理能被氧化的无机物。此法作为废水深度处理时，COD、BOD 可接近于零。光氧化法除对分散染料的一小部分外，其脱色率可达 90% 以上。

三、空气氧化

空气氧化就是利用空气中的氧气氧化废水中的有机物和还原性物质的一种处理方法。将空气吹入废水中，有时为了提高氧化效果，氧化要在高温高压下进行，或使用催化剂。

因空气氧化能力较弱，主要用于含还原性较强物质的废水处理，如硫化氢、硫醇、硫的钠盐和铵盐〔NaHS、Na_2S、$(NH_4)_2S$〕等。向废水中注入空气或蒸汽时，硫化物能被氧化成无毒或微毒的硫代硫酸盐或硫酸盐。

$$2HS^- + 2O_2 \longrightarrow S_2O_3^{2-} + H_2O$$

$$2S^{2-} + 2O_2 + H_2O \longrightarrow S_2O_3^{2-} + 2OH^-$$

$$S_2O_3^{2-} + 2O_2 + 2OH^- \longrightarrow 2SO_4^{2-} + H_2O$$

空气氧化法目前已用于石油炼制厂含硫废水的处理，采用的设备是空气氧化塔，其直径≤2.5m，塔体为4～5段，每段高≥3m，塔内总压降0.2～0.25MPa，喷嘴气流速度>13m/s，喷嘴水流速度>1.5m/s。

第三节　还　原　法

一、金属还原法

金属还原法是以固体金属为还原剂，用于还原废水中的污染物，特别是汞、镉、铬等重金属离子。如含汞废水可以用铁、锌、铜、锰、镁等金属作为还原剂，把废水中的汞离子置换出来，其中效果较好、应用较多的是铁和锌。

图9-2为铁屑过滤池。

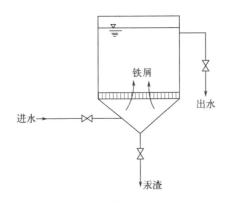

图9-2　铁屑过滤池

含汞废水自下而上地通过铁屑滤床过滤器，与铁屑接触一定时间后从池顶排出。铁屑还原产生的铁汞沉渣可定期排放，可回收利用。铁屑一般采用旋屑和刨屑以使水流通畅。废水中的汞离子与铁屑进行如下反应：

$$Fe + Hg^{2+} \longrightarrow Fe^{2+} + Hg \downarrow$$

$$2Fe + 3Hg^{2+} \longrightarrow Fe^{3+} + 3Hg \downarrow$$

铁屑还原的效果与废水的pH值有关。当pH值低时，由于铁的电极电位比氢的电极电位低，则废水中的氢离子也将被还原为氢气而逸出，其反应如下：

$$Fe + 2H^+ \longrightarrow Fe^{2+} + H_2 \uparrow$$

反应过程中消耗铁屑，同时有氢气生成。

铁屑置换时，废水的 pH 值最好在 6～9 之间，能使单位质量的铁屑置换更多的汞。pH<6 时，铁的溶解度增大，铁屑损失加大；pH<5 时，有氧气析出，影响铁屑的有效表面积。pH 值为 9～11 的含汞废水可用锌粒还原处理。

二、药剂还原法

药剂还原法是采用一些化学药剂作为还原剂，把有毒物转变成低毒或无毒物质，并进一步将污染物去除，使废水得到净化。常用的还原剂有亚硫酸钠、亚硫酸氢钠、焦亚硫酸钠、硫代硫酸钠、硫酸亚铁、二氧化硫、水合肼、铁屑、铁粉等。

如含铬废水中六价铬的毒性很大，利用硫酸亚铁、亚硫酸氢钠、二氧化硫等还原剂可以将 Cr^{6+} 还原成 Cr^{3+}。如用硫酸亚铁还原剂，首先在酸性条件下（pH＝2.9～3.7），把废水中 Cr^{6+} 还原成 Cr^{3+}，反应为：

$$H_2Cr_2O_7 + 6FeSO_4 + 6H_2SO_4 \longrightarrow Cr_2(SO_4)_3 + 3Fe_2(SO_4)_3 + 7H_2O$$

然后投加石灰，在碱性条件下（pH＝7.5～8.5）生成氢氧化铬沉淀，其反应如下：

$$Cr_2(SO_4)_3 + 3Fe_2(SO_4)_3 + 12Ca(OH)_2 \longrightarrow 2Cr(OH)_3 \downarrow + 6Fe(OH)_3 \downarrow + 12CaSO_4$$

第四节　电　　解

一、基本原理

电解质溶液在电流作用下，进行电化学反应，把电能转化为化学能的过程称为电解。利用电解的原理来处理废水中有毒有害物质的方法，称为电解法。

1. 法拉第电解定律

电解过程的耗电量可用法拉第电解定律计算：

$$G = \frac{EIt}{F} \tag{9-3}$$

式中　G——电解过程析出的物质总量，g；

　　　E——物质的化学当量；

　　　I——电流，A；

　　　t——通电时间，s；

　　　F——法拉第常数，C/mol。

实际消耗的电量往往比理论值大得多，因为实际电解过程中存在某些副反应，也消耗电量。

2. 分解电压与极化现象

能使电解正常进行的最小外加电压称为分解电压。电解过程中，当外加电压很小时，电解槽几乎没有电流通过，电压继续增加，电流略有增加。只有电压增到分解电压时，电流才随电压的增加而快速上升，在两极上也才明显地有物质析出。

产生分解电压的原因首先是电解槽产生的反电动势，其次是极化现象。实际过程中，当外加电压克服反电动势时，电解也不会发生。这种分解电压超过电解槽反电动势的现象称为极化现象。产生极化现象的原因主要如下。

（1）化学极化

随着电解的进行，两极析出的产物构成了原电池，其电位差和外加电压方向相反，这种现象称为化学极化。

（2）浓差极化

随着电解的进行，靠近电极表面溶液薄层内的离子浓度与溶液内部的离子浓度不同，结果产生一种浓差电池，其电位差也同外加电压方向相反，这种现象称为浓差极化。浓差极化可以通过搅拌的方法使之减少，但不可能完全消除。

（3）电解槽的内阻

电解时，电解液中离子运动会受到一定的阻碍，需要提高一定的外加电压加以克服。

此外，分解电压还与电极的性质、电流密度、水的性质及温度等因素有关。

3. 电解三效应

电解可以产生氧化还原、絮凝和气浮三种效应，三种效应与所选的电极材料有关。

（1）电解氧化还原

利用电解过程中发生的氧化或还原反应，去除废水中的污染物。如利用铁板阳极对含六价铬的化合物的废水进行处理时，铁板阳极在电解过程中产生亚铁离子，亚铁离子作为强还原剂，可将废水中的六价铬离子还原为三价铬离子。

$$Fe-2e \longrightarrow Fe^{2+}$$
$$6Fe^{2+}+Cr_2O_7^{2-}+14H^+ \longrightarrow 2Cr^{3+}+6Fe^{3+}+7H_2O$$
$$3Fe^{2+}+CrO_4^{2-}+8H^+ \longrightarrow Cr^{3+}+3Fe^{3+}+4H_2O$$

同时在阴极上，除氢离子放电生成氢气外，六价铬离子直接还原为三价铬离子。

$$2H^++2e \longrightarrow H_2\uparrow$$
$$Cr_2O_7^{2-}+6e+14H^+ \longrightarrow 2Cr^{3+}+7H_2O$$
$$CrO_4^{2-}+3e+8H^+ \longrightarrow Cr^{3+}+4H_2O$$

随着电解过程的进行，大量氢离子被消耗，使废水中剩下大量氢氧根离子，生成氢氧化铬等沉淀物。上述反应过程就是电解氧化还原过程。

（2）电解凝聚

利用铁或铝制金属阳极在电解过程形成氢氧化铁或氢氧化铝等不溶于水的金属氢氧化物凝聚体。如：

$$Fe-2e \longrightarrow Fe^{2+}$$
$$Fe^{2+}+2OH^- \longrightarrow Fe(OH)_2\downarrow$$

氢氧化亚铁对废水中的污染物进行混合凝聚，使废水得到净化。

（3）电解气浮

利用不溶性电极电解时产生的氧气泡和氢气泡进行气浮的方法叫电解气浮。如：

$$2H_2O \longrightarrow 2H^++2OH^-$$
$$2H+2e \longrightarrow 2[H] \longrightarrow H_2\uparrow$$
$$4OH^- \longrightarrow 2H_2O+O_2\uparrow+4e$$

二、电解槽的结构形式和极板电路

电解槽（图 9-3）一般为矩形，按水流方式可分为回流式电解槽和翻腾式电解槽两种。

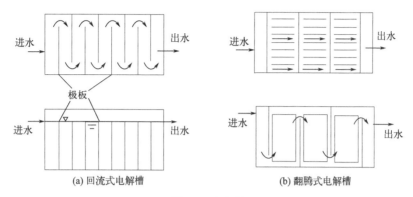

(a) 回流式电解槽　　　　(b) 翻腾式电解槽

图 9-3　电解槽

回流式电解槽类似于折板混合池，水流在槽内往复流动，流程长，离子易于向水中扩散，电解槽容积利用率高，但运行维护不方便。翻腾式电解槽中的极板采取悬挂方式固定，极板与池壁不接触，避免了漏电现象，极板更换也比回流式方便。电解槽中极板间距对处理效果和耗电量都有影响，一般为 30～40mm。电解法多采用直流电源，电源的整流设备应根据电解所需的总电流和总电压进行选择。

电解槽的极板电路有单极性电解槽和双极性电解槽两种，如图 9-4 所示。

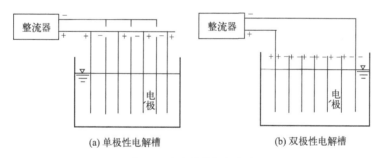

(a) 单极性电解槽　　　　(b) 双极性电解槽

图 9-4　电解槽的极板电路

单极性电解槽中，有可能由于极板腐蚀不均匀等原因造成相邻两块极板碰撞，会引起短路而发生严重安全事故。双极电解槽中的极板腐蚀较均匀，相邻两块极板碰撞机会少，即使碰撞也不会发生短路现象。双极性电解槽极板极距可以适当减小，进而提高极板的有效利用率，降低造价和节省运行费用。双极性电解槽的投资也比单极性电解槽少。目前国内多采用双极性电解槽。

三、电解过程的控制

1. 槽电压

电能消耗与电压有关，槽电压取决于废水的电阻率和极板间距。一般废水电阻率控制在 1200Ω·cm 以下，对于导电性能差的废水要投加食盐，以改善其导电性能。投加食盐后，电压降低，使电能消耗减少。

2. 电流密度

电流密度即单位极板面积上通过的电流数量，以 $A/(0.1m)^2$ 表示，所需的阳极电流密度随废水浓度而异。废水中污染物浓度大时，可适当提高电流密度；废水中污染物浓度小时，可适当降低电流密度。当废水浓度一定时，电流密度越大，则电压越高，处理速度加快，但电能耗量增加。电流密度过大时，电压过高，将影响电极使用寿命。电流密度小时，电压降低，电耗量减少，但处理速度缓慢，所需电解槽容积增大。适宜的电流密度由试验确定，选择化学需氧量去除率高而耗电量低的点作为运转控制的指标。

3. pH 值

废水的 pH 值对于电解过程操作很重要。含铬废水电解处理时，pH 值低则处理速度快，电耗少，这是因为废水被强烈酸化可促使阴极保持经常活化状态，而且由于强酸的作用，电极发生较剧烈的化学溶解，缩短了六价铬还原为三价铬所需的时间。但 pH 值低不利于三价铬的沉淀。因此，需要控制合适的 pH 值范围（4～6.5）。

含氰废水电解处理则要求在碱性条件下进行，以防止有毒气体氰化氢的挥发。氰离子浓度越高，要求 pH 值越大。

在采用电凝聚过程时，要使金属阳极溶解，产生活性凝聚体，需控制进水 pH 值为 5～6。进水 pH 值过高易使阳极发生钝化，放电不均匀，并停止金属溶解过程。

4. 搅拌作用

搅拌的作用是促进离子对流与扩散，减少电极附近浓差极化现象，并能清洁电极表面，防止沉淀物在电解槽中沉降。搅拌对于电解历时和电能消耗影响较大，通常采用压缩空气搅拌。

5. 消除阳极钝化的方法

① 定时用钢刷清理阳极的钝化膜。

② 定期交换阴阳极。

③ 投加食盐电解质。氯离子能起活化剂的作用。氯离子能够取代膜中的氧离子，结果生成可溶性铁的氯化物而导致钝化膜的溶解。同时，可增加废水的导电能力，减少电能的消耗。

第五节　离子交换

离子交换法是一种借助于离子交换剂上的离子和废水中的离子进行交换反应而除去废水中有害离子的方法。离子交换过程是一种特殊吸附过程，所以在许多方面都与吸附过程类似。与吸附过程比较，离子交换过程的特点是：主要吸附水中的离子化物质，并进行等当量的离子交换。在废水处理中，离子交换主要用于回收和去除废水中金、银、铜、镉、铬、锌等金属离子，对于净化放射性废水及有机废水也有应用。

一、离子交换剂

水处理用的离子交换剂有离子交换树脂和磺化煤两类。离子交换树脂的种类很多，按其结构特征，可分为凝胶型、大孔型、等孔型；根据其单体种类，可分为苯乙烯系、酚醛系和丙烯酸系等；根据其活性基团（亦称交换基或官能团）性质，又可分为强酸性、弱酸性、强碱性和弱碱性，前两种带有酸性活性基团，称为阳离子交换树脂，后两种带有碱性活性基团，称为阴离子交换树脂。磺化煤为兼有强酸性和弱酸性两种活性基团的阳离子交换剂。阳离子交换树脂或磺化煤可用于水的软化或脱碱软化，阴、阳离子交换树脂配合一起则用于水的除盐。

离子交换树脂是由空间网状结构骨架（即母体）与附属在骨架上的许多活性基团所构成的不溶性高分子化合物。活性基团遇水电离，分成两部分。

① 固定部分。仍与骨架牢固结合，不能自由移动，构成所谓固定离子。

② 活动部分。能在一定空间内自由移动，并与其周围溶液中的其他同性离子进行交换反应，称为可交换离子或反离子。

以强酸性阳离子交换树脂为例，可写成 $R—SO_3^- H^+$，其中 R 代表树脂母体即网状结构部分，$—SO_3^-$ 为活性基团的固定离子，H^+ 为活性基团的可交换离子。有时会简写成 $R^- H^+$，此时 R^- 表示树脂母体及牢固结合在其上面的固定离子。因此，离子交换的实质是不溶性的电解质（树脂）与溶液中的另一种电解质所进行的化学反应。这一化学反应可以是中和反应、中性盐分解反应或复分解反应。

二、离子交换树脂的性能指标

1. 离子交换容量

交换容量是树脂交换能力大小的标准，常用的是容积法表示。容积法是指单位体积的湿树脂中离子交换基团的数量，用 mmol/L 树脂或 mol/m^3 树脂来表示。

2. 含水率

含水率是指每克湿树脂（去除表面水分后）所含水分的百分数（一般在 50% 左右）。树脂交联度越小，孔隙率越大，含水率也越大。

3. 相对密度

离子交换树脂的相对密度有干真相对密度、湿真相对密度和湿视相对密度三种表示方法。

4. 溶胀性

干树脂浸泡水中时，体积胀大，成为湿树脂。湿树脂转型时，例如阳树脂由钠型转换为氢型，体积也有变化，这种体积变化的现象称为溶胀。前一种所发生的体积变化率称为绝对溶胀度，后一种所发生的体积变化率称为相对溶胀度。树脂交联度越小或活性基团越易电离或水合离子半径越大，则溶胀度越大。

5. 耐热性

各种树脂所能承受的温度都有一个极限，超过这个极限就会发生比较严重的热分解现象，影响交换容量和使用寿命。

6. 有效 pH 值范围

由于树脂活性基团分为强酸性、强碱性、弱酸性、弱碱性，水的 pH 值势必对其交换容量产生影响。强酸、强碱树脂的活性基团电离能力强，其交换容量基本上与 pH 值无关。弱酸树脂在水的 pH 值低时不电离或仅部分电离，因而只能在碱性溶液中才会有较高的交换能力。弱碱树脂则相反，在水的 pH 值高时不电离或仅部分电离，只是在酸性溶液中才会有较高的能力。各种类型树脂的有效 pH 值范围见表 9-2。

表 9-2　各种类型树脂的有效 pH 值范围

树脂类型	强酸性	弱酸性	强碱性	弱碱性
有效 pH 值范围	1～14	5～14	1～12	0～7

除上述几项指标外，还有树脂的外形、黏度、耐磨性、在水中的不溶性等。

三、离子交换过程

离子交换过程可以看作是固相的离子交换树脂与液相（废水）中电解质之间的化学置换反应。其反应一般都是可逆的。

阳离子交换过程可用下式表示：

$$R^-A^+ + B^+ \longrightarrow R^-B^+ + A^+ \tag{9-4}$$

阴离子交换过程可用下式表示：

$$R^+C^- + D^- \longrightarrow R^+D^- + C^- \tag{9-5}$$

式中　R——树脂本体；

A^+、C^-——树脂上可被交换的离子；

B^+、D^-——溶液中的交换离子。

离子交换过程通常分为 5 个阶段：

① 交换离子从溶液中扩散到树脂颗粒表面；

② 交换离子在树脂颗粒内部扩散；

③ 交换离子与结合在树脂活性基团上的可交换离子发生交换反应；

④ 被交换下来的离子在树脂颗粒内部扩散；

⑤ 被交换下来的离子在溶液中扩散。

实际上离子交换反应的速度是很快的，离子交换的总速度取决于扩散速度。当离子交换树脂的吸附达到饱和时，通入某种高浓度电解质溶液，将被吸附的离子交换下来，使树脂得到再生。

四、离子交换树脂的选择性

由于离子交换树脂对于水中各种离子吸附的能力并不相同，对于其中一些离子很容易被吸附而对另一些离子却很难吸附，被树脂吸附的离子在再生的时候，有的离子很容易被置换下来，而有的却很难被置换。离子交换树脂所具有的这种性能称为选择性能。

采用离子交换法处理废水时，必须考虑树脂的选择性，树脂对各种离子的交换能力是不同的，交换能力大小主要取决于各种离子对该种树脂的亲和力（选择性），在常温低浓度下，各种树脂对各种离子的选择性可归纳出如下规律。

① 强酸性阳离子交换树脂的选择顺序为：
$$Fe^{3+}>Cr^{3+}>Al^{3+}>Ca^{2+}>Mg^{2+}>K^+=NH_4^+>Na^+>H^+>Li^+$$

② 弱酸性阳离子交换树脂的选择顺序为：
$$H^+>Fe^{3+}>Cr^{3+}>Al^{3+}>Ca^{2+}>Mg^{2+}>K^+=NH_4^+>Na^+>Li^+$$

③ 强碱性阴离子交换树脂的选择性顺序为：
$$Cr_2O_7^{2-}>SO_4^{2-}>CrO_4^{2-}>NO_3^->Cl^->OH^->F^->HCO_3^->HSiO_3^-$$

④ 弱碱性阴离子树脂的选择性顺序：
$$OH^->Cr_2O_7^{2-}>SO_4^{2-}>CrO_4^{2-}>NO_3^->Cl^->HCO_3^-$$

⑤ 螯合树脂的选择性顺序与树脂种类有关。螯合树脂比弱酸树脂对重金属的选择性高。螯合树脂通常为 Na 型，树脂内金属离子与树脂的活性基团相螯合。亚氨基醋酸型螯合树脂的选择性顺序为：
$$Hg>Cr>Ni>Mn>Ca>Mg>Na$$

上面介绍的选择性顺序是在常温低浓度条件下。在高温高浓度时，处于顺序后列的离子可以取代位于顺序前列的离子。

五、离子交换装置及运行操作

生产实践中，水的离子交换处理是在离子交换器中进行的。装有离子交换剂的离子交换器称离子交换床，离子交换剂层称离子交换床层。离子交换装置的种类很多，一般可分为固定床式离子交换器和移动床式离子交换器两大类，固定床离子交换器是在各领域应用最广泛的一种装置。

1. 固定床式离子交换器

所谓固定床是指离子交换剂在一个设备中先后完成制水、再生等过程的装置。

固定床离子交换器按水和再生液的流动方向分为：顺流再生式、逆流再生式（包括逆流再生离子交换器和浮床式离子交换器）和分流再生式。按交换器内树脂的状态又分为：单层（树脂）床、双层床、双室双层床、双室双层浮动床以及混合床。按设备的功能又分为：阳离子交换器（包括钠离子交换器和氢离子交换器）、阴离子交换器和混合离子交换器。

（1）顺流再生离子交换器

顺流再生离子交换器是离子交换装置中应用最早的床型。运行时，水流自上而下通过树脂层；再生时，再生液也是自上而下通过树脂层，即水和再生液的流向是相同的。

1）顺流再生离子交换器的结构

顺流再生离子交换器的主体是一个密封的圆柱形压力容器，器体上设有树脂装卸口和用以观察树脂状态的观察孔。容器设有进水装置、排水装置和再生液分配装置。交换器中装有一定高度的树脂，树脂层上面留有一定的反洗空间，如图9-5所示。

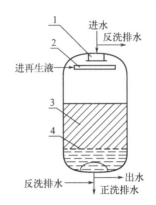

图9-5　顺流再生离子交换器结构

1—进水装置；2—再生液分配装置；3—树脂层；4—排水装置

顺流再生离子交换器的管路系统如图9-6所示。

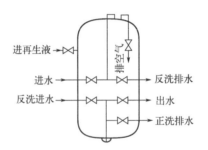

图9-6　顺流再生离子交换器的管路系统

2）顺流再生离子交换器的运行

顺流再生离子交换器的运行通常分为五步，从交换器失效后算起为：反洗、进再生液、置换、正洗和制水。这五个步骤组成交换器的一个运行循环，称运行周期。

① 反洗。交换器中的树脂失效后，在进再生液之前，常先用水自下而上进行短时间的强烈反洗。

② 进再生液。先将交换器内的水放至树脂层以上100～200mm处，然后使一定浓度的再生液以一定流速自上而下流过树脂层。

③ 置换。使水按再生液流过树脂的流程及流速通过交换器，这一过程称为置换，目的是使树脂层中仍有再生能力的再生液和其他部位残存的再生液得以充分利用。

④ 正洗。置换结束后，为了清除交换器内残留的再生产物，应用运行时的出水自上而下清洗树脂层，流速约10～15m/h。正洗一直进行到出水水质合格为止。

⑤ 制水。正洗合格后即可投入制水。

顺流再生优点是：设备结构简单，运行操作方便，工艺控制容易。

顺流再生缺点是：再生剂用量多，获得的交换容量低，出水水质差。

（2）逆流再生离子交换器

为了克服顺流再生工艺出水端树脂再生度低的缺点，现在广泛采用逆流再生工艺，即运行时水流方向和再生时再生液流动方向相反的水处理工艺。

由于逆流再生工艺中再生液及置换水都是从下而上流动的，流速稍大时，就会发生和反洗那样使树脂层扰动的现象，使再生的层态被打乱，通常称乱层。因此，在采用逆流再生工艺时，必须从设备结构和运行操作上采取措施，以防止溶液向上流动时发生树脂乱层。

1）逆流再生离子交换器的结构

逆流再生离子交换器的结构和管路系统与顺流再生离子交换器的结构类似，如图9-7和图9-8所示。

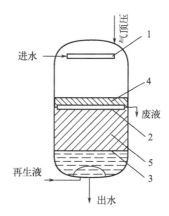

图9-7 逆流再生离子交换器结构

1—进水装置；2—中间排液装置；3—排水装置；4—压脂层；5—树脂层

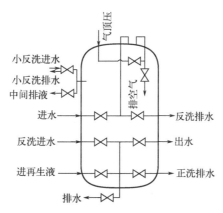

图9-8 气顶压逆流再生离子交换器管路系统

与顺流再生离子交换器结构不同的地方是：在树脂层上表面处设有中间排液装置以及在树脂层上面加叠压脂层。

① 中间排液装置。该装置的作用主要是使向上流动的再生液和清洗水能均匀地从此装置排走，不会因为有水流流向树脂层上面的空间而扰动树脂层。其次它还兼作小反洗的进水装置和小正洗的排水装置。

② 压脂层。设置压脂层的目的是在溶液向上流时树脂不乱层，但实际上压脂层所产生的压力很小，并不能靠自身起到压脂作用。压脂层真正的作用：一是过滤掉水中的悬浮物，使它不进入下部树脂层中，这样便于将其洗去而又不影响下部的树脂层态；二是可以使顶压空气或水通过压脂层均匀地作用于整个树脂层表面，从而起到防止树脂向上窜动的作用。

2）逆流再生离子交换器的运行

在逆流再生离子交换器的运行操作中，制水过程和顺流式没有区别。再生操作随防止乱层措施的不同而异，下面以采用压缩空气预压防止乱层的方法为例说明其再生操作，逆流再生操作过程如图9-9所示。

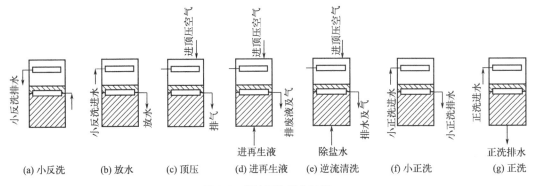

图9-9 逆流再生操作过程

① 小反洗。为了保持有利于再生的失效树脂层不乱，只对中间排液管上面的压脂层进行反洗，以冲洗掉运行时积聚在压脂层中的污物。

② 放水。小反洗后，待树脂沉降下来以后，放掉中间排液装置以上的水。

③ 顶压。从交换器顶部送入压缩空气，使气压维持在0.03～0.05MPa。

④ 进再生液。在顶压的情况下，将再生液送入交换器内，进行再生。

⑤ 逆流清洗。当再生液进完后，继续用稀释再生剂的水进行清洗。

⑥ 小正洗。此步用以除去再生后压脂层中部分残留的再生废液。

⑦ 正洗。最后按一般运行方式用进水自上而下进行正洗，流速为10～15m/h，直到出水水质合格，即可投入运行。

交换器经过多周期运行后，下部树脂层也会受到一定程度的污染，因此必须定期地对整个树脂层进行大反洗。大反洗的周期应视进水的浊度而定，一般为10～20个周期。

逆流再生操作除采用压缩空气预压的方法外，还有水顶压的方法，水顶压法的操作与气顶压法基本相同。

3）无顶压逆流再生

逆流再生离子交换器为了保持再生时树脂层稳定，必须采用空气顶压或水顶压，这不仅增加了一套顶压设备和系统，而且操作也比较麻烦。无顶压逆流再生就是将中间排液装置上的孔开得足够大，使这些孔的水流阻力较小，并且在中间排液装置以上仍装有一定厚度的压脂层，这样在无顶压情况下逆流再生操作时就不会出现水面超过压脂层的现象，树脂层也不会发生扰动。

无顶压逆流再生的操作步骤与顶压再生操作步骤基本相同，只是不进行顶压。

与顺流再生相比，逆流再生工艺具有对水质适应性强、出水水质好、再生剂比耗低、自用水率低等优点。但逆流再生的设备较复杂，操作控制较严格。为了避免搅乱树脂层，控制再生流速一般要小于 1.5m/h。一般为了提高再生流速，缩短再生时间，在再生时可通入 0.03～0.05MPa 压缩空气压住树脂层。

（3）其他形式的离子交换器

1）分流再生离子交换器

分流再生离子交换器的结构和逆流再生离子交换器基本相似，只是将中间排液装置设置在树脂层表面下 400～600mm 处，不设压脂层，分流再生时流过上部的再生液可以起到顶压作用，所以无需另外用水或空气预压。中排管以上的树脂起到压脂层的作用，并且也能获得再生，所以交换器中树脂的交换容量利用率较高。

另外，由于再生液由交换器的上、下端进入，所以两端树脂都能够得到较好的再生，最下端树脂的再生度最高，从而保证了运行出水的水质。

2）浮床式离子交换器

浮动床的运行是在整个树脂层被托起的状态下（称成床）进行的，离子交换反应是在水向上流动的过程中完成的。树脂失效后，停止进水，使整个树脂层下落（称落床），于是可进行自上而下的再生。

浮动床的运行过程为：制水—落床—进再生液—置换—下向流清洗—成床—上向流清洗，再转入制水。上述过程构成一个运行周期。

固定床式离子交换器除了上述的几种形式外，还有双层床离子交换器结构、双室双层床离子交换器结构以及混合床离子交换器。

2. 移动床离子交换器

移动床离子交换器是指交换器中的离子交换树脂层在运行中是周期性移动的，即定期排出一部分已失效的树脂和补充等量再生好的树脂，被排出已失效的树脂在另一设备中进行再生。在移动床系统中，交换过程和再生过程是分别在不同设备中同时进行的，制水是连续的。

移动床离子交换器的结构如图 9-10 所示。

交换塔开始运行时，原水从塔下部进入交换塔，将配水装置以上的树脂托起，即成床。成床后进行离子交换，处理后的水从出水管排出，并自动关闭浮球阀。

运行一段时间后，停止进水，并进行排水，使塔中压力下降，因而水向塔底方向流动，使整个树脂分层，即落床。与此同时，交换塔浮球阀自动打开，上部漏斗中新鲜树脂落入交换塔树脂层上面，同时排水过程中将失效树脂排出塔底部。即落床过程中同时完成新树脂补充和失效树脂排出。两次落床之间交换塔运行时间，称为移动床的一个大周期。

再生时，再生液在再生塔内由下而上流动进行再生，排出的再生废液经连通管进入上部漏斗，对漏斗中失效树脂进行预再生，这样充分利用再生剂，而后将再生液排出塔外。当再生进行一段时间后，停止进水和停止进再生液并进行排水泄压，使再生塔树脂层下落，与此同时，再生塔内浮球阀打开，使漏斗中失效树脂进入再生塔，而再生好的下部树

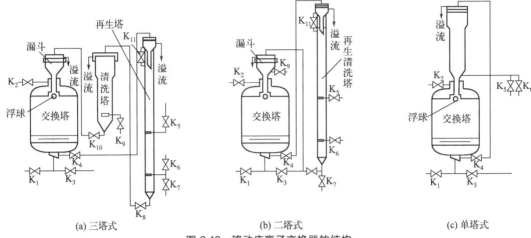

图 9-10 移动床离子交换器的结构

(a) 三塔式   (b) 二塔式   (c) 单塔式

K_1—进水阀；K_2—出水阀；K_3—排水阀；K_4—失效树脂输出阀；

K_5—进再生液阀；K_6—进置换水或清洗水阀；K_7—排水阀；

K_8—再生后树脂输出阀；K_9—进清水阀；K_{10}—清洗好树脂输出阀；K_{11}—连通阀

脂落入再生塔的输送段，并依靠进水水流不断地将此树脂输送到清洗塔中。两次排放再生好的树脂的间隔时间即为一个小周期。交换塔一个大周期中排放的失效树脂分成几次再生的方式，称为多周期再生。若对一次输入的失效树脂进行一次再生，则称为单周期再生。

清洗过程在清洗塔内进行，清洗水由下而上流经树脂层，清洗好的树脂送至交换塔中。

移动床离子交换器的优点是运行流速高，树脂用量少且利用率高，而且占地面积小，能连续供水，减少了设备备用量。其缺点主要有以下几点。

① 运行终点较难控制。

② 树脂移动频繁，损耗大。

③ 阀门操作频繁，易发生故障，自动化要求较高。

④ 对原水水质变化适应能力差，树脂层易发生乱层。

⑤ 再生剂比耗高。

第三篇
废水的生物处理法

第十章　活性污泥法

第一节　活性污泥法基本原理

一、活性污泥法基本概念与流程

活性污泥法是以活性污泥为主体的污水生物处理技术。活性污泥主要是由大量繁殖的微生物群体所构成，易于沉淀与水分离，并能使污水得到净化、澄清。

图 10-1 所示为活性污泥法处理系统的基本流程。

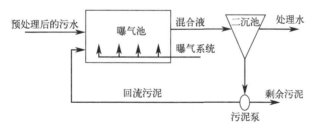

图 10-1　活性污泥法处理系统的基本流程（传统活性污泥法系统）

活性污泥法处理系统是以活性污泥反应器——曝气池作为核心处理设备，此外还有二沉池、污泥回流系统、曝气与空气扩散系统。

在投入正式运行前，在曝气池内必须进行以污水作为培养基的活性污泥培养与驯化工作。经初沉池或水解酸化装置处理后的污水从一端进入曝气池，与此同时，从二沉池连续回流的活性污泥作为接种污泥，也与此同一步进入曝气池。

曝气池内设有空气管和空气扩散装置。由空压机站送来的压缩气，通过铺设在曝气池底部的空气扩散装置对混合液曝气，使曝气池内混合液得到充足的氧气并处于剧烈搅动的状态。活性污泥与污水互相混合、充分接触，使废水中的可溶性有机污染物被活性污泥吸附，继而被活性污泥的微生物群体降解，使废水得到净化。

完成净化过程后，混合液流入二沉池，经过沉淀，混合液中的活性污泥与已被净化的废水分离，处理水从二沉池排放，活性污泥在沉淀池的污泥区受重力浓缩，并以较高的浓度由二沉池的吸刮泥机收集流入回流污泥集泥池，再由回流泵连续不断地回流污泥，使活性污泥在曝气池和二沉池之间不断循环，始终维持曝气池中混合液的活性污泥浓度，保证来水得到持续的处理。

微生物在降解 BOD 时，一方面产生 H_2O 和 CO_2 等代谢产物，另一方面自身不断增殖，系统中出现剩余污泥，需要向外排泥。

二、活性污泥

1. 活性污泥的组成

活性污泥是活性污泥处理系统中的主体作用物质。正常的处理城市污水的活性污泥的外观为黄褐色的絮绒颗粒状，粒径为 0.02~0.2mm，单位表面积可达 $2\sim10m^2/L$，相对密度为 1.002~1.006，含水率在 99％以上。

在活性污泥上栖息着具有强大生命力的微生物群体。这些微生物群体主要由细菌和原生动物组成，也有真菌和以轮虫为主的后生动物。

活性污泥的固体物质含量仅占 1％以下，由 4 部分组成。

① 具有活性的生物群体（M_a）。

② 微生物自身氧化残留物（M_e）。这部分物质难于生物降解。

③ 原污水中不能为微生物降解的惰性有机物质（M_i）。

④ 原污水挟入并附着在活性污泥上的无机物质（M_{ii}）。

2. 活性污泥微生物及其在活性污泥反应中的作用

细菌是活性污泥净化功能最活跃的成分，污水中可溶性有机污染物直接为细菌所摄取，并被代谢分解为无机物，如 H_2O 和 CO_2 等。图 10-2 所示为各种丝状细菌。

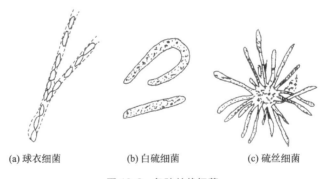

| (a) 球衣细菌 | (b) 白硫细菌 | (c) 硫丝细菌 |

图 10-2　各种丝状细菌

（菌丝从菌胶团中伸出）

活性污泥处理系统中的真菌是微小腐生或寄生的丝状菌，这种真菌具有分解碳水化合物、脂肪、蛋白质及其他含氮化合物的功能，但若大量异常的增殖会引发污泥膨胀现象。图 10-3 所示为各种真菌。

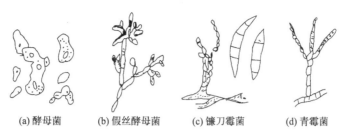

(a) 酵母菌　　(b) 假丝酵母菌　　(c) 镰刀霉菌　　(d) 青霉菌

图 10-3　各种真菌

在活性污泥中存活的原生动物有肉足虫、鞭毛虫和纤毛虫 3 类，最常见的纤毛类原生动物是钟虫，各种形式的钟虫见图 10-4。其他纤毛虫见图 10-5。

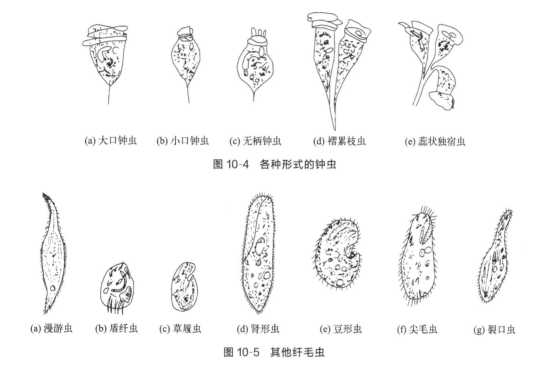

(a) 大口钟虫　　(b) 小口钟虫　　(c) 无柄钟虫　　(d) 褶累枝虫　　(e) 蕊状独宿虫

图 10-4　各种形式的钟虫

(a) 漫游虫　　(b) 盾纤虫　　(c) 草履虫　　(d) 肾形虫　　(e) 豆形虫　　(f) 尖毛虫　　(g) 裂口虫

图 10-5　其他纤毛虫

原生动物的主要摄食对象是细菌，因此，活性污泥中的原生动物能够不断地摄食水中的游离细菌，起到进一步净化水质的作用。原生动物是活性污泥系统中的指示性生物，当活性污泥出现原生动物，如钟虫、等枝虫、独缩虫、聚缩虫和盖纤虫等，说明处理水水质良好。

后生动物（主要指轮虫）捕食原生动物，在活性污泥系统中是不经常出现的，仅在处理水质优异的完全氧化型的活性污泥系统，如延时曝气活性污泥系统中才出现，因此，轮虫出现是水质非常稳定的标志。图 10-6 所示为后生动物。

在活性污泥处理系统中，净化污水的第一承担者也是主要承担者是细菌，摄食处理中游离细菌，使污水进一步净化的原生动物是污水净化的第二承担者。

原生动物摄取细菌，是活性污泥生态系统的首次捕食者。后生动物摄食原生动物，则是生态系统的第二次捕食者。

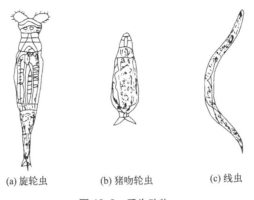

(a) 旋轮虫   (b) 猪吻轮虫   (c) 线虫

图 10-6　后生动物

三、活性污泥净化污水的过程与活性污泥的增长

1. 活性污泥净化污水的过程

活性污泥净化污水主要通过三个阶段来完成。

① 在第一阶段，污水主要通过活性污泥的吸附作用而得到净化。吸附作用进行得十分迅速，一般在 30min，BOD_5 的除率可高达 70%。同时还具有部分氧化的作用，但吸附是主作用。

② 第二阶段也称氧化阶段，主要是继续分解氧化前阶段被吸和吸收的有机物，同时继续吸附一些残余的溶解物质。这个阶段进行得相当缓慢。实际上，曝气池的大部分容积都用在有机物的氧化和微生物细胞物质的合成。氧化作用在污泥同有机物开始接触时进行得最快，随着有机物逐渐被消耗掉，氧化速率逐渐降低。因此如果曝气过分，活性污泥进入自身氧化阶段时间过长，回流污泥进入曝气池后初期所具有的吸附去除效果就会降低。

③ 第三阶段是泥水分离阶段。在这一阶段中，活性污泥在二沉池之中进行沉淀分离。只有将活性污泥从混合液中去除才能实现污水的完全净化处理。

2. 活性污泥微生物的增殖与活性污泥的增长

在活性污泥微生物的代谢作用下，污水中的有机物得到降解、去除，与此同步产生的则是活性污泥微生物本身的增殖和随之而来的活性污泥的增长。控制污泥增长的至关重要的因素是有机底物量（F）与微生物量（M）的比值 F/M，即活性污泥的有机负荷。同时受有机底物降解速率、氧利用速率和活性污泥的凝聚、吸附性能等因素有关。

活性污泥微生物增殖与活性污泥的增长分为适应期、对数增殖期，减衰增殖期和内源呼吸期。图 10-7 为活性污泥增长曲线。

（1）适应期

这是活性污泥培养的最初阶段，这一阶段微生物不增殖，但媒系统逐渐适应新的环境，为后续的快速增值奠定了基础。在本阶段后期，酶系统对新的环境已基本适应，微生物个体发育达到了一定的程度，细胞开始分裂，微生物开始增殖。

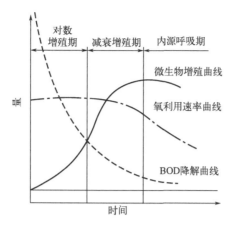

图 10-7　活性污泥增长曲线

（2）对数增长期

有机底物非常丰富，F/M 值很高，微生物以最大速率摄取有机底物和自身增殖。活性污泥的增长与有机底物浓度无关，只与生物量有关。在对数增长期，活性污泥微生物的活动能力很强，不易凝聚，沉淀性能欠佳，虽然去除有机物速率很高。但污水中存留的有机物依然很多。

（3）减衰增殖期

有机底物已不甚丰富，F/M 值较低，已成为微生物增殖的控制因素，活性污泥的增长与残存的有机底物浓度有关，呈一级反应，氧的利用速率也明显降低。由于能量水平低，活性污泥絮凝体形成较好，沉淀性能提高，污水水质改善。

（4）内源呼吸期

又称衰亡期。营养物质基本耗尽，F/M 值降至很低程度。微生物由于得不到充足的营养物质，而开始利用自身体内储存的物质或衰死菌体，进行内源代谢以营生理活动。在此期，多数细菌进行自身代谢而逐步衰亡，只有少数微生物细胞继续裂殖，活菌体数大为下降，增殖曲线呈显著下降趋势。

四、活性污泥性能指标

活性污泥性能指标主要有两类：一类是表示混合液中活性污泥微生物量的指标；另一类是表示活性污泥的沉降性能的指标。

1. 表示混合液中活性污泥微生物量的指标

这类指标主要有混合液悬浮固体浓度（MLSS）和混合液挥发性悬浮固体浓度（MLVSS）。

（1）混合液悬浮固体浓度（MLSS）

又称混合液污泥浓度，表示曝气池单位容积混合液内所包含的活性污泥固体物的总质量，即：

$$MLSS = M_a + M_e + M_i + M_{ii}$$

单位为 mg/L_{混合液}，或 g/L_{混合液}、g/m^3_{混合液}，或 kg/m^3_{混合液}。

由于 M_a 只占其中一部分，因此，用 MLSS 表征活性污泥微生物量存在一些误差。但 MLSS 容易测定，且在一定条件下，M_a 在 MLSS 中所占比例较为固定，故较为常用。

（2）混合液挥发性悬浮固体浓度（MLVSS）

表示混合液活性污泥中有机固体物质的浓度，即：

$$MLVSS = M_a + M_e + M_i$$

MLVSS 能够较准确地表示微生物数量，但其中仍包括 M_e 及 M_i 等惰性有机物质。因此，也不能精确地表示活性污泥微生物量，表示的仍然是活性污泥量的相对值。

MLSS 和 MLVSS 都是表示活性污泥中微生物量的相对指标，MLVSS/MLSS 值在一定条件下较为固定，对于城市污水，该值在 0.75 左右。

2. 表示活性污泥的沉降性能的指标

这类指标主要有污泥沉降比（SV）和污泥容积指数（SVI）。

（1）污泥沉降比（SV）

又称 30min 沉淀率。混合液在量筒内静置 30min 后所形成的沉淀污泥与原混合液的体积比，以％表示。

污泥沉降比（SV）能够反映正常运行曝气池的活性污泥量，可用以控制、调节剩余污泥的排放量，还能通过它及时地发现污泥膨胀等异常现象。处理城市污水一般将 SV 控制在 20％～30％之间。

（2）污泥容积指数（SVI）

简称污泥指数。指曝气池出口处混合液经 30min 静沉后，1g 干污泥所形成的沉淀污泥所占有的容积，以 mL 计。

污泥容积指数（SVI）的计算式为：

$$SVI = \frac{混合液(1L)30min\,静沉形成的活性污泥容积(mL)}{混合液(1L)中悬浮固体干重(g)} = \frac{SV \times 10(mL/L)}{MLSS(g/L)} \quad (10-1)$$

SVI 的单位为 mL/g，习惯上只称其数字，而把单位略去。

SVI 较 SV 更好地反映了污泥的沉降性能，其值过低，说明活性污泥无机成分多，泥粒细小密实。过高又说明污泥沉降性能不好。城市污水处理的 SVI 值在 50～150mL/g 之间。

（3）污泥龄（θ_c）

污泥龄是曝气池中工作着的活性污泥总量与每日排放的剩余污泥量的比值，单位是日。在运行稳定时，剩余污泥量也就是新增长的污泥量，因此污泥龄也就是新增长的污泥在曝气池中平均停留时间，或污泥增长一倍平均所需要的时间。

五、活性污泥法影响因素

1. 溶解氧

活性污泥法是需氧的好氧过程。对于传统活性污泥法，氧的最大需要出现在污水与污泥开始混合的曝气池首端，常供氧不足。供氧不足会出现厌氧状态，妨碍正常的代谢过程，滋长丝状菌。供氧多少一般用混合液溶解氧的浓度控制。由于活性污泥絮凝体的大小不同，所需要的最小溶解氧浓度也就不一样，絮凝体越小，与污水的接触面积越大，也越宜于对氧的摄取，所需要的溶解氧浓度就小；反之絮凝体大，则所需的溶解氧浓度就大。为了使沉淀分离性能良好，较大的絮凝体是所期望的，因此，溶解氧浓度以 2mg/L 左右为宜。

2. 营养物质平衡

活性污泥处理的微生物需要的营养物质主要包括：碳源、氮源、无机盐类及某些生长素等。碳是构成微生物细胞的重要物质，参与活性污泥处理的微生物对碳源的需求量较大，一般如以 BOD_5 计不应低于 100mg/L；氮是组成微生物细胞内蛋白质和核酸的重要元素；微生物对无机盐类的需求量很少，但却是不可少的；磷是合成核蛋白、卵磷脂及其他磷化合物的重要元素，在微生物的代谢和物质转化过程中起着重要的作用。待处理的污水中必须充分地含有这些物质。生活污水含有微生物所需要的各种元素，但某些工业废水却缺乏一些关键的元素——氮、磷等。对氮、磷的需要量应满足以下比例，即 BOD：N：P=100：5：1。

3. pH 值

对于好氧生物处理，pH 值一般以 6.5～9.0 为宜。pH 值低于 6.5 时，真菌即开始与细菌竞争；pH 值降低到 4.5 时，真菌则将完全占优势，严重影响沉淀分离；pH 值超过 9.0 时，代谢速度受到障碍。对于活性污泥法，其 pH 值是指混合液而言。对于碱性废水，生化反应可以起缓冲作用；对于以有机酸为主的酸性废水，生化反应也可起缓冲作用。而且如果在驯化过程中将 pH 值因素考虑进去，活性污泥也可以逐渐适应。对于出现冲击负荷，pH 值急变时，则将给活性污泥以严重打击，净化效果将急剧恶化。在这种情况下，完全混合活性污泥法则有较大的优越性。为了使污水处理装置稳定运行，应避免 pH 值急变冲击，酸碱废水在进行主化处理前应进行预处理，将 pH 值调节到适宜范围。

4. 水温

水温是影响微生物生长活动的重要因素。城市污水在夏季易于进行生物处理，而在冬季净化效果则降低，水温的下降是其主要原因。在微生物酶系统不受变性影响的温度范围内，水温上升就会使微生物活动旺盛，就能够提高反应速度。此外，水温上升还有利于混合、搅拌、沉淀等物理过程，但不利氧的转移。对于生化过程，一般认为水温在 20～30℃时效果最好，35℃以上和 10℃以下净化效果即降低。因此，对高温工业废水要采取降温措施，对寒冷地区的污水则应采取必要的保温措施。目前对于小型生物处理装置，一般采取建在室内的措施加以保温；对于大型污水处理厂，如水温能维持 6～7℃，采取提高污泥浓度和降低污泥负荷率等措施，活性污泥仍能有效地发挥其净化功能。

5. 有毒物质

对生物处理有毒害作用的物质很多。有毒物质大致可分为重金属、H_2S 等无机物质，以及氰、酚等有机物质。这些物质对细菌的毒害作用或是破坏细菌细胞某些必要的生理结构，或是抑制细菌的代谢进程。毒物的毒害作用还与 pH 值、水温、溶解氧、有无其他毒物、微生物的数量和是否驯化等有很大关系。

第二节 活性污泥法处理工艺

一、传统活性污泥法

传统活性污泥法又称普通活性污泥法或推流式活性污泥法，传统活性污泥法是最早成功应用的运行方式，其他活性污泥法都是在其基础上发展而来的。曝气池呈长方形，污水和回流污泥一起从曝气池的首端进入，在曝气和水力条件的推动下，污水和回流污泥的混合液在曝气池内呈推流形式流动至池的末端，流出池外进入二沉池。在二沉池中处理后的污水与活性污泥分离，部分污泥回流至曝气池，部分污泥则作为剩余污泥排出系统。推流式曝气池一般建成廊道型，为避免短路，廊道的长宽比一般不小于 5∶1，根据需要，有单廊道、双廊道或多廊道等形式。曝气方式可以是机械曝气，也可以采用鼓风曝气。传统活性污泥法系统基本流程见图 10-8。

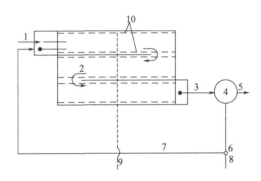

图 10-8　传统活性污泥法系统基本流程

1—经预处理后的污水；2—活性污泥反应器—曝气池；3—从曝气池流出的混合液；4—二沉池；
5—处理后污水；6—污泥泵站；7—回流污泥系统；8—剩余污泥；9—来自空压机站的空气；
10—曝气系统与空气扩散装置

传统活性污泥法的特征是曝气池前段液流和后段液流不发生混合，污水浓度自池首至池尾呈逐渐下降的趋势，需氧率沿池长逐渐降低。因此有机物降解反应的推动力较大，效率较高。曝气池需氧率沿池长逐渐降低，尾端溶解氧一般处于过剩状态，在保证末端溶解氧正常的情况下，前段混合液中溶解氧含量可能不足。

传统活性污泥法的主要优点如下。

① 处理效果好，BOD 去除率可达 90% 以上，适用于处理净化程度和稳定程度较高的污水。

② 根据具体情况，可以灵活调整污水处理程度的高低。

③ 进水负荷升高时，可通过提高污泥回流比的方法予以解决。

传统活性污泥法的主要缺点如下。

① 曝气池首端有机污染物负荷高，耗氧速度也高，为了避免由于缺氧形成厌氧状态，进水有机物负荷不宜过高，因此，曝气池容积大，占用的土地较多，基建费用高。

② 为避免曝气池首端混合液处于缺氧或厌氧状态，进水有机负荷不能过高，因此曝气池容积负荷一般较低。

③ 曝气池末端有可能出现供氧速率大于需氧速率的现象，动力消耗较大。

④ 运行效果易受水质、水量变化的影响。

二、阶段曝气活性污泥法

阶段曝气活性污泥法也称分段进水活性污泥法或多段进水活性污泥法，是针对传统活性污泥法存在的弊端进行了一些改革的运行方式。本工艺与传统活性污泥法主要不同点是污水沿池长分段注入，使有机负荷在池内分布比较均衡，缓解了传统活性污泥法曝气池内供氧速率与需氧速率存在的矛盾。曝气方式一般采用鼓风曝气。阶段曝气活性污泥法基本流程见图 10-9。

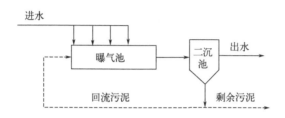

图 10-9　阶段曝气活性污泥法基本流程

阶段曝气活性污泥法具有如下特点。

① 曝气池内供氧和需氧相对均衡，有助于降低供氧的能耗。

② 对水质、水量冲击负荷的适应能力好于传统活性污泥法。

③ 出流混合液的污泥较低，减轻二沉池的负荷，有利于提高二沉池的沉淀效果。

阶段曝气活性污泥法分段注入曝气池的污水，不能与原混合液立即混合均匀，会影响处理效果。

三、吸附-再生活性污泥法

吸附-再生活性污泥法又称生物吸附法或接触稳定法，其工艺流程如图 10-10 所示。

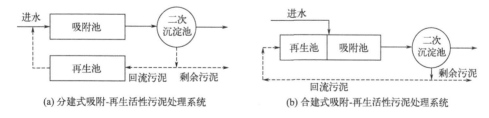

(a) 分建式吸附-再生活性污泥处理系统　　(b) 合建式吸附-再生活性污泥处理系统

图 10-10　吸附-再生活性污泥法工艺流程

吸附-再生活性污泥法主要是利用微生物的初期吸附作用去除有机污染物，其主要特点是将活性污泥对有机污染物降解的两个过程——吸附和代谢稳定，分别在各自反应器内进行。吸附池的作用是吸附污水中的有机物，使污水得到净化。再生池的作用是对污泥进行再生，使其恢复活性。

吸附-再生活性污泥法的工作过程是：污水和经过充分再生并具有很高活性的活性污泥一起进入吸附池，二者充分混合接触 15～60min 后，使部分呈悬浮、胶体和溶解性状态的有机污染物被活性污泥吸附，污水得到净化。从吸附池流出的混合液直接进入二沉池，经过一定时间的沉淀后，澄清水排放，污泥则进入再生池进行生物代谢活动，使有机物降解，微生物进入内源代谢期，污泥的活性、吸附功能得到充分恢复后，再与污水一起进入吸附池。

吸附-再生活性污泥法虽然分为吸附和再生两个部分，但污水与活性污泥在吸附池的接触时间较短，吸附池容积较小，而再生池接纳的只是浓度较高的回流污泥，因此再生池的容积也不大。吸附池与再生池的容积之和仍低于传统活性污泥法曝气池的容积。

吸附-再生活性污泥法回流污泥量大，且大量污泥集中在再生池，当吸附池内活性污泥受到破坏后，可迅速引入再生池污泥予以补救，因此具有一定冲击负荷适应能力。

由于该方法主要依靠微生物的吸附去除污水中有机污染物，因此，去除率低于传统活性污泥法，而且不宜用于处理溶解性有机污染物含量较多的污水。

吸附-再生活性污泥法的曝气方式可以是机械曝气，也可以采用鼓风曝气。

四、完全混合活性污泥法

完全混合活性污泥法与传统活性污泥法最不同的地方是采用了完全混合式曝气池。其特征是污水进入曝气池后，立即与回流污泥及池内原有混合液充分混合，池内混合液的组成，包括活性污泥数量及有机污染物的含量等均匀一致，而且池内各个部位都是相同的。曝气方式多采用机械曝气，也可以采用鼓风曝气。完全混合活性污泥法的曝气池与二沉池可以合建也可以分建，比较常见的是合建式圆形池。完全混合活性污泥法的工艺流程如图 10-11 所示。

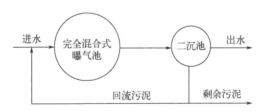

图 10-11　完全混合活性污泥法的工艺流程

由于完全混合活性污泥法能够使进水与曝气池内的混合液充分混合，水质得到稀释、均化，曝气池内各部位的水质、污染物的负荷、有机污染物降解工况等都相同。因此，完全混合活性污泥法具有以下特点。

① 进水在水质、水量方面的变化对活性污泥产生的影响较小，也就是说这种方法对冲击负荷适应能力较强。

② 有可能通过对污泥负荷值的调整，将整个曝气池的工况控制在最佳条件，使活性污泥的净化功能得以良好发挥。在处理效果相同的条件下，其负荷率较高于推流式曝气池。

③ 曝气池内各个部位的需氧量相同，能最大限度地节约动力消耗。

完全混合活性污泥法容易产生污泥膨胀现象，处理水质在一般情况下低于传统的活性污泥法。这种方法多用于工业废水的处理，特别是浓度较高的工业废水处理。

五、延时曝气活性污泥法

延时曝气活性污泥法又称完全氧化活性污泥法。其主要特点是有机负荷率较低，生化反应时间长，活性污泥持续处于内源呼吸阶段，不但去除了水中的有机物，而且氧化部分微生物的细胞物质，因此，剩余污泥量极少，理论上剩余污泥为零。延时曝气活性污泥法实际上是污水好氧处理与污泥好氧处理的综合处理法。

在处理工艺方面，延时曝气活性污泥法不用设初沉池，而且理论上也不用设二沉池，但考虑到出水中含有一些难降解的微生物内源代谢的残留物，因此，实际上二沉池还是存在的。

延时曝气活性污泥法处理出水水质好，稳定性高，对冲击负荷有较强的适应能力。另外，这种方法的停留时间较长，可以实现氨氮的硝化过程，即达到去除氨氮的目的。

延时曝气活性污泥法缺点是曝气时间长，占地面积大，基建费用和运行费用都较高。另外，进入二沉池的混合液因处于过氧化状态，出水中会含有不易沉降的活性污泥碎片。

延时曝气活性污泥法只适用于对处理水质要求较高、不宜建设污泥处理设施的小型生活污水或工业废水，处理水量不宜超过 $1000m^3/d$。

六、 AB 两段活性污泥法

1. 基本流程与工艺特征

AB 法是吸附-生物降解工艺的简称，AB 法污水处理工艺流程如图 10-12 所示。

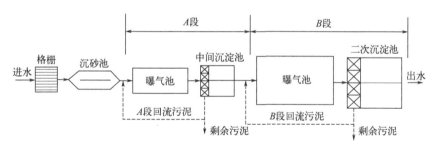

图 10-12　AB 法污水处理工艺流程

AB 工艺由预处理段和以吸附作用为主的 A 段、以生物降解作用为主的 B 段组成。在预处理段只设格栅、沉砂池等简易处理设备，不设初沉池。A 段由 A 段曝气池与沉淀池构成，B 段由 B 段曝气池与二沉池构成。A、B 两段虽然都是生物处理单元，但两段完全分开，各自拥有独立的污泥回流系统和各自独特的微生物种群。污水先进入高负荷的 A 段，再进入低负荷的 B 段。

A 段可以根据原水水质等情况的变化采用好氧或缺氧运行方式。B 段除了可以采用普通活性污泥法外，还可以生物膜法、氧化沟法、SBR 法、A/O 法或 A^2/O 法等多种处理工艺。

2. A 段的效应与作用

① 由于本工艺不设初沉池，使 A 段能够充分利用经排水系统优选的微生物种群，培育、驯化、诱导出与原污水适应的微生物种群。

② A 段负荷高，适宜于增殖速度快的微生种群繁殖，因此，A 段的微生物种群主要是抗冲击负荷能力强的原核细菌，而原生动物和后生动物则不能存活。

③ A 段污泥产率高，产生的污泥有一定的吸附能力，因此，A 段对污染物的去除主要依靠生物污泥的吸附。吸附无选择性，重金属和难降解有机物质以及氮、磷等，都能够通过 A 段而得到一定的去除。

④ 由于 A 段对污染物质的去除主要是通过吸附，因此，适应能力强，负荷、温度、pH 值等变化对处理效果影响较小。

3. B 段的效应与作用

① B 段接受 A 段的处理水，水质、水量比较稳定。

② B 段的主要作用是去除有机污染物。

③ B 段的污泥龄较长，进水 BOD∶N 比值低，因此，B 段具有产生硝化反应的条件。

④ B 段承受的负荷为总负荷的 30%～60%，曝气池的容积比传统活性污泥法少 40% 左右。

AB 法适于处理城市污水或含有城市污水的混合污水。而对于工业废水或某些工业废水比例较高的城市污水，由于其中适应污水环境的微生物浓度很低，使用 AB 法时 A 段效率会明显降低，A 段作用只相当于初沉池，对这类污水不宜采用 AB 法。另外，未进行有效预处理或水质变化较大的污水也不适宜使用 AB 法处理，因为在这样的污水处理系统中，微生物不宜生长繁殖，直接导致 A 段的处理效果因外源微生物的数量较少而受到严重影响。

七、百乐卡（BIOLAK）工艺

百乐卡（BIOLAK）工艺是由芬兰开发的专利技术，又叫悬挂链式曝气生物法。目前，世界上已有 350 多套 BIOLAK 系统在运行。百乐卡（BIOLAK）工艺实质上是延时曝气活性污泥法，特点是生物氧化池可以采用土池或人工湖，曝气采用悬挂链式曝气系统。由于生物氧化池可以因地制宜，采用土池或人工湖，因此，投资减少。悬挂链式微孔曝气装置由空气输送管做浮筒牵引，曝气器悬挂于浮链下，利用自身配重垂直于水中。在向曝气器通气时，曝气器由于受力产生不均摆动，不断地往复摆动形成了曝气器有规律的曝气服务区。一个污水生化反应池中有多条这样的曝气链横跨池两岸，每条曝气链在一定区域内运动，不断交替地形成好氧区和缺氧区，每组好氧-缺氧区就形成了一段 A/O 工艺。根据净化对象的差异，污水生化反应池中可设多段这样的好氧-缺氧区域，形成多级 A/O 工艺。另外，回流污泥量大，剩余污泥量少，运行管理简单。因此，本工艺适用于经济不是很发达的小城镇。

八、氧化沟

氧化沟又称循环曝气池，是荷兰 20 世纪 50 年代开发的一种生物处理技术，是活性污泥法的一种。图 10-13 所示为以氧化沟为生物处理单元的污水处理流程。

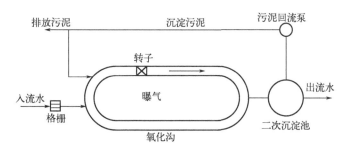

图 10-13 以氧化沟为生物处理单元的污水处理流程

进入氧化沟的污水和回流污泥混合液在曝气装置的推动下，在闭合的环形沟道内循环流动、混合曝气，同时得到稀释和净化。与入流污水及回流污泥总量相同的混合液从氧化沟出口流入二沉池。处理水从二沉池出水口排放，底部污泥回流至氧化沟。与普通曝气池不同的是氧化沟除外部污泥回流之外，还有极大的内回流，环流量为设计进水流量的30～60 倍，循环一周的时间为 15～40min。因此，氧化沟是一种介于推流式和完全混合式之间的曝气池形式，综合了推流式与完全混合式优点。

氧化沟的曝气装置有横轴曝气装置和纵轴曝气装置。横轴曝气装置有横轴曝气转刷和曝气转盘，纵轴曝气装置就是表面机械曝气器。

氧化沟按其构造和运行特征可分多种类型。在城市污水处理较多的有卡罗塞尔氧化沟、奥贝尔氧化沟、交替工作型氧化沟及 DE 型氧化沟。

1. 卡鲁塞尔氧化沟

典型的卡鲁塞尔氧化沟是一多沟串联系统，一般采用垂直轴表面曝气机曝气。每组沟渠安装一个曝气机，均安设在一端。氧化沟需另设二沉池和污泥回流装置。卡鲁塞尔氧化沟工艺流程如图 10-14 所示。

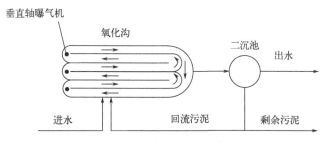

图 10-14 卡鲁塞尔氧化沟工艺流程

氧化沟内循环流动的混合液在靠近曝气机的下游为富氧区，在曝气机的上游为低氧区，外环为缺氧区，有利于生物脱氮。表面曝气机多采用倒伞形叶轮，曝气机一方面充氧，一方面提供推力使沟内的环流速度在 0.3m/s 以上，以维持必要的混合条件。由于表面叶轮曝气机有较大的提升作用，氧化沟的水深一般可达 4.5m。

2. 奥贝尔氧化沟

奥贝尔氧化沟是多级氧化沟，一般由若干个圆形或椭圆形同心沟道组成。奥贝尔氧化沟系统工艺流程如图 10-15 所示。

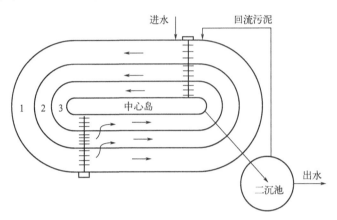

图 10-15　奥贝尔氧化沟系统工艺流程

废水从最外面或最里面的沟渠进入氧化沟，在其中不断循环流动的同时，通过淹没式从一条沟渠流入相邻的下一条沟渠，最后从中心的或最外面的沟渠流入二沉池进行固液分离。沉淀污泥部分回流到氧化沟，部分以剩余污泥排入污泥处理设备进行处理。氧化沟的每一沟渠都是一个完全混合的反应池，整个氧化沟相当于若干个完全混合反应池串联一起。

奥贝尔氧化沟在时间上和空间呈现阶段性，各沟渠内溶解氧呈现厌氧-缺氧-好氧分布，对高效硝化和反硝化十分有利。第一沟内低溶解氧，进水碳源充足，微生物容易利用碳源，自然会发生反硝化作用；即硝酸盐转化成氮类气体，同时微生物释放磷。而在后边的沟道溶解氧增高，尤其在最后的沟道内溶解氧达到 2mmg/L 左右，有机物氧化比较彻底，同时在好氧状态下也有利于磷的吸收，磷类物质得以去除。

3. 交替工作型氧化沟

交替工作型氧化沟有 2 池（又称 D 型氧化沟）和 3 池（又称 T 型氧化沟）两种。

D 型氧化沟由相同容积的 A 和 B 两池组成，串联运行，交替作为曝气池和沉淀池，无需设污泥回流系统，见图 10-16。

D 型氧化沟一般以 8h 为一个运行周期。此系统的优点是可取得十分优质的出水和稳定的污泥，缺点是曝气转刷的利用率仅为 37.5%。

T 型氧化沟由相同容积的 A、B 和 C 池组成。两侧的 A 和 C 池交替作为曝气池和沉淀池，中间的 B 池一直为曝气池。原水交替进入 A 池或 C 池，处理水相应地从作为沉淀池的 C 池或 A 池流出，见图 10-17。

T 型氧化沟曝气转刷的利用率比 D 型氧化沟高，可达 58% 左右。此系统不需要污泥回流系统。通过适当运行，在去除 BOD 的同时，此系统能进行硝化和反硝化过程，可取得良好的脱氮效果。

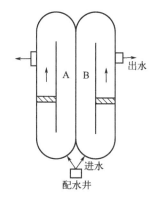

图 10-16　D 型氧化沟

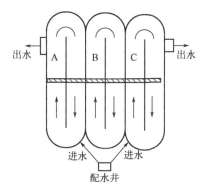

图 10-17　T 型氧化沟

交替工作型氧化沟必须安装自动控制系统，以控制进、出水的方向，溢流堰的启闭以及曝气转刷的开启和停止。

4. DE 型氧化沟

DE 型氧化沟的特点是在氧化沟前设置厌氧生物选择器（池）和双沟交替工作。设置生物选择器的目的如下。

① 抑制丝状菌的增殖，防止污泥膨胀，改善污泥的沉降性能。

② 聚磷菌在厌氧池进行磷的释放。

厌氧生物选择池内配有搅拌器，以防止污泥沉积。DE 型氧化沟没有 T 型氧化沟的沉淀功能，大大提高了设备利用率，但必须像卡罗塞氧化沟一样，设置二沉池及污泥回流设施。DE 型氧化沟的工艺流程如图 10-18 所示。

九、　Linpor 工艺

Linpor 工艺是德国 Linde 公司开发的一种专利技术，是一种传统活性污泥法的改进型工艺。其实质就是在传统工艺曝气池中投加一定量的多孔泡沫塑料颗粒作为生物膜载体，将传统曝气池改为悬浮载体生物膜反应器。放入曝气池中的正方形泡沫塑料块尺寸为 $10mm \times 10mm$，由于其相对密度 ≈ 1，故在曝气状态下悬浮于水中。这种多孔泡沫塑料块比表面积大，每 $1m^3$ 泡沫小方块的表面积达 $1000m^2$，在其上可附着生长大量的生物膜，

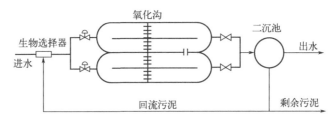

图 10-18　DE 型氧化沟的工艺流程

其混合液的生物量比普通活性污泥法大几倍，MLSS＞10000mg/L，因此其单位体积处理负荷要比普通活性污泥法大，特别适用于一些超负荷污水处理厂的改建和扩建，用 Linpor 法取代常规活性污泥法，不必扩大曝气池的体积，而且出水水质也会有所提高。

Linpor 工作原理如图 10-19 所示。

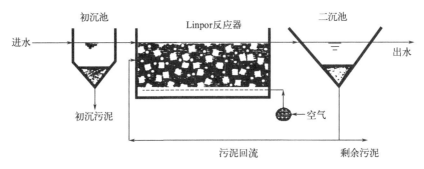

图 10-19　Linpor 工作原理

Linpor 工艺有 3 种不同的方式运行。

① Linpor-C 工艺，其主要用于去除废水中的含碳有机物。

② Linpor-C/N 工艺，其主要用于同时去除废水中碳和氮（硝化或同时反硝化）污染物的场合。

③ Linpor-N 工艺，其主要用于二级处理后的生物脱氮。

第三节　活性污泥法脱氮基本原理与主要工艺

氮和磷是生物体合成细胞所需要的营养物质。当大量含氮和磷的废水排入湖泊、河口、海湾等水体，会引起藻类及其他浮游生物迅速繁殖，水体溶解氧下降，水质恶化，鱼类及其他生物大量死亡的现象，这种现象叫作水体富营养化现象。为了防止发生水体富营养化，首先要控制营养物质（主要是氮和磷）进入水体。因此，对含氮和磷较高的废水要进行脱氮与除磷。

一、生物脱氮原理

脱氮的方法较多，目前普遍采用的是生物脱氮。活性污泥法脱氮是生物脱氮的一种，生物脱氮包括硝化和反硝化两个反应过程。硝化是废水中的氨氮在好氧条件下，通过好氧细菌（亚硝酸菌和硝酸菌）的作用，被氧化成亚硝酸盐和硝酸盐的反应过程。首先，由亚硝酸菌将氨氮转化为亚硝酸盐：

$$NH_4^+ + \frac{3}{2}O_2 \longrightarrow NO_2^- + 2H^+ + H_2O$$

然后，再由硝酸菌将亚硝酸盐转化为硝酸盐：

$$NO_2^- + \frac{1}{2}O_2 \longrightarrow NO_3^-$$

反硝化即脱氮，在缺氧条件下，通过脱氮菌的作用，将亚硝酸盐和硝酸盐还原成氮气的反应过程：

$$NO_3^- \longrightarrow N_2 \uparrow$$

试验表明：对废水首先通过 5~6h 的强烈曝气，可以完成硝化阶段；然后再使废水处于 4~5h 无氧状态，脱氮率可以达 80% 以上。

活性污泥法脱氮是生物脱氮的其中一种。一般活性污泥法都是以降解 BOD 为主要功能的，基本上没有脱氮效果。但是，将活性污泥法曝气池作进一步改进，使之具备好氧和缺氧条件，即可达到脱氮目的。

二、生物脱氮主要工艺

1. 生物脱氮传统工艺

活性污泥法脱氮传统工艺是三级活性污泥法脱氮工艺，主要包括氨化、硝化和反硝化 3 个反应过程，工艺流程如图 10-20 所示。

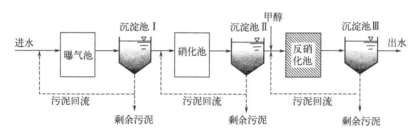

图 10-20 活性污泥法脱氮传统工艺流程

第一级曝气池其主要功能是去除有机物，使有机氮转化，形成 NH_3、NH_4^+，即完成氨化过程。经过沉淀后，污水进入硝化池。进入硝化池的污水中有机物含量较低，BOD_5 值一般为 15~20mg/L。

第二级硝化池的主要功能是进行硝化反应，使 NH_3 及 NH_4^+ 产氧化为 NO_3^--N。硝化反应要消耗碱度，因此，第二级硝化池需要投碱，以防 pH 值下降。

第三级反硝化池的主要功能是在缺氧条件下，将 NO_3^--N 还原为气态 N_2。由于有机物在前面反应中已经消耗了很多，因此，第三级反硝化池需要投加碳源。

对于三级系统，为了去除由于投加甲醇（碳源）而带来的 BOD 值，需要设后曝气池，去除多余的氮。

三级系统的优点是有机物降解菌、硝化菌、反硝化菌，分别在各自反应器内生长增殖，环境条件适宜，而且污泥回流系统独立，反应速度快而且比较彻底。但处理设备多，造价高，管理不够方便。

在实践中也可以将 BOD 去除和硝化两道反应过程放在统一的反应器内进行，两级生物脱氮系统如图 10-21 所示。

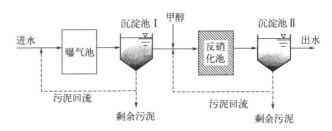

图 10-21　两级生物脱氮系统

2. 缺氧-好氧活性污泥法（A₁/O 法）

缺氧-好氧工艺具有同时去除有机物和脱氮的功能。具体做法是在常规的好氧活性污泥法处理系统前，增加一段缺氧生物处理过程，经过预处理的污水先进入缺氧段，然后再进入好氧段。好氧段的一部分硝化液通过内循环管道回流到缺氧段。缺氧段和好氧段可以是分建，也可以合建。图 10-22 为分建式缺氧-好氧活性污泥处理系统。

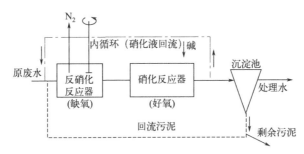

图 10-22　分建式缺氧-好氧活性污泥处理系统

A_1/O 法的 A 段在缺氧条件下运行，溶解氧应控制在 0.5mg/L 以下。缺氧段的作用是脱氮。在这里反硝化细菌以原水中的有机物作为碳源，以好氧段回流液中硝酸盐作为受电体，进行反硝化反应，将硝态氮还原为气态氮（N_2），使污水中的氮去除。

好氧段的作用有两个：一是利用好氧微生物氧化分解污水中的有机物；二是利用硝化细菌进行硝化反应，将氨氮转化为硝态氮。由于硝化反应过程中要消耗一定碱度，因此，在好氧段一般需要投碱，补偿硝化反应消耗的碱度。但在反硝化反应过程也能产生一部分碱度，因此，对于含氮浓度不高的城市污水，可不必另行投碱以调节 pH 值。

A_1/O 法是生物脱氮工艺中流程比较简单的一种工艺，而且装置少，不必外加碳源，基建费用和运行费用都比较低。但出水来自硝化曝气池，因此，出水中含有一定浓度的硝酸盐，如果沉淀池运行不当，在沉淀池内也会发生反硝化反应，使污泥上浮，使出水水质恶化。

另外，该工艺的脱氮效率取决于内循环量的大小，从理论上讲，内循环量越大，脱氮效果越好，但内循环量越大，运行费用就越高，而且缺氧段的缺氧条件也不好控制。因此，该工艺的脱氮效率很难达到 90%。

第四节　活性污泥法除磷基本原理与主要工艺

一、生物除磷原理

所谓生物除磷，是利用聚磷菌一类的微生物，能够过量地、在数量上超过其生理需要地从外部环境摄取磷，并将磷以聚合的形态贮藏在菌体内，形成高磷污泥，排出系统外，达到从污水中除磷的效果。生物除磷机理过程如下。

（1）聚磷菌对磷的过剩摄取

在好氧条件下，聚磷菌不断地氧化分解其体内储存的有机物，同时也不断地从外部环境向其体内摄取有机物，在氧化分解过程中放出能量，能量为二磷酸腺苷（ADP）所利用，并结合 H_3PO_4 而合成三磷酸腺苷（ATP），即：

$$ADP + H_3PO_4 + 能量 \longrightarrow ATP + H_2O$$

除一小部分 H_3PO_4 是聚磷菌分解其体内聚磷酸盐而取得的外，大部分 H_3PO_4 是聚磷菌从外部环境中摄入体内的。摄入体内的 H_3PO_4 一部分用于合成 ATP，另一部分则用于合成聚磷酸盐。这就是磷的过剩摄取。

（2）聚磷菌的放磷

在厌氧条件下，聚磷菌体内的 ATP 发生水解，放出 H_3PO_4 和能量，形成 ADP，即：

$$ATP + H_2O \longrightarrow ADP + H_3PO_4 + 能量$$

聚磷菌具有在好氧条件下过剩摄取磷，在厌氧条件下释放磷的功能。这就是生物除磷技术理论基础。

二、生物除磷主要工艺

厌氧-好氧活性污泥法（A^2/O 法）是生物除磷基本工艺。厌氧-好氧工艺具有同时去除有机物和除磷的功能。具体做法是在常规的好氧活性污泥法处理系统前增加一段厌氧生物处理过程，经过预处理的污水与回流污泥（含磷污泥）一起进入厌氧段，然后再进入好氧段。回流污泥在厌氧段吸收一部分有机物，并释放出大量磷，进入好氧段后，污水中的有机物得到好氧降解，同时污泥将大量摄取污水中的磷，部分含磷污泥以剩余污泥的形式排出，实现磷的去除。

图 10-23 为厌氧-好氧活性污泥处理系统。

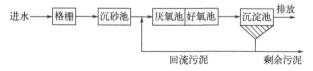

图 10-23　厌氧-好氧活性污泥处理系统

A^2/O 工艺除磷流程简单，不需要投加化学药品，也不需要考虑内循环，因此建设费用及运行费用都较低。另外，厌氧段在好氧段之前，不仅可以抑制丝状菌的生长、防止污泥膨胀，而且有利于聚磷菌的选择性增殖。

本工艺存在的问题是除磷效率较低，处理城市污水时的除磷效率只有 75％左右。

三、生物脱氮除磷主要工艺

1. 厌氧-缺氧-好氧活性污泥法（A²/O 法）

厌氧-缺氧-好氧工艺不仅能够去除有机物，同时还具有脱氮和除磷的功能。具体做法是在 A/O 前增加一段厌氧生物处理过程，经过预处理的污水与回流污泥（含磷污泥）一起进入厌氧段，再进入缺氧段，最后再进入好氧段。

图 10-24 为厌氧-缺氧-好氧活性污泥系统。

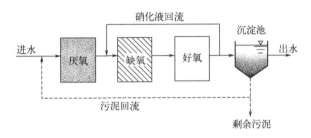

图 10-24　厌氧-缺氧-好氧活性污泥系统

厌氧段的首要功能是释放磷，同时部分有机物进行氨化。缺氧段的首要功能是脱氮，硝态氮是通过内循环由好氧反应器回流过来的，内循环比一般为 200％。好氧段是多功能的，包括去除有机物、硝化反应和过量吸收磷等。

A²/O 法具有以下特点。

① 运行中不需要投药，两个 A 段也只是轻缓搅拌，运行费用低。

② 在厌氧、缺氧、好氧交替运行条件下，丝状菌不能大量增殖，避免了污泥膨胀的问题，SVl 值一般均小于 100。

③ 工艺简单，总停留时间短，建设投资少。

A²/O 法存在如下各项待解决问题。

① 除磷效果难以再提高。除磷效果主要依靠排泥，但污泥增长有一定的限度，提高难度大，特别是当 P/BOD 值高时更是如此。

② 脱氮效果也难以进一步提高，混合液的内循环量不宜太高，一般以 2 倍处理流量为限。

2. 改良厌氧-缺氧-好氧活性污泥法（改良的 A²/O 法）

对于 A²/O 工艺，由于生物脱氮效率不可能达到 100％，一般情况下不超过 85％，出水中总会有相当数量的硝态氮，这些硝态氮随回流污泥进入厌氧区，将优先夺取污水中易生物降解有机物，使聚磷菌缺少碳源，失去竞争优势，降低除磷效果。在进水碳源不足情况下，这种现象更加明显。针对此情况研究人员又开发了改良的 A²/O 工艺。其改良之处：在普通 A²/O 工艺前增加一前置反硝化段，全部回流污泥和 10％～30％（根据实际情况进行调节）的水量进入前置反硝化段中，剩下 90％～70％的水量进入厌氧段。主要目的是利用少量进水中的可快速分解的有机物作碳源去除回流污泥中的硝酸盐氮，从而为后序厌氧段聚磷菌的磷释放创造良好的环境，提高生物除磷效果。改良 A²/O 工艺流程见图 10-25。

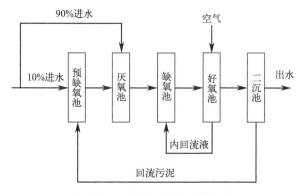

图 10-25　改良 A²/O 工艺流程

3. 倒置 A²/O 工艺

倒置 A²/O 工艺主要是针对缺氧反硝化碳源不足而改进设计的，其工艺流程见图 10-26。

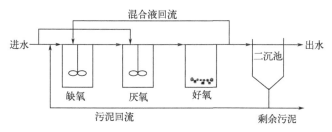

图 10-26　倒置 A²/O 工艺流程

倒置就是指将缺氧池置于厌氧池前面，来自二沉池的回流污泥和全部进水或部分进水，50％～150％的混合液回流均进入缺氧段，将碳源优先用于脱氮。缺氧池内碳源充足，回流污泥和混合液在缺氧池内进行反硝化，去除硝态氧，再进入厌氧段，保证了厌氧池的厌氧状态，强化除磷效果。由于污泥回流至缺氧段，缺氧段污泥浓度较好氧段高出 50％，单位池容的反硝化速率明显提高，反硝化作用能够得到有效保证。

4. UCT 工艺

UCT 工艺主要是为了避免硝酸盐干扰释磷问题，其工艺流程见图 10-27。

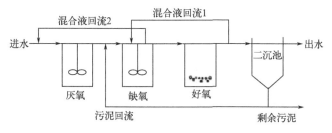

图 10-27　UCT 工艺流程

回流污泥首先进入缺氧池脱氮，缺氧段部分出流混合液再回至厌氧段。通过这样的流程，可以避免因回流污泥中的 $NO_x\text{-}N$ 回流至厌氧段，干扰释磷而降低磷的去除率。

第五节　间歇式活性污泥法（SBR法）及其变形工艺

一、 SBR法的基本原理及工作过程

间歇式活性污泥法又称序批式活性污泥法，简称SBR法。SBR法原本是最早的一种活性污泥法运行方式，由于管理操作复杂，未被广泛应用。近些年来，自控技术的迅速发展重新为SBR法注入了生机，使其发展成为简单可靠、经济有效和多功能的SBR技术。

SBR工艺的核心构筑物是集有机污染物降解与混合液沉淀于一体的反应器——间歇曝气池。图10-28为间歇式活性污泥法工艺流程。

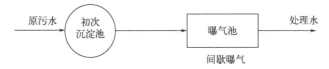

图10-28　间歇式活性污泥法工艺流程

SBR法主要特征是反应池一批一批地处理污水，采用间歇式运行的方式，每一个反应池都兼有曝气池和二沉池作用，因此不再设置二沉池和污泥回流设备，而且一般也可以不建水质或水量调节池。SBR法具有以下几个特点。

① 对水质水量变化的适应性强，运行稳定，适于水质水量变化较大的中小城镇污水处理，也适于高浓度污水处理。

② 非稳态反应，反应时间短；静沉时间短，可不设初沉池和二沉池；体积小，基建费比常规活性污泥法约省22%，占地少38%左右。

③ 处理效果好，BOD_5去除率达95%，且产泥量少。

④ 好氧、缺氧、厌氧交替出现，能同时具有脱氮（80%～90%）和除磷（80%）的功能。

⑤ 反应池中溶解氧浓度在0～2mg/L之间变化，可减少能耗，在同时完成脱氮除磷的情况下，其能耗仅相当于传统活性污泥法。

间歇式活性污泥法曝气池的运行周期由进水、反应、沉淀、排放、待机五个工序组成，而且这五个工序都是在曝气池内进行，运行工序见图10-29。

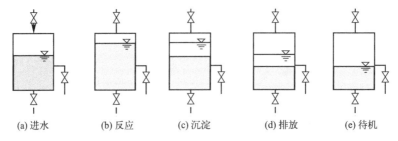

图10-29　间歇式活性污泥法曝气池运行工序

（1）进水工序

进水工序是指从开始进水至反应器最大容积期间的所有操作。进水工序的主要任务是向反应器中注水，但通过改变进水期间的曝气方式，也能够实现其他功能。进水阶段的曝气方式分为非限量曝气、半限量曝气和限量曝气。

非限量曝气就是边进水、边曝气，进水曝气同步进行。这种方式既可取得预曝气的效果，又可取得使污泥再生恢复其活性的作用。限量曝气就是在进水阶段不曝气，只是进行缓速搅拌，这样可以达到脱氮和释放磷的功能。半限量曝气是在进水进行到 1/2 时再进行曝气，这种方式既可以脱氮和释放磷，又能使污泥再生恢复其活性。

本工序所用时间根据实际排水情况和设备条件确定，从工艺效果来要求，注入时间以短促为宜，瞬间最好，但这在实际应用上有时是难以做到的。

（2）反应工序

进水工序完成后，即污水注入达到预定高度后，就进入反应工序。反应工序的主要任务是对有机物进行生物降解或除磷脱氮。根据污水处理的目的采取相应的技术措施，如果处理目的是去除 BOD、硝化、磷的吸收，就采取曝气措施，如果是反硝化就缓速搅拌。反应的延续时间与需要达到的程度有关。

在反应工序的后期，进入下一步沉淀过程之前，还要进行短暂的微量曝气，目的是脱除附着在污泥上的气泡或氮，保证沉淀效果。

（3）沉淀工序

反应工序完成后就进入沉淀工序，沉淀工序的任务是完成活性污泥与水的分离。在这个工序中 SBR 反应器相当于活性污泥法连续系统的二沉池。进水停止，也不曝气、不搅拌，使混合液处于静止状态，从而达到泥水分离的目的。沉淀工序的沉淀时间与二沉池基本相同，一般为 1.5～2.0h。

（4）排放工序

排放工序首先是排放经过沉淀后产生的上清液，然后排放系统产生的剩余污泥，并保证 SBR 反应器内残留一定数量的活性污泥作为种泥。SBR 法反应器中的活性污泥数量一般为反应器容积的 50% 左右。SBR 系统一般采用滗水器排水。

（5）待机工序

也称闲置工序，即在处理水排放后，反应器处于停滞状态，等待下一个操作周期开始的阶段。闲置工序的功能是在静置无进水的条件下，使微生物通过内源呼吸作用恢复其活性，并起到一定的反硝化作用而进行脱氮，为下一个运行周期创造良好的初始条件。通过闲置期后的活性污泥处于一种营养物的饥饿状态，单位质量的活性污泥具有很大的吸附表面积，因而当进入下一个运行周期的进水期时，活性污泥便可充分发挥其较强的吸附能力，从而有效地发挥其初始去除作用。闲置待机的时间长短取决于所处理的污水种类、处理负荷和所要达到的处理效果。

经典 SBR 工艺只有一个反应池，间歇进水后，再依次经历反应、沉淀、滗水、闲置四个阶段完成对污水的处理过程，因此在处理连续来水时，一个 SBR 系统就无法应对，工程上采用多池系统，使进水在各个池子之间循环切换，每个池子在进水后按上述程序对污水进行处理，因此使得 SBR 系统的管理操作难度和占地都会加大。

为克服 SBR 法固有的一些不足（比如不能连续进水等），在使用过程中不断改进，发展出了许多新型和改良的 SBR 工艺，比如 ICEAS 工艺、CASS 工艺、DAT-IAT 工艺、UNITANK 工艺、MSBR 工艺等。这些新型 SBR 工艺仍然拥有经典 SBR 的部分主要特点，同时还具有自己独特的优势，但因为经过了改良，经典 SBR 法所拥有的部分显著特点又会不可避免地被舍弃掉。

二、主要变形工艺

1. 间歇式循环延时曝气活性污泥法（ICEAS 工艺）

间歇式循环延时曝气活性污泥法是 20 世纪 80 年代初在澳大利亚发展起来的，1976 年建成世界上第一座 ICEAS 污水处理厂，随后在日本、美国、加拿大、澳大利亚等地得到推广应用。1986 年美国国家环保局正式批准 ICEAS 工艺为革新代用技术（I/A）。

ICEAS 反应器由预反应区（生物选择器）和主反应区两部分组成，预反应区容积占整个池子的 10% 左右。预反应区一般处于厌氧或缺氧状态，设置预反应区的主要目的是使系统选择适应废水中有机物降解、絮凝能力更强的微生物。预反应区的设置，可以使污水高负荷运行，保证菌胶团细菌的生长，抑制丝状菌生长，控制污泥膨胀。运行方式采用连续进水、间歇曝气、周期排水的形式。预反应区和主反应区可以合建，也可以分建。合建式 ICEAS 反应器见图 10-30。

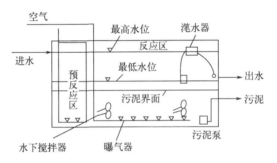

图 10-30　合建式 ICEAS 反应器

ICEAS 最大的特点是在 SBR 反应器前部增加了一个预反应区（生物选择器），实现了连续进水（沉淀期、排水期间仍保持进水），间歇排水。但由于连续进水，沉淀期也进水，在主反应池（区）底部会造成搅动而影响泥水分离，因此，进水量受到一定的限制。另外，该工艺强调延时曝气，污泥负荷很低。

ICEAS 工艺在处理城市污水和工业废水方面比传统的 SBR 法费用更省、管理更方便。

2. 循环式活性污泥法（CAST 工艺）

CAST 工艺是在 ICEAS 工艺的基础上发展而来的。但 CAST 工艺沉淀阶段不进水，并增加了污泥回流，而且预反应区容积所占的比例比 ICEAS 工艺小。通行的 CAST 反应池一般分为三个反应区：生物选择器、缺氧区和好氧区，这三个反应区的容积比通常为 1∶5∶30。CAST 反应池的每个工作周期可分为充水-曝气期、沉淀期、滗水期和充水-闲置期，运行工序如图 10-31 所示。

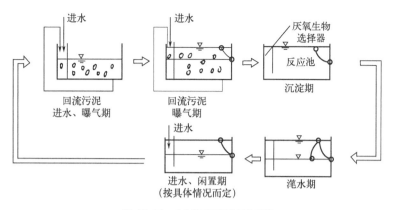

图 10-31　CAST 工艺运行工序

CAST 工艺的最大特点是将主反应区中的部分剩余污泥回流到选择器中，沉淀阶段不进水，使排水的稳定性得到保证。缺氧区的设置使 CAST 工艺具有较好的脱氮除磷效果。

CAST 工艺周期工作时间一般为 4h，其中充水-曝气 2h，沉淀 1h，滗水 1h。反应池最少设 2 座，使系统连续进水，一池充水-曝气，另一池沉淀和滗水。

3. 周期循环活性污泥法（CASS 工艺）

CASS 工艺与 CAST 工艺相同之处是系统都由选择器和反应池组成，不同之处是 CASS 为连续进水而 CAST 为间歇进水，而且污泥不回流，无污泥回流系统。CASS 反应器内微生物处于好氧—缺氧—厌氧周期变化之中，因此，CASS 工艺与 CAST 工艺一样，具有较好的除磷脱氮效果。CASS 法处理工艺流程除无污泥回流系统外，与 CAST 法相同。

CASS 反应池的每工作周期可分为曝气期、沉淀期、滗水期和闲置期，CASS 反应池的运行工序如图 10-32 所示。

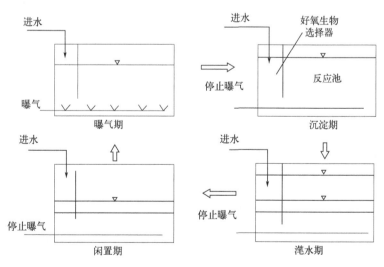

图 10-32　CASS 反应池的运行工序

4. 连续进水、连续-间歇曝气法（DAT-IAT 工艺）

DAT-IAT 工艺是 SBR 法的一种变型工艺。DAT-IAT 由 DAT 和 IAT 池串联组成。DAT 池连续进水，连续曝气（也可间歇曝气），IAT 池也是连续进水，但间歇曝气。处理水和剩余污泥均由 IAT 池排出。DAT-IAT 的工艺流程如图 10-33 所示。

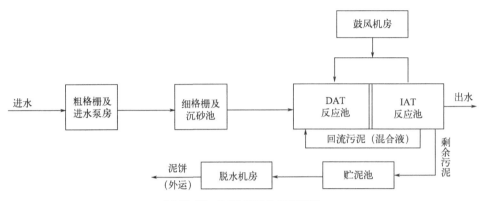

图 10-33 DAT-IAT 的工艺流程

DAT 池连续曝气，也可进行间歇曝气。IAT 池按传统 SBR 反应器运行方式进行周期运转，每个工作周期按曝气期、沉淀期、滗水期和闲置期 4 个工序运行。IAT 向 DAT 回流比控制在 100%～450%之间。DAT 与 IAT 需氧量之比为 65：35。

DAT-IAT 工艺既有传统活性污泥法的连续性和高效，又有 SBR 法的灵活性，适用于水质水量变化大的中小城镇污水和工业废水的处理。

5. UNITANK 工艺

UNITANK 工艺是比利时开发的专利技术。典型的 UNITANK 工艺系统，其主体构筑物为三格条形池结构，三池连通，每个池内均设有曝气和搅拌系统，污水可进入三池中的任意一个。外侧两池设出水堰或滗水器以及污泥排放装置。两池交替作为曝气池和沉淀池，而中间池则总是处于曝气状态。在一个周期内，原水连续不断地进入反应器，通过时间和空间的控制，分别形成好氧、缺氧和厌氧的状态。UNITANK 工艺的工作原理如图 10-34 所示。

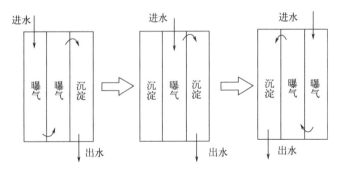

图 10-34 UNITANK 工艺的工作原理

UNITANK 工艺除了保持传统 SBR 的特征以外，还具有滗水简单、池子结构简化、出水稳定、不需回流等特点，通过改变进水点的位置可以起到回流的作用，达到脱氮、除磷的目的。

第六节　曝气池和二沉池

一、曝气池的类型

活性污泥法的核心处理构筑物是曝气池。曝气池是活性污泥与污水充分混合接触，将污水中有机物吸收并分解的生化场所。从曝气池中混合液的流动形态分，曝气池可以分为推流式曝气池、完全混合式曝气池和循环混合式曝气池 3 种方式。

1. 推流式曝气池

一般采用矩形池体，经导流隔墙形成廊道布置，廊道长度以 50～70m 为宜，也可长达 100m。污水与回流污泥从一端流入，水平推进，经另一端流出。其特点是：进入曝气池的污水及回流污泥按时间先后互不相干，污水在池内的停留时间相同，不会发生短流，出水水质较好。推流式曝气池多采用鼓风曝气系统，但也可以考虑采用表面机械曝气装置。采用表面机械曝气装置时，混合液在曝气内的流态，就每台曝气装置的服务面积来讲是完全混合，但就整体廊道而言又属于推流。这种情况下，相邻两台曝气装置的旋转方向应相反，否则两台装置之间的水流相互冲突，可能形成短路。

2. 完全混合式曝气池

完全混合式曝气池混合液在池内充分混合循环流动，因而污水与回流污泥进入曝气池立即与池中所有混合液充分混合，使有机物浓度因稀释而迅速降至最低值。其特点是对入流水质水量的适应能力强，但受曝气系统混合能力的限制，池型和池容都需符合规定，当搅拌混合效果不佳时易发生短流。

完全混合式曝气池多采用表面机械曝气装置。在完全混合曝气池中应当首推合建式完全混合曝气沉淀池，简称曝气沉淀池。其主要特点是曝气反应与沉淀在同一构筑物内完成。

曝气沉淀池有多种结构形式，图 10-35 所示为圆形曝气沉淀池剖面图。曝气沉淀池在表面上多呈圆形，偶见方形或多边形。

由于城市污水水质水量比较均匀，可生化性好，不会对曝气池造成很大冲击，故基本上采用推流式曝气池。相比而言，完全混合式曝气池适合于处理工业废水。

3. 循环混合式曝气池

循环混合式曝气池主要是指氧化沟。氧化沟是平面呈椭圆环形或环形"跑道"的封闭沟渠，混合液在闭合的环形沟道内循环流动，混合曝气。入流污水和回流污泥进入氧化沟中参与环流并得到稀释和净化，与入流污水及回流污泥总量相同的混合液从氧化沟出口流入二沉池。处理水从二沉池出水口排放，底部污泥回流至氧化沟。氧化沟不仅有外部污泥回流，而且还有极大的内回流。

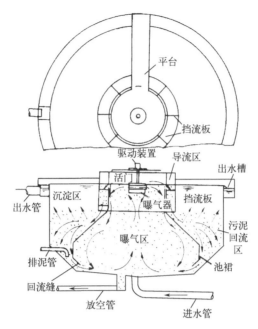

图 10-35 圆形曝气沉淀池剖面

氧化沟不仅能够用于处理生活污水和城市污水，也可用于处理机械工业废水，不仅可用于生物处理，也可用于二级强化生物处理。氧化沟的类型很多，在城市污水处理中，采用较多的有卡罗塞氧化沟、T 型氧化沟和 DE 型氧化沟。图 10-36 普通氧化沟处理系统。

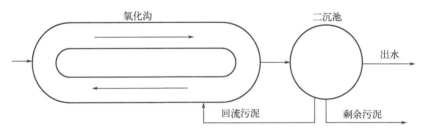

图 10-36 氧化沟处理系统

二、曝气方法与曝气设备

1. 曝气方法

活性污泥的正常运行，除有性能良好的活性污泥外，还必须有充足的溶解氧。通常氧的供应是将空气中的氧强制溶解到混合液中去的曝气过程。曝气的过程除供氧外，还起搅拌混合作用，使活性污泥在混合液中保持悬浮状态，与污水充分接触混合。常用的曝气方法有鼓风曝气、机械曝气和两者联合使用的鼓风机械曝气。鼓风曝气的过程是将压缩空气通过管道系统送入池底的空气扩散装置，并以气泡的形式扩散到混合液，使气泡中的氧迅速转移到液相供微生物需要。机械曝气则是利用安装在曝气池水面的叶轮的转动，剧烈地搅动水面，使液体循环流动，不断更新液面并产生强烈水跃，从而使空气中的氧与水滴或水跃的界面充分接触而转移到液相中去。

目前广泛用于活性污泥系统的曝气设备分为鼓风曝气和机械曝气两大类。

2. 鼓风曝气

鼓风曝气是传统的曝气方法，由加压设备、扩散装置和管道系统三部分组成。加压设备一般采用回转式鼓风机，也有采用离心式鼓风机，为了净化空气，其进气管上常装设空气过滤器，在寒冷地区，还常在进气管前设空气预热器。扩散装置一般分为小气泡、中气泡、大气泡、水力剪切和机械剪切等类型。扩散板、扩散管或扩散盘属小气泡扩散装置，穿孔管属中气泡扩散装置，竖管曝气属大气泡扩散装置，倒盆式、撞击式和射流式属水力剪切扩散装置，涡轮式属机械剪切扩散装置。

目前鼓风曝气设备用的较多的是微孔曝气器。

3. 机械曝气

（1）竖轴式机械曝气器

竖轴式机械曝气器又称立式叶轮表面曝气机。立式叶轮表面曝气机规格品种繁多，但目前国内是以泵型（E型）及倒伞型叶轮为主。

泵型叶轮曝气机是我国自行研制的高效表面曝气机。整机由电机、减速机、机架、联轴器、传动轴和叶轮组成。部分产品为了达到无级调速的目的，驱动电机选用直流电机，但还要有一套与之配套的整流电源、调速器等附属设备。

倒伞形叶轮曝气机的叶轮由圆锥体及连在其表面的叶片组成。叶片的末端在圆锥体底边沿水平伸展出一小段距离，使叶轮旋转时甩出的水幕与池中水面相接触，从而扩大了叶轮的充氧作用。为了增加充氧量，有些倒伞型叶轮在锥体上邻近叶片的后部钻有进气孔。

倒伞型叶轮可以利用变更浸没深度来改变充氧量，以适应水质及水量的变化。浸没度的调节既可采用叶轮升降的传动装置，也可通过氧化沟、曝气池的出水堰门的调节来实现。倒伞型叶轮构造简单，易于加工，运转时不堵塞。这种倒伞型叶轮曝气机的充氧方式是以液面更新为主，水跃及负压吸氧为辅，多用于卡鲁塞尔式氧化沟。

倒伞型叶轮的直径一般为 $0.5 \sim 2.5m$。国内最大的倒伞型叶轮直径为 3m，由于其直径较泵型的大，故其转速较慢，为 $30 \sim 60r/min$。动力效率为 $2.13 \sim 2.44kgO_2/(kW \cdot h)$，在最佳时可达 $2.51kgO_2/(kW \cdot h)$。

除了上述两种叶轮外，还有平板型叶轮及 K 型叶轮。

（2）卧轴式机械曝气器

现在应用的卧轴式机械曝气器主要是转刷曝气器。转刷曝气器主要用于氧化沟，具有负荷调节方便、维护管理容易、动力效率高等优点。

曝气转刷（图 10-37）是一个附有不锈钢丝或板条的横轴。用电机带动，转速通常为 $40 \sim 60r/min$。转刷贴近液面，部分浸在池液中。转动时，钢丝或板条把大量液体甩出水面，并使液面剧烈波动，促进氧的溶解；同时推动混合液在池内循环流动，促进溶解氧扩转移。

三、二沉池

二沉池的作用是将活性污泥与处理水分离，并将沉泥加以浓缩。二沉池的基本功能与

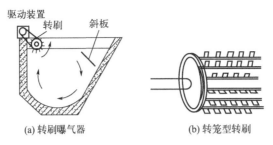

(a)转刷曝气器   (b)转笼型转刷

图 10-37　曝气转刷

初沉池是基本一致的，因此，前面介绍的几种沉淀池都可以作为二沉池，斜板沉淀池也可以作为二沉池。但由于二沉池所分离的污泥质量轻，容易产生异重流，因此，二沉池的沉淀时间比初沉池的长，水力表面负荷比初沉池的小。

另外，二沉池的排泥方式与初沉池也有所不同。初沉池常采用刮泥机刮泥，然后从池底集中排出，而二沉池通常采用刮吸泥机从池底大范围排泥。

第十一章 生物膜法

第一节 生物膜法基本原理

生物膜法是与活性污泥法并列的一种污水好氧生物处理技术。生物膜法是土壤自净的人工强化,其实质就是使细菌和菌类一类的微生物和原生动物、后生动物一类的微型动物附着在滤料或某些载体上生长繁育,并在其上形成膜状生物污泥——生物膜。污水在与生物膜接触的过程中,污水中的有机污染物被生物膜上的微生物代谢分解,污水得到净化,微生物自身也得到繁衍增殖。

污水的生物膜处理法从 19 世纪中叶开始,在一代又一代工程技术人员的努力下,不断创新、改进和发展,迄今为止已有多种处理工艺,被广泛地应用于城市污水和高浓度有机工业废水的处理。属于生物膜处理法的工艺有生物滤池(普通生物滤池、高负荷生物滤池、塔式生物滤池)、生物转盘、生物接触氧化设备、生物流化床和曝气生物滤池等。

一、净化过程

污水与滤料或某种载体流动接触一段时间后,滤料或某种载体就会生成生物膜。随着废水连续滴流,生物膜逐渐成熟。生物膜成熟的标志是:生物膜沿滤池深度的垂直分布、生物膜上由细菌和各种微型生物相组成的生态系、有机物的降解功能等都达到了平衡和稳定状态。生物膜成熟要经过潜伏和生长两个阶段。一般的城市污水,在 $15\sim20℃$ 条件下需要 50d 左右。

图 11-1 所示是附着在生物滤池滤料上的生物膜构造与各种物质传递交换示意图。

生物膜是高度亲水的物质,在污水不断在其表面更新的条件下,生物膜外侧总是存在着一层附着水层。生物膜又是微生物高度密集的物质,在膜的表面和一定深度的内部生长繁殖着大量的各种类型的微生物和微型动物,并形成有机污染物—细菌—原生动物(后生动物)的食物链。

生物膜成熟后,微生物仍不断增殖,厚度不断增加,在超过好氧层的厚度后,其深部即转变为厌氧状态,形成厌氧膜。这样,生物膜便由好氧和厌氧两层组成,一般情况下,好氧膜的厚度为 $1\sim2mm$。

有机物的降解是在好氧性生物膜内进行的。由图 11-1 可见,在生物膜内外,生物膜与水层之间进行着多种物质的传递过程。空气中的氧溶解于流动水层中,从那里通过附着水层传递给生物膜,供微生物用于呼吸。污水中的有机污染物则由流动水层传递给附着水层,然后进入生物膜,并通过细菌的代谢活动而被降解。这样就使污水在其流动过程中逐

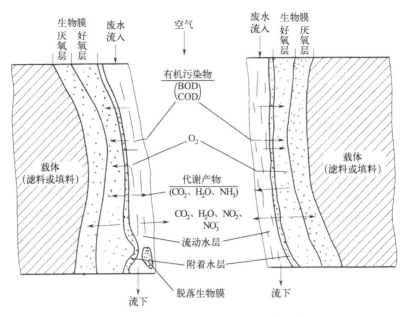

图 11-1　生物膜构造与各种物质传递交换

步得到净化。微生物的代谢产物如 H_2O 等则通过附着水层进入流动水层，并随其排走，而 CO_2 及厌氧层分解产物如 H_2S、NH_3 以及 CH_4 等气态代谢产物则从水层逸出进入空气中。

当厌氧性膜还不厚时，好氧性膜仍然能够保持净化功能，但当厌氧性膜过厚，代谢物过多，两种膜间失去平衡，好氧性膜上的生态系遭到破坏，生物膜呈老化状态从而脱落（自然脱落），再开始增长新的生物膜。在生物膜成熟后的初期，微生物代谢旺盛，净化功能最好，在膜内出现厌氧状态时，净化功能下降，而当生物膜脱落时，降解效果最差。供氧是影响生物滤池净化功能的重要因素之一，这一过程主要取决于滤池的通风状况，滤料的形式对滤池的通风有决定性关系，对此，以列管式塑料滤料为最好，块状滤料则以拳状者为宜。

微生物的代谢速度取决于有机物的浓度和溶解氧量。在一般情况下，氧较为充足，代谢速度只决定于有机物的浓度。

二、生物膜上的生物相

生物膜上的生物相是丰富的，形成由细菌、真菌、藻类、原生动物、后生动物以及肉眼可见的其他生物所组成的比较稳定的生态系，其生态、功能如下。

（1）细菌、真菌

细菌是对有机污染物降解起主要作用的生物，在处理城市污水的生物滤池内，生长繁殖的细菌有：假单胞菌属、芽孢杆菌属、产碱杆菌属和动胶菌属等种属。在生物滤池内还增殖球衣菌等丝状菌。丝状菌有很强的降解有机物的能力，在生物滤池内增殖丝状菌，并不产生任何不良影响。

在生物滤池上、中、下各层构成生物膜的细菌，在数量上有差异，种属上也有不同，一般表层多为异养菌，而深层则多为自养菌。

在生物膜中出现真菌也是较为普遍的，其主要有镰刀霉属、地霉属和浆霉菌属等。真菌对某些人工合成的有机物如腈等有一定的降解能力。

（2）微型生物

微型生物是指栖息在生物膜表面上的原生动物和后生动物。

处理城市污水的生物滤池，当其工作正常、降解功能良好时，占优势的原生动物多为钟虫、独缩虫、等枝虫等附着型纤毛虫。而在运行初期，则多出现豆形虫一类的游泳型原生动物。

原生动物以细菌为食，也是废水净化的积极因素，现多作为废水净化状况的指示性生物。

在生物滤池内经常出现的后生动物是线虫，据观察确证，线虫及其幼虫有软化生物膜，促使生物膜脱落，从而能使生物膜经常保持活性和良好的净化功能。

（3）滤池蝇

在生物滤池上还栖息着以滤池蝇为代表的昆虫。这是一种体型较一般家蝇为小的苍蝇，它的产卵、幼虫、成蛹、成虫等过程全部都在滤池内进行。滤池蝇飞散在滤池周围，以微生物及生物膜中的有机物为食，对废水净化有良好的作用。

据观察证明，滤池蝇具有抑制生物膜过速增长的作用，能够使生物膜保持好氧状态。由于具有这样的功能，线虫、滤池蝇也称为生物膜增长控制生物。

第二节　生物滤池

生物滤池是生物膜法的一种工艺形式，以土壤自净原理为依据，在污水灌溉的实践基础上发展起来的，已有百余年的发展史。

生物滤池净化污水的过程：污水长时间以滴状喷洒在块状滤料层的表面上，在块状滤料层表面上就会形成生物膜，生物膜成熟后，栖息在生物膜上的微生物就会代谢分解与之接触污水中的有机物，从而使污水得到净化。

为了避免堵塞，进入生物滤池的污水必须通过预处理去除原污水中的悬浮物等。处理城市污水的生物滤池前应设初沉池。滤料上的生物膜也会不断地脱落更新，脱落的生物膜应该通过沉淀去除，否则影响出水水质。因此，生物滤池后也应设二沉池。

生物滤池按负荷可分为低负荷生物滤池和高负荷生物滤池。

低负荷生物滤池亦称普通生物滤池，负荷低，占地面积大，而且易于堵塞。因此，在使用上受到限制。

高负荷生物滤池采取处理水回流措施，加大水量，使水力负荷加大（是普通生物滤池的 10 倍），于是普通生物滤池占地大，易于堵塞的问题得到一定程度的解决。但进水 BOD 浓度必须限制在 200mg/L 以下。

20 世纪 50 年代，在德国建造了直径与高度比为（1∶6）～（1∶8），高度达 8～24m 的塔式生物滤池。塔式生物滤池占地面积小，净化功能良好。

一、普通生物滤池

1. 普通生物滤池的构造

生物滤池在平面上多呈圆形、正方形或矩形，普通生物滤池构造如图 11-2 所示。

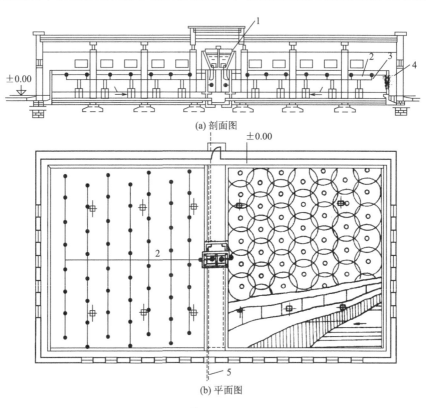

(a) 剖面图

(b) 平面图

图 11-2　普通生物滤池构造

1—投配池；2—喷嘴及系统；3—滤料；4—生物滤池池壁；5—向生物滤池投配废水

普通生物滤池由池体、滤料、布水装置和排水设备四部分组成。

（1）池体

普通生物滤池四周应采用砖石筑壁，称为池壁，池壁具有维护滤料的作用。池壁可筑成带孔洞和不带孔洞的两种形式，有孔洞的池壁有利于滤料的通风，但在低温季节，易受低温的影响，使净化功能降低。池壁一般应高出滤料表面 0.5～0.9m。池体的底部为池底，用于支撑滤料和排除处理后的污水。

（2）滤料

滤料是生物滤池首要的组成部分，它对生物滤池净化功能的影响关系至大，应当正确选用。滤料应具备的条件如下。

① 质坚、高强、耐蚀、抗冰冻。

② 表面积大、粗糙，但又易于使废水均匀流动。

③ 滤料间应有足够的空隙率。

④ 就地取材。

生物滤池以碎石、炉渣、焦炭等为滤料，粒径多为 5～7cm。滤料必须经过仔细筛分、洗净，不合格者不得超过 5%。

近年来，开始使用由聚氯乙烯、聚苯乙烯和聚酰胺等制造的波形板式、列管式和蜂窝式等人工滤料。这些滤料的特点是轻质、高强、耐蚀，每 $1m^3$ 只有 43.66kg，表面积 100～200m^2，空隙率高达 80%～95%，但是其成本较高。

滤料的高度即为滤料的工作深度：实践证实，生物滤池最上层 1m 内的净化功能最好，过深会增加水头损失。普通生物滤池的工作深度在 1.8～3.0m 之间，而高负荷生物滤池则多为 0.9～2.0m。加大深度的作法有两种。

① 直接加大深度，必要时采取人工强制通风措施。

② 采用二级滤池，第二级滤池深度多采取 1.0m。

（3）布水装置

布水装置很重要，只有布水均匀，才能充分发挥每一部分滤料的作用和提高滤池的处理能力。另外，布水装置还要满足间歇布水的要求，使空气在布水间歇时进入滤池，也使生物膜上的有机物有氧化分解时间，以恢复生物膜的吸附能力。常用的布水装置有固定式和旋转式两种。

（4）排水设备

设置在池底上的排水设备，不仅用以排出滤水，而且起保证滤池通风的作用。它包括渗水装置、集水沟和总排水渠等。渗水装置的作用是支撑滤料、排出滤水，空气也是通过滤水装置的空隙进入滤池体的。为了保证滤池的通风，渗水装置的空隙所占面积不得少于滤池面积的 5%～8%。

渗水装置的形式很多，其中使用比较广泛的是穿孔混凝土板。

2. 普通生物滤池的适用范围与优缺点

普通生物滤池一般适用于处理每日污水量不高于 $1000m^3$ 的小城镇污水或有机工业废水。其主要优点如下。

① 处理效果良好，BOD_5 的去除率可达 95% 以上。

② 运行稳定、易于管理、节省能源。

其主要缺点如下。

① 占地面积大、不适于处理量大的污水。

② 滤料易于堵塞，当预处理不够充分或生物膜季节性大规模脱落时，都可能使滤料堵塞。

③ 产生滤池蝇，恶化环境卫生，滤池蝇是一种体型小于家蝇的苍蝇，产卵、幼虫、成蛹、成虫等生殖过程都在滤池内进行，它的飞行能力较弱，只在滤池周围飞行。

④ 喷嘴喷洒污水，散发臭味。

正是因为普通生物滤池有以上的缺点，它在应用上受到不利影响，近年来已很少新建了，有日渐被淘汰的趋势。

二、高负荷生物滤池

高负荷生物滤池属于第二代生物滤池，是在普通生物滤池的基础上为克服普通生物滤池在构造、运行等方面存在的一些问题而发展起来的。

高负荷生物滤池构造见图 11-3。

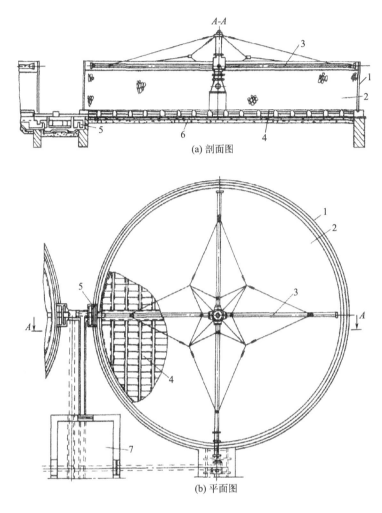

(a) 剖面图

(b) 平面图

图 11-3　高负荷生物滤池构造

1—池体；2—滤料；3—旋转布水器；4—渗水装置；5—水封；6—池底；7—通风室

1. 高负荷生物滤池的特征

高负荷生物滤池相对于普通生物滤池而言具有以下特征。

（1）在构造上的特征

在滤池构造方面，高负荷生物滤池区别普通生物滤池之处主要如下。

① 采用粒径较大的粒状滤料，一般在 40～65mm 之间，而且在整个滤层高度采用同一粒径的滤料。

② 滤层深度介于较大的范围内，一般在 1～4m 之间。

③ 由于采用旋转布水器这样的布水装置，因此，滤池表面多呈圆形。

④ 在某些情况下，如滤层高 4m，采取人工鼓风的技术措施。对此，池底构造与布水装置应设水封以防空气外溢。

（2）在运行方面的特征

① 将单位滤池表面的水量负荷提高近 10 倍，达 $10\sim30m^3$ 废水/（m^2 滤池表面·d），加大水流强度形成较强水力冲刷滤池表面生物膜的条件，使生物膜及时脱落，能够经常保持活性。

BOD 负荷提高到 $0.5\sim1.0kgBOD/（m^3$ 滤料·d）。

② 为了适应提高水量负荷和降低进水 BOD 值的要求，多采用处理水回流的技术措施，并将进水 BOD 值限制在 200mg/L 以下。

③ 缩小布水间隔时间，并要求均匀布水，因此，多采用旋转布水器。

2. 高负荷生物滤池的分类

① 按处理程度，高负荷生物滤池可分为完全处理和不完全处理两种。

② 按是否采用处理水回流，高负荷生物滤池可分为具有处理水回流和处理水不回流两种。

③ 按滤层高度，高负荷生物滤池可分为低高度高负荷生物滤池（高度低于 2m）、高高度高负荷生物滤池（高度为 $2\sim4m$）和塔式生物滤池（高度为 $9\sim18m$）3 种。

④ 按供气方式，高负荷生物滤池可分为自然通风高负荷生物滤池和人工鼓风高负荷生物滤池两种。

⑤ 按处理系统程度，高负荷生物滤池可分为一级滤池处理系统和二级滤池处理系统两种。

3. 高负荷生物滤池的系统

采取处理水回流措施，使高负荷生物滤池具有多种多样的流程系统。图 11-4 所示为高负荷生物滤池单池系统的几种具有代表性的流程。

系统 1 应用比较广泛，生物滤池出水直接向滤池回流；二次沉淀池污泥向初次沉淀池回流。这种系统有助于生物膜的接种和生物膜的更新，初次沉淀池的沉淀效果也有所提高。

系统 2 应用也较为广泛，二沉池的出水回流到滤池前，二次沉淀池污泥向初次沉淀池回流。这种系统可避免加大初次沉淀池的容积，初次沉淀池的沉淀效果也有所提高。

系统 3 回流的处理水和生物污泥均从二次沉淀池回流初次沉淀池，初次沉淀池的沉淀效果得到提高，但也加大了滤池的水力负荷。

系统 4 不设二次沉淀池，滤池出水（含生物污泥）直接回流初次沉淀池。这种系统能够提高初次沉淀池的效果，并省去二次沉淀池。

系统 5 生物滤池出水和二次沉淀池回流污泥均进入初次沉淀池。

当被处理污水浓度较高，或对处理后水质要求较高时，可以采用二段（级）滤池处理系统。

二段滤池有多种组合方式，图 11-5 所示为二段（级）高负荷生物滤池系统主要的几种组合方式。

中间沉淀池的设置应结合具体情况，中间沉淀池的作用是减轻二段滤池的负荷，避免堵塞。

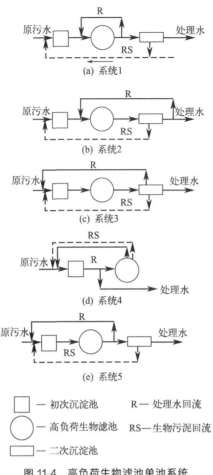

(a) 系统1

(b) 系统2

(c) 系统3

(d) 系统4

(e) 系统5

☐ — 初次沉淀池　　　R — 处理水回流

◯ — 高负荷生物滤池　　RS—生物污泥回流

▭ — 二次沉淀池

图 11-4　高负荷生物滤池单池系统

三、塔式生物滤池

塔式生物滤池属于第三代生物滤池，简称滤塔。在工艺上，塔式生物滤池与高负荷生物滤池没有根本的区别，但在构造、净化功能等方面具有一定的特征。

1. 塔式生物滤池的主要特征

塔式生物滤池在构造和净化功能方面具有以下特征。

① 塔式生物滤池的水量负荷比较高，是高负荷生物滤池的 2～10 倍；BOD 负荷也较高，是高负荷生物滤池的 2～3 倍。

② 塔式生物滤池的构造形状如塔，高达 8～24m，直径 1～3.5m，使滤池内部形成较强的拔风状态，因此，通风良好。

③ 由于高度大，水量负荷大，使滤池内水流紊动强烈，废水与空气及生物膜的接触非常充分。

④ 由于 BOD 负荷高，使生物膜生长迅速；由于水量负荷高，使生物膜受到强烈的水力冲刷，从而使生物膜不断脱落、更新。

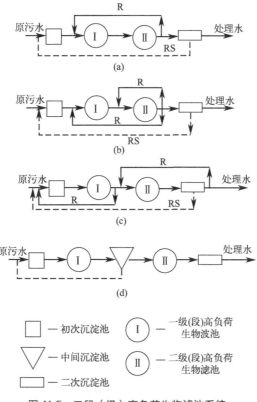

图 11-5　二段（级）高负荷生物滤池系统

⑤ 在塔式生物滤池的各层生长着种属不同但又适应流至该层废水性质的生物群。由于处理废水的性质不同，塔式生物滤池上的生物相也各不相同，但有一点是共同的，就是由塔顶向下，生物膜明显分层，各层的生物相组成不同，种类由少到多，由低级到高级。

处理生活污水的塔式生物滤池，上面两层多为动胶菌属，有少量丝状菌，原生动物则多为草履虫、肾形虫、豆形虫，三、四两层则多为固着型纤毛虫如钟虫、等枝虫、盖纤虫以及轮虫等后生动物。

以上特征都有助于微生物的代谢、增殖，有助于有机污染物质的降解。

⑥ 不需专设供氧设备。

⑦ 塔式生物滤池对冲击负荷有较强的适应能力，故常用于高浓度工业废水二段生物处理的第一段，大幅度地去除有机污染物，保证第二段处理经常能够取得高度稳定的效果。

2. 塔式生物滤池的构造

塔式生物滤池的构造如图 11-6 所示。

塔式生物滤池主要由塔身、滤料、布水装置、通风孔和排水系统所组成。

（1）塔身

塔式生物滤池在平面多呈圆形或方形，外观呈塔状。沿高度分层建设，每层高度视所

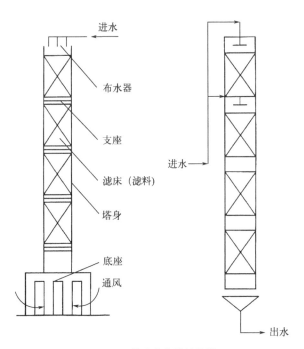

图 11-6　塔式生物滤池构造

采用的滤料而定，一般为 2～4m。在分层处设格栅，以使滤料的荷重分层负担，在分层处还沿内侧周边突缘，以防止废水及空气沿池壁短路漏出，每层都应设检修孔，以便采样、更换滤料等。

塔身可用砖砌，也可以现场浇筑钢筋混凝土或采用预制板材。为了减轻池体重量，可采用钢框架结构，四周用塑料板围嵌。塔身重量可大为减轻。

（2）滤料

在塔式生物滤池内充填的滤料的各项要求，完全与高负荷生物滤池相同。由于在构造上的特点，塔式生物滤池应采用轻质、高强、比表面积大、空隙率高的人工塑料成型滤料。

（3）布水装置

塔式生物滤池常使用的布水装置有两种：一种是旋转布水器；另一种是固定式布水器，旋转布水器可以通过水的反作用力自行转动，也可以用电机带动。固定式布水器多采用固定喷嘴，由于塔式生物滤池表面面积较小，安设的固定喷嘴数量不多，也易于均匀布水。

可以考虑沿滤塔高度设多层布水器，这样能够均化负荷，防止上层负荷过高，生物膜生长过厚，造成堵塞，也有利于有毒物质的挥发，这样的考虑能够提高塔式生物滤池的处理能力。

（4）通风孔

通风孔在最下层格栅与滤池实底之间应设有高为 0.5m 左右的空间层，并沿其防护墙的四周设有通风孔，以便自然通风。通风孔的总有效面积不应小于滤池横截面积的 7.5%～10%。

（5）排水系统

塔式生物滤池的出水汇集于塔底的集水槽，然后通过渠道送往沉淀池进行生物膜与水的分离。

第三节　生物转盘

生物转盘是从传统生物滤池演变而来。生物转盘中，生物膜的形成、生长以及降解有机污染物的机理，与生物滤池基本相同。生物转盘与生物滤池的主要区别是它以一系列转动的盘片代替固定的滤料。部分盘片浸渍在废水中，通过不断转动与废水接触，氧则是在盘片转出水面与空气接触时，从空气中吸取，而不进行人工曝气。

一、生物转盘的组成

生物转盘的主体部分由盘片、氧化反应槽、转轴以及驱动装置等部分所组成。生物膜固着在盘体的表面上，因此，盘体是生物转盘反应器的主体。图 11-7 所示是生物转盘构造示意图。

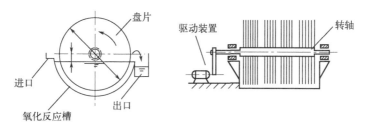

图 11-7　生物转盘构造

盘片是生物转盘的主要组成部件。盘片可用聚氯乙烯塑料、玻璃钢、金属等制成。盘片的形式有平板式和波纹板式两种。盘片厚 1~5mm，盘间距一般为 20~30mm。如果利用转盘繁殖藻类，为了使光线能照到盘中心，盘间距可加大到 60mm 以上。转盘直径一般为 2~3m，也有 4m。转盘的表面积有 40%~50%浸没在氧化槽内的废水中。转轴一般高出水面 10~25cm。

氧化反应槽一般做成与盘体外形相吻合的半圆形，以避免水流短路和污泥沉积。氧化反应槽壁与盘体边缘净距取值 20~50mm，其底部可做成矩形与梯形。

氧化反应槽一般建于地面上，但也可以建于地面下，既可用钢板焊制（但需作好防腐处理）和塑料板制成，也可以用钢筋混凝土浇筑，或用预制混凝土构件在现场装配。氧化反应槽的容积按水位位于盘体直径的 40%处考虑。

在氧化反应槽底部应设排泥管和放空管和相应的闸门。出水形式多采用齿形溢流堰，堰宽应通过计算确定，堰口高度以设计成为可调式为宜。转轴长度一般取值 0.7~7.0m。轴不宜过长，否则加工不便，易于挠曲变形，更换盘体工作量大。

盘体荷载可以均布作用在转轴上，此时对盘体与轴的加工精度要求高，如将盘体分两点集中荷载作用在轴承支座附近，则降低了弯矩，转轴直径可以缩小，加工要求可以放宽。

盘体与转轴的固定，一般在每级盘体两端为钢法兰盘，两法兰盘之间的盘体通过拉杆传动，法兰盘与转轴可用销钉或丝扣管箍固定。每根转轴带动的盘体面积一般在 $500\sim5000m^2$ 的范围内，在日本已有一根转轴带动 $19000m^2$ 的生物转盘。

生物转盘的驱动装置包括动力设备与减速装置，动力设备可采用变速电机或普通电机。若当地有 $50\sim70cm$ 的水头可利用，亦可用水轮驱动。

二、生物转盘的净化原理

生物转盘净化原理见图 11-8。

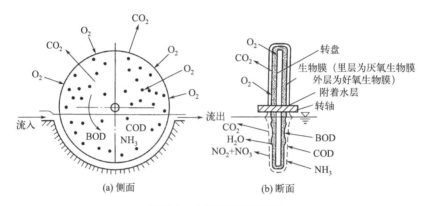

图 11-8　生物转盘净化原理

在中心轴上固定着多数轻质高强的薄圆板，并有 40% 的表面积浸没在呈半圆状的接触反应池内，通过驱动装置（机械或空气）进行低速回转。圆板交替地与废水及空气接触，在废水中时吸收废水中的有机污染物质，在空气中时则吸收微生物所必要的氧，以进行生物分解。由于转盘的回转，废水在接触反应槽内得到搅拌，在生物膜上附着水层中的过饱和溶解氧使池内的溶解氧含量增加。生物膜的厚度因原废水的浓度和底物不同而有所不同，一般在 $0.5\sim1.0mm$ 之间。转盘的外侧有附着水层，生物膜分为好氧层和厌氧层。活性衰退的生物膜在转盘的回转剪切力的作用下而脱落。

与其他生物处理工艺相同，生物转盘的净化反应包括有机物的氧化分解、硝化、脱氮、除磷等。通过反应，微生物获取能量，得到增殖，生物膜增长，在反应过程中，微生物还有自身氧化的生理活动。

三、生物转盘的特点

生物转盘技术在工艺和维护运行方面具有如下特点。

① 微生物浓度高，特别是最初几级的生物转盘。

② 生物相分级，每级转盘生长着适应于流入该级污水性质的生物相，这种现象对微生物的生长繁育、有机污染物的降解非常有利。

③ 污泥龄长，在转盘上能够增殖世代时间长的硝化菌和反硝化细菌，因此，生物转盘具有硝化、反硝化的功能。由于无需污泥回流，可向最后几级接触反应槽或直接向二沉

池投加混凝剂去除水中的磷。

④ 耐冲击负荷能力强，对 BOD 浓度在 10～10000mg/L 范围内的污水都能够得到较好的处理效果。

⑤ 微生物的食物链较长，产生的污泥量较少，产泥量约为活性污泥法的 1/2。

⑥ 生物转盘技术不需要曝气，不需污泥回流，因此，动力消耗低。

⑦ 生物转盘工艺不产生污泥膨胀，不需要经常调节生物污泥量，设备简单便于维护管理。

⑧ 生物转盘的流态属于完全混合-推流型，去除有机物的效果好。但是由于国内塑料价格较贵，所以基建投资相对较高，占地面积较大。往往在废水量小的工程中采用生物转盘法来处理。

目前仍有新的生物转盘推出，如空气驱动式生物转盘，可依靠设在反应槽中的充气管驱动转盘又可以为生物供氧；利用藻菌共生体系来处理废水的藻类转盘；在曝气池内组装生物转盘的活性污泥式生物转盘；此外还有硝化转盘及厌氧反硝化脱氮转盘，以进行废水的深度净化。

四、生物转盘处理系统的工艺流程与组合

图 11-9 所示为处理城市污水的生物转盘系统基本工艺流程。

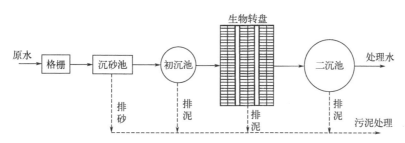

图 11-9　生物转盘处理系统基本工艺流程

多级串联运行是生物转盘常用的处理方式。多级串联运行能够提高处理效果和水中的溶解氧含量。

生物转盘一般可分为单级单轴、单轴多级（图 11-10）和多轴多级（图 11-11）等。

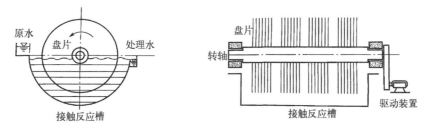

图 11-10　单轴多级（四级）生物转盘平面与剖面

级数的多少是根据废水净化要求达到的程度来确定的。转盘的多级布置可以避免水流短路、改进停留时间的分配。随着级数的增加，处理效果可相应提高。随着级数的递增，处理效果的增加率减慢。因为生物酶氧化有机物的速度正比于有机物的浓度，在多级转盘

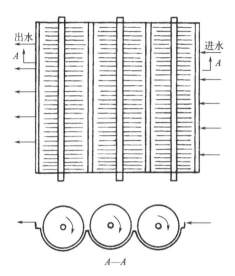

图 11-11　多轴多级（三级）生物转盘平面与剖面

中，转盘的第一级进水口处有机物浓度最高，氧化速度最快。随着级数的增加，有机物浓度逐渐降低，代谢产物逐渐增多，氧化速度也逐渐减慢，因此，转盘的分级不宜过多。一般来说，转盘的级数不超过四级。对城市污水多采用四级转盘进行处理。在设计时特别应注意的是第一级，第一级承受高负荷，如供氧不足可能使其形成厌氧状态。对此应采取适当的技术措施，如增加第一级的盘片面积、加大转数等。

第四节　生物接触氧化法

生物接触氧化法就是在曝气池中填充块状填料，经曝气的废水流经填料层，使填料颗粒表面长满生物膜，废水和生物膜相接触，在生物膜生物的作用下，废水得到净化。生物接触氧化法又称浸没式曝气滤池，也称固定式活性污泥法，它是一种兼有活性污泥和生物膜法特点的废水处理构筑物，所以兼有这两种处理法的优点。

一、生物接触氧化反应器的构造与分类

1. 生物接触氧化反应器的构造

生物接触氧化反应器是生物接触氧化工艺系统的核心装置。

接触氧化反应器主要由池体、填料层、曝气系统，进水与出水系统以及排泥系统所成。图 11-12 所示为接触氧化反应器的基本构造。

反应器池体的作用是接受被处理废水，在池内的固定部位充填填料，设置曝气系统为微生物创造适宜的环境条件，强化有机污染物的降解反应，排放处理水及污泥。

反应器的结构形状，在表面上可为圆形、方形和矩形，表面尺寸以满足配水布气均匀，便于填料充填和便于维护管理等要求确定，并应尽量考虑与前处理构筑物及二次沉淀池的表面形式相协调，以降低水头损失。

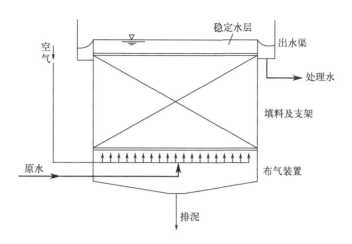

图 11-12 接触氧化反应器的基本构造

一般情况下，填料高度在 2.0～3.5m 之间，多采用 3.0m，池底部曝气布气层高度取值 0.6～0.7m，上稳定水层高 0.5～0.6m，反应器总高度在 4.5～5.0m 之间。

废水在接触氧化反应器内的流态，基本上为完全混合式，因此，对进水系统无特殊要求，可以考虑用管道直接进水，也可从底部进水与空气同向流动，即同向流系统，以从上部进水与空气流向相对，即逆向流系统。

接触氧化反应器装置的处理水出流系统也比较简单，当采用同向流系统时，在池顶四周 溢流堰与出水槽排放处理水，而当采用逆向流系统时，则在反应器外壁与填料之间的四周设出水环廊，并在其顶部设溢流堰与出水槽，处理水由出水环廊上升经溢流堰与出水槽排放；

填料充填支架安设在反应器内的固定位置，用以安装、固定填料，安设的部位与方式则根据采用的填料类型与安装方式确定。

2. 接触氧化反应器的分类

按曝气充氧和与填料接触的方式，接触氧化反应器可分为分流式和直流式两种。

（1）分流式接触氧化反应器

分流式接触氧化反应器是对废水的充氧曝气和与填料的接触反应，分别在两个不同的隔间内进行。分流式接触氧化反应器见图 11-13。

根据曝气充氧区的位置，分流式接触氧化反应器又可分为中心曝气式 ［图 11-13（a）］及一侧曝气式 ［图 11-13（b）］。

（2）直流式接触氧化反应器

直流式接触氧化反应器则是充氧曝气装置直接安装在填料底部，对填料进行全面的曝气，所以又称为全面曝气式。

直流式接触氧化反应器又称全面曝气式接触氧化反应器，图 11-14（a）所示为全面曝气式，在装置和填料底部均匀地配设空气扩散装置，空气直接进入填料区与生物膜接触，并对其冲刷，生物膜更新频率高、活性强并且稳定。

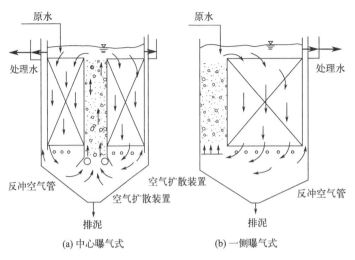

(a) 中心曝气式   (b) 一侧曝气式

图 11-13　分流式接触氧化反应器

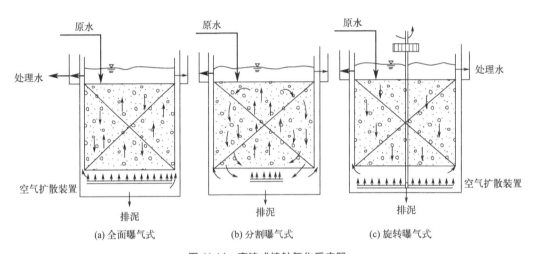

(a) 全面曝气式   (b) 分割曝气式   (c) 旋转曝气式

图 11-14　直流式接触氧化反应器

图 11-14（b）所示是分割曝气式，空气扩散装置设于反应器中心部位，在气泡上升到水面后再由四周溢流，向下流动，这种曝气方式的接触氧化装置也可以称为内循环接触氧化系统。

图 11-14（c）所示是旋转曝气式，也是全面曝气式接触氧化反应器，但空气扩散装置是旋转的，旋转轴是中空的，空气由此进入，这种装置可使供气均匀而且更加合理，但能耗可能与图 11-14（a）、（b）两种情况相当，因为驱动中心轴也需要耗能。

二、生物接触氧化法的工艺特征

生物接触氧化处理技术在工艺、功能以及运行等方面具有下列主要特征。

1. 在工艺方面的特征

① 池内填装填料，在曝气的作用下，在池内形成液、固、气三相共存体系，有利于氧的转移，水中溶解氧充沛，为微生物存活增殖提供条件。因此，生物膜上的生物相很丰

富，形成一个稳定的生态系。

② 填料表面的生物膜形成了生物膜的主体结构，由于生物膜上丝状菌的大量滋生，有可能形成一个呈立体结构的密集的生物网，污水在其中通过起到类似过滤的作用，有助于提高污水净化效果。

③ 由于进行曝气作用，生物膜表面更新快，有利于保持生物膜的活性，抑制厌氧膜的增殖。生物接触氧化池内的生物量要高于曝气池。

2. 在运行方面的特征

① 抗冲击负荷能力强，在间歇运行条件下，仍能够保持良好的处理效果。

② 运行方便、操作维护简单，不需要污泥回流，不产生污泥膨胀现象，也没有滤池蝇。

③ 污泥生成量少，污泥沉淀性能好。

第五节　生物流化床

流化床就是以相对密度大于 1 的细小惰性颗粒，如砂、活性炭、焦炭等为载体充填在生物反应器内。载体表面附着生长着生物膜而使其质量变轻，当污水以一定流速从下向上流动时，载体处于流化状态。

生物流化床是一种强化生物处理、提高微生物降解能力的高效工艺。其特点主要如下。

① 单位容积反应器内的微生物量高。

② 载体处于流化状态，增加了污水与微生物接触机会。

③ 载体在床内的互相摩擦碰撞作用，提高了生物膜的活性。

④ 由于载体不停地在流动，有效地防止了堵塞现象。

生物流化床可分为液流动力流化床、气流动力流化床和机械搅动流化床等类型。

一、液流动力流化床

液流动力流化床是以水流为动力使载体流化，也称为两相流化床，即在流化床反应器内只有污水（液相）与载体（固相）相接触，对污水的充氧在单独的充氧设备内进行，如图 11-15 所示。

该工艺系统包括充氧设备、流化床和二次沉淀池等。原污水首先流经充氧设备进行预曝气充氧，然后进入两相流化床，流化床出水进入二次沉淀池进行泥水分离，处理水溢流排放。

两相流化床主要由床体、载体、布水装置及脱膜装置等组成。

① 床体多呈圆形，一般由钢板焊制，也可以由钢筋混凝土浇灌砌制。

② 载体是生物流化床的核心部分，常用的载体有石英砂、无烟煤、焦炭、颗粒活性炭、聚苯乙烯球等。

③ 布水装置通常位于滤床底部，既起到布水作用，同时又要承托载体颗粒，因而是生物流化床的关键技术环节。

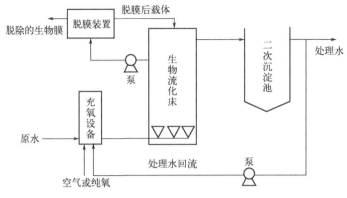

图 11-15　液流动力流化床

④ 在两相流化床中需设专门的脱膜装置。目前应用的脱膜装置主要有叶轮搅拌器、振动筛和刷形脱膜机等。脱膜装置可设在流化床上部，也可单独另行设立，视脱膜装置类型而异。脱膜装置一般间歇工作，脱膜后的载体返回流化床，脱除下来的生物膜作为剩余污泥排出。

二、气流动力流化床

气流动力流化床是以气体为动力使载体流化，也称为三相流化床，即污水（液）、载体（固）及空气或纯氧（气）三相同步进入床体，如图 11-16 所示。

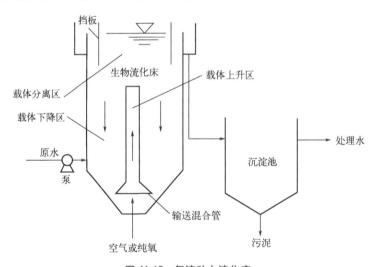

图 11-16　气流动力流化床

该工艺的流化床是由三部分组成的，在床体中心设输送混合管，其外侧为载体下降区，其上部为载体分离区。

空气进入输送混合管的底部，在管内形成气、液、固混合体，空气起到空气扬水器的作用，混合液上升，气、液、固三相间产生强烈的混合与搅拌作用，载体之间也产生强烈的摩擦作用，外层生物膜脱落，输送混合管起到了脱膜作用。

该工艺一般不采用处理水回流措施，但当原污水浓度较高时，可采用处理水回流的方式稀释原污水。该工艺的技术关键之一是防止气泡在床内合并形成大气泡，影响充氧效果。对此，可采用减压释放充氧。采用射流曝气充氧也有一定效果。

三、机械搅动流化床

机械搅动流化床又称悬浮粒子生物膜处理工艺，如图 11-17 所示。

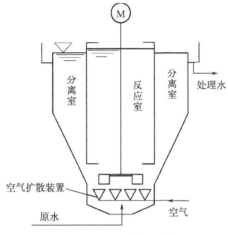

图 11-17　机械搅动流化床

反应器内分为反应室与固液分离室两部分，在池中央反应室下面安装叶片搅动器，在搅动器的搅动下，载体呈流化悬浮状态。充填的载体有砂、焦炭或活性炭，粒径为 0.1～0.4mm。曝气装置为常规的空气扩散装置。该工艺具有如下特征。

① 反应室内单位容积载体的比表面积较大，降解速率高。

② 机械搅动使载体流化、悬浮，反应保持均一性，微生物与污染物接触的效率高。

第六节　曝气生物滤池

一、曝气生物滤池的结构

曝气生物滤池简称 BAF，是 20 世纪 80 年代末 90 年代初在普通生物滤池的基础上，借鉴给水滤池工艺开发的污水处理工艺，是普通生物滤池的一种变形工艺，也可看成生物接触氧化法的一种特殊形式，即在生物反应器内装填高比表面积的颗粒填料，以提供生物膜生长的载体。图 11-18 所示为曝气生物滤池构造示意图。

承托层上部是作为滤料的填料层，在承托层内有空气管及曝气管、处理水集水管及排水管、反冲洗水管及进水管等。

被处理的原污水从池上部进入池体，通过由填料组成的滤层向下流动。污水在通过滤层过程中，与填料表面生物膜接触，在微生物的新陈代谢作用下有机污染物被降解，污水得到处理。通过池下部空气管向滤层进行曝气，向生物膜上的微生物提供充足的溶解氧。

原污水中的悬浮物及脱落的生物膜形成的生物污泥被填料截留。当滤层内的截污量达到一定程度时应对滤层进行反冲洗。

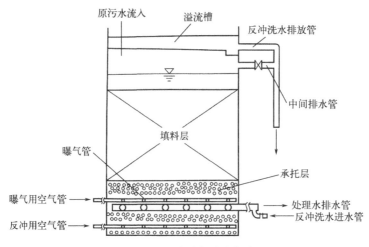

图 11-18　曝气生物滤池构造

二、曝气生物滤池工艺特点

① 较小的池容和占地面积，可以获得较大处理水量。由于容积负荷高，可获得高质量的出水。

② 由于曝气生物滤池对 SS 的截流作用使出水的 SS 很少，不需要设置二沉池，处理流程简化，基建和运转费用大大降低。系统具有抗冲击能力，没有污泥膨胀的问题，能保持较高的微生物浓度，运行管理简单。

③ 由于系统内微生物的自身特性，即使一段时间停运，其设施可在几天内恢复运行。

④ 目前应用较多的曝气生物滤池是采用的上向流态，即上向流曝气生物滤池，在结构上采用气、水平行上向流态，并采用强制鼓风曝气技术，使得气、水进行极好分布，防止气泡在滤料中凝结，氧的利用率高，能耗低。

⑤ 过滤空间能被很好利用，空气能将污水中的固体物质带入滤床深处，在滤床中形成高负荷、均匀的固体物质，延长反冲洗周期，减少清洗时间和反冲洗水量。

第七节　其他生物膜法工艺

一、微孔膜生物反应器

微孔膜生物反应器主要是用来处理含毒性或挥发性有机污染物为主的工业废水，如酚、二氯乙烷、芳香族卤代物等，也可以处理合成污水。微孔膜生物反应器的净化原理与过程如图 11-19 所示。

在微孔膜生物反应器中放置微孔膜，微生物附着生长在微孔膜上，将原废水送入微孔膜的内侧，而曝气和出水在微孔膜的外侧。有机物从微孔膜内侧向生物膜方向扩散，而 O_2 则从微孔膜外侧向生物膜扩散，两者在生物膜内相聚，在微生物的作用下有机污染物得以氧化分解。在微孔膜净化有机污染物的过程中，采用的是逆向扩散操作方式，含有挥

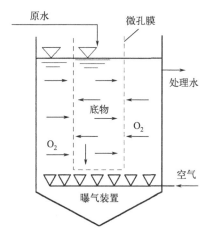

图 11-19　微孔膜生物反应器的净化原理与过程

发性有机物的污水与曝气营养物基质分开。

　　微孔膜通常是透过性超滤膜,可用作微孔膜的有中空纤维、活性炭膜和硅橡胶膜等。

　　微孔膜生物反应器通常附着特殊的菌种,对毒性大或难降解的有机污染物有较好的处理效果。另外,该反应器避免了有毒物质与微生物直接接触,解决了曝气造成污染物挥发的问题,还可对特种菌加以固定化,因而该反应器具有较好的处理效能。

二、移动床生物膜反应器

　　移动床生物膜反应器是为解决固定床反应器需定期反冲洗,流化床需使载体流化,淹没式生物滤池堵塞需清洗滤料和更换曝气器的复杂操作而发展起来的。图 11-20 所示为好氧移动床生物膜反应器示意图。

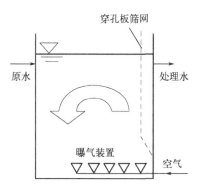

图 11-20　好氧移动床生物膜反应器

　　在移动床生物膜反应器中,装填有直径约 10mm、长度约 7mm 的短管状聚乙烯塑料填料,密度为 0.96g/cm³,内设交叉面支撑,外有鱼鳍状沟棱以增加填料的比表面积。这些漂浮的载体随反应器内混合液的回旋翻转作用而自由移动,这种回旋力是由曝气提升力提供的。

　　为了防止生物膜载体从反应器内随出水流失,在反应器出口处设有穿孔板栅网,网孔尺寸为 5mm×25mm。反应器中生物膜比表面积由载体投加数量来控制,装填容积可高达空床反应器容积的 70%，相应地反应器内生物膜比表面积可高达 $400 \sim 500 \mathrm{m}^2 / \mathrm{m}^3$。但由于填料外侧表面比免受强烈水力冲刷的内表面生物膜量少得多，故实际可供微生物生长的最大比表面积约为 $350 \mathrm{m}^2 / \mathrm{m}^3$。

在实际运行中，移动床生物膜反应器既不需要反冲洗，也不需要污泥回流，通过反应器的水头损失也不大。在稳态运行条件下，当反应器承受较高的有机物负荷时，表现出良好的有机物去除率。研究结果还表明，当采用连续流操作方式时，该反应器可成功地用于经初沉后污水的硝化，而当采用间歇流操作方式时，则又可成功地用于反硝化，与化学沉淀组合还可有除磷功能。

第十二章　膜生物反应器

第一节　膜生物反应器的分类与特征

膜生物反应器（MBR）是将废水生物处理技术和膜分离技术相结合而形成的一种新型、高效的污水处理技术。膜生物反应器主要由膜组件和膜生物反应器两部分构成。大量的微生物（活性污泥）在生物反应器内与基质（废水中的可降解有机物等）充分接触，通过氧化分解作用进行新陈代谢以维持自身生长、繁殖，同时使有机污染物降解。膜组件通过机械筛分、截留等作用对废水和污泥混合液进行固液分离。大分子物质等被浓缩后返回生物反应器，从而避免了微生物的流失。生物处理系统和膜分离组件的有机组合，不仅提高了系统的出水水质和运行的稳定程度，还延长了难降解大分子物质在生物反应器中的水力停留时间，加强了系统对难降解物质的去除效果。

一、膜生物反应器的分类

根据膜组件和生物反应器的组合位置不同，可将膜生物反应器分为一体式、分置式和复合式三大类。

1. 一体式 MBR 反应器

一体式 MBR 反应器是将膜组件直接安置在生物反应器内部，有时又称为淹没式 MBR（或 SMBR），依靠重力或水泵抽吸产生的负压作为出水动力。一体式 MBR 工艺流程如图 12-1 所示。

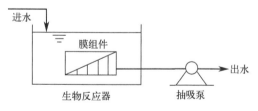

图 12-1　一体式 MBR 工艺流程

一体式膜生物反应器利用曝气产生的气液向上剪切力实现膜面的错流效应，也有在膜组件附近进行叶轮搅拌或通过膜组件自身旋转来实现错流效应。一体式膜生物反应器的主要特点如下。

① 膜组件置于生物反应器之中，减少了处理系统的占地面积。

② 用抽吸泵或真空泵抽吸出水，动力消耗费用远远低于分置式 MBR，资料表明，一体式 MBR 每吨出水的动力消耗为 $0.2 \sim 0.4 kW \cdot h$，约是分置式 MBR 的 1/10。如果采用

重力出水，则可完全节省这部分费用。

③ 一体式 MBR 不使用加压泵，因此，可避免微生物菌体受到剪切而失活。

④ 膜组件浸没在生物反应器的混合液中，污染较快，而且清洗起来较为麻烦，需要将膜组件从反应器中取出。

⑤ 一体式 MBR 的膜通量低于分置式 MBR。

为了有效防止一体式 MBR 的膜污染问题，人们研究了许多方法，比如在膜组件下方进行高强度的曝气，靠空气和水流的搅动来延缓膜污染；有时在反应器内设置中空轴，通过它的旋转带动轴上的膜也随之转动，在膜表面形成错流，防止其污染。

2. 分置式 MBR 反应器

分置式 MBR 反应器的膜组件和生物反应器分开设置，通过泵与管路将两者连接在一起，如图 12-2 所示。

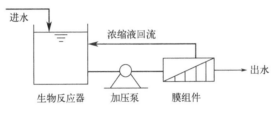

图 12-2 分置式 MBR 工艺流程

反应器中的混合液由泵加压后进入膜组件，在压力的作用下过滤液成为系统的处理水，活性污泥、大分子等物质被膜截留，回流至生物反应器。分置式 MBR 也称为错流式 MBR，还称为横向流 MBR。分置式膜生物反应器具有如下特点。

① 膜组件和生物反应器各自分开，独立运行，因而相互干扰较小，易于调节控制。

② 膜组件置于生物反应器之外，更易于清洗更换。

③ 膜组件在有压条件下工作，膜通量较大，且加压泵产生的工作压力在膜组件承受压力范围内可以进行调节，从而可根据需要增加膜的透水率。

④ 分置式膜生物反应器的动力消耗较大，加压泵提供较高的压力，造成膜表面高速错流，延缓膜污染，这是其动力费用大的原因。

⑤ 生物反应器中的活性污泥始终都在加压泵的作用下进行循环，由于叶轮的高速旋转而产生的剪切力会使某些微生物菌体产生失活现象。

⑥ 分置式膜生物反应器和另外两种膜生物反应器相比，结构稍复杂，占地面积也稍大。

目前，已经规模应用的膜生物反应器大多采用分置式，但其动力费用过高，每吨出水的能耗为 $2.1kW \cdot h$，是传统活性污泥法能耗的 $10 \sim 20$ 倍，因此能耗较低的一体式膜生物反应器的研究逐渐得到了人们的重视。

3. 复合式 MBR 反应器

复合式 MBR 在形式上仍属于一体式 MBR，也是将膜组件置于生物反应器之中，通过重力或负压出水，所不同的是复合式 MBR 是在生物反应器中安装填料，形成复合式处理系统，其工艺流程如图 12-3 所示。

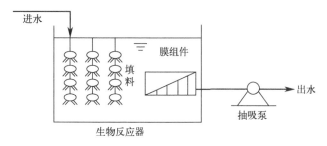

图 12-3　复合式 MBR 工艺流程

在复合式 MBR 中安装填料的目的有两个：一是提高处理系统的抗冲击负荷，保证系统的处理效果；二是降低反应器中悬浮性活性污泥浓度，减小膜污染的程度，保证较高的膜通量。

二、膜生物反应器的特点

MBR 反应器作为一种高效废水生物处理技术，在废水资源化及回用方面有着巨大的潜力，得到了世界各国环保工程师和材料科学家们的普遍关注。MBR 工艺与其他生物处理工艺相比具有明显优势，主要有以下几点。

① 能够高效地进行固液分离，分离效果远好于各种沉淀池；出水水质好，出水中的悬浮物和浊度几乎为零，可以直接回用；将二级处理与深度处理合并为一个工艺；实现了污水的资源化。

② 由于膜的高效截留作用，可以将微生物完全截留在反应器内；将反应器的水力停留时间（HRT）和污泥龄（STR）完全分开，使运行控制更加灵活。

③ 反应器内微生物浓度高，耐冲击负荷。

④ 反应器在高容积负荷、低污泥负荷、长污泥龄的条件下运行，可以实现基本无剩余污泥排放。

⑤ 由于采用膜法进行固液分离，使污水中的大分子难降解成分在体积有限的生物反应器中有足够的停留时间，极大地提高了难降解有机物的降解效率，同时不必担心产生污泥膨胀的问题。

⑥ 由于污泥龄长，有利于增殖缓慢的硝化菌的截留、生长和繁殖，系统硝化作用得以加强。通过运行方式的适当调整亦可具有脱氮和除磷的功能。

⑦ 系统采用 PLC 控制，可实现全程自动化控制。

⑧ MBR 工艺设备集中，占地面积小。

MBR 工艺具有许多其他污水处理方法所没有的优点，但也存在着膜污染、膜清洗、膜更换和能耗高的问题，有待进一步研究解决。

第二节　膜生物反应器的工艺流程

膜生物反应器在几十年中得到了很快的发展，为达到不同的处理目的而产生出很多处理工艺流程。

一、单池一体式 MBR 工艺

单池一体式膜生物反应器将膜组件直接置于生物反应器中，反应器相当于活性污泥系统的曝气池，以膜组件代替二沉池，利用真空泵或其他类型的泵进行抽吸，得到过滤液，成为系统的处理水。这种工艺流程简单、能耗少、占地小，适合于城市污水和含碳有机废水的处理。

二、分置式 MBR 工艺

在分置式膜生物反应器中，膜组件设在反应器外，反应器中的混合液由泵加压后进入膜组件，在压力的作用下过滤液成为系统的处理水，活性污泥、大分子等物质被膜截留，回流到生物反应器（图 12-2）。分置式 MBR 采用的膜组件一般为平板式和管式。分置式 MBR 工艺运行稳定，在操作管理和膜清洗更换方面优于一体式 MBR 工艺。表 12-1 给出了好氧 MBR 对含碳有机物的处理效果。

表 12-1　好氧 MBR 对含碳有机物的处理效果

类型	流量/(m³/d)	HRT/h	SRT/d	COD(BOD₅)			COD(BOD₅)负荷	
				进水/(mg/L)	出水/(mg/L)	去除率/%	kg/(m²·d)	kg/(kg·d)
一体式	38.4～69.6	2.7～4.9	20～30	100～270	10～30	90～95		(0.03～0.1)
	33.6～62.4	3.1～5.6	20～30	100～270	10～30	90～95		(0.03～0.1)
	5.3	14.2	75	(135)	(1.3)	(99)	0.156～0.372	
	39	13	125	(133)	(1)	(99)		(0.018)
	3306	6.2	15～20	(205)	<5	(99)	0.2～0.7	
	（小试）	6	膜法	152～433	<30		0.061～0.173	(0.013～0.046)
分置式	33.6～62.4	3.1～5.6	20～30	100～270	10～30	90～95		(0.03～0.1)
	（小试）	5	5～30	286～565	<30	96～98		(0.19～0.55)
	（小试）	4～7.5	膜法	95～652	5～15	>95	0.7～3.4	
	0.191	6	30	300	3.1	99		(0.129)

三、　MBR 两级脱氮工艺

采用两个生物反应器，其中一个为硝化池，另一个为反硝化池（图 12-4）。膜组件浸没于硝化池反应器中，两池之间通过泵输送混合液，硝化液可通过重力实现回流。反硝化反应器作为缺氧区，硝化反应器作为好氧区，实现硝化—反硝化生物脱氮的目的。

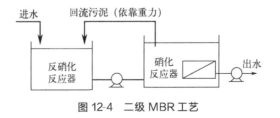

图 12-4　二级 MBR 工艺

表 12-2、表 12-3 给出了某二级 MBR 实验装置的设计运行参数和脱氮处理结果。

表 12-2　某二级 MBR 实验装置设计运行参数

污泥负荷/ [kgCOD/(kgMLSS·d)]	系统回流比/%	DO/(mg/L)	缺氧池/m³	好氧池/m³	膜面积/m²	截留分子量
0.08	300	0.5~1.5	0.35	0.65	12	200000

表 12-3　某二级 MBR 实验装置脱氮处理结果

项　目	进水平均值	出　水					
		MLSS=25mg/L		MLSS=20mg/L		MLSS=15mg/L	
		平均值	去除率/%	平均值	去除率/%	平均值	去除率/%
总氮/(mgN/L)	55.1	17.3	68.8	14	74.6	11.1	79.9

四、序批式 MBR 工艺

序批式膜生物反应器是 MBR 技术与 SBR 技术的结合，既具有 MBR 的优点，又发挥了 SBR 运行灵活的优势，通过好氧-厌氧交替运行，单池可实现生物脱氮和除磷的目的。序批式 MBR 工艺如图 12-5 所示。

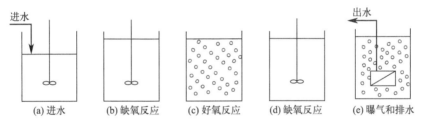

| (a) 进水 | (b) 缺氧反应 | (c) 好氧反应 | (d) 缺氧反应 | (e) 曝气和排水 |

图 12-5　序批式 MBR 工艺

序批式 MBR 工艺具有以下特点。

① 在进水阶段反应器内的氧被迅速降低，避免了传统前置反硝化膜生物反应器氧可以连续进入反硝化区的弊端。

② 在传统 SBR 系统中，沉淀和排水阶段占用整个循环周期的大部分时间。利用膜分离可以在反应阶段排水，可以完全省去沉淀和排水所需的时间。因此序批式 MBR 工艺可以缩短传统 SBR 工艺的循环周期，提高设备的利用率。序批式 MBR 工艺循环时间见表 12-4。

表 12-4　库批式 MBR 工艺循环时间

阶段	进水期	反应期(曝气)	排水期(间歇曝气)
时间/h	0.5	2.0	3.5

第三节　MBR 反应器膜污染及防治

膜生物反应器作为一种新型、高效的水处理技术已受到各国水处理工作者的重视，实际应用前景广阔。但在 MBR 运行过程中，膜污染会造成膜渗透速率的下降，直接影响膜组件的效率和使用寿命，阻碍了其在实际中的广泛应用。

一、膜污染

造成膜污染堵塞的主要原因有：膜表面的浓差极化现象、污染物在膜表面和膜孔内的吸附沉积。具体形成的原因概括起来可分为以下几种。

1. 膜的性质

膜的性质主要是指膜材料的物化性能，如由膜材料的分子结构决定的膜表面的电荷性、憎水性、膜孔径大小、粗糙度等。

与膜表面有相同电荷的料液能改善膜表面的污染，提高膜通透量。憎水性膜对蛋白质的吸附小于亲水性膜，因此，能获得相对较高的通透量。

膜孔径对膜通量和过滤过程的影响，一般认为存在一个合适的范围。分子量小于300000 时，随截留分子量增大，即膜孔径的增加，膜通量增加；大于该截留分子量时，膜通量变化不大。而膜孔径增加至微滤范围时，膜通量反而减少。膜表面粗糙度的增加使膜表面吸附污染物的可能性增加，但同时另一方面也由于增加了膜表面的搅动程度，阻碍了污染物在膜表面的形成。因而粗糙度对膜通量影响是两方面效果的综合表现。

2. 料液性质

料液性质主要包括料液固形物及其性质、溶解性有机物及其组成成分，此外，料液的pH 值等亦影响膜的污染。在活性污泥的条件下污泥浓度过高对膜分离会产生不利影响。

3. 膜分离的操作条件

当操作压力低于临界压力时，膜通量随压力增加而增加，而高于此值时会引起膜表面污染的加剧，膜通量随压力的变化不大。

膜面流速的增加可以增大膜表面水流搅动程度，改善污染物在膜表面的积累，提高膜通量。但膜面流速的增加使得膜表面污染层变薄，有可能会造成不可逆的污染。

升高温度会有利于膜的过滤分离过程。

二、膜污染的控制措施

1. 对料液进行有效处理

对料液（原水）采取有效的预处理，以达到膜组件进水的水质指标，如预絮凝、预过滤或改变溶液 pH 值等方法，以脱除一些能与膜相互作用的溶质。

2. 选择合适的膜材料

膜的亲疏水性、荷电性会影响膜与溶质相互作用大小，通常认为亲水性膜及膜材料电荷与溶质电荷相同的膜较耐污染。有时为了改进疏水膜的耐污染性，可用对膜分离特性不产生影响的小分子化合物对膜进行预处理，如采用表面活性剂、在膜表面覆盖一层保护层，这样就可以减少膜的吸附。但由于表面活性剂是水溶性的，且靠分子间弱作用力与膜粘接，所以很容易脱落。为了获得永久性耐污染特性，人们常用膜表面改性方法引入亲水基团，或用复合膜手段复合一层亲水性分离层，或采用阴极喷镀法在膜表面镀一层碳。

3. 选择合适的膜结构

膜结构的选择，对于防止膜污染的产生也很重要。对称结构的膜比不对称结构的膜更容易污染。

4. 改善膜面流体力学条件

改善膜面附近料液侧的流体力学条件，如提高进水流速或采用错流等方法，减少浓度差极化，使被截留的溶质及时地被水流带走。

5. 采用间歇操作的运行方式

一体式 MBR 膜组件连续工作时间不能超过一定的范围，否则会造成膜的快速污染。缩短工作时间，延长空曝气时间，并适当增大曝气量有利于减缓悬浮固体和溶解性有机物在膜表面的沉积和污染。因此，膜组件在工作一定时间后，应停止出水，进行空曝气，以减小膜的污染。

6. 投加吸附剂改善料液特性

向生物反应器内投加某种吸附剂，如粉末活性炭（PAC），有助于改善污泥混合液的特性，减小过滤的阻力，提高膜的渗透速率，并能提高 MBR 的处理效率。PAC 投入反应器中，可有效地吸附水中的低分子量的溶解性有机物，将其转移至活性污泥絮体中，再利用膜截留去除污泥颗粒的特性，将低分子量的有机物从水中去除，这不但提高了有机物的去除效率，而且减少了有机物在膜表面和膜孔内的吸附沉积造成膜污染的可能性。PAC 吸附在膜表面形成一层多孔膜，这层膜较为松软，容易被去除，减轻了膜清洗的难度。因此，在生物反应器内投加吸附剂，改善料液特性对于防止膜污染、提高反应器处理效率是有利的。

7. 其他事项

减少设备结构中的死角和死空间间隙，可以防止滞留物在此变质，扩大膜污染。使用消毒剂可防止微生物、细菌及有机物的污染。如果膜长期停用（5d 以上），长期保养时，在设备中需用体积分数为 0.5％的甲醛溶液浸泡。膜的清洗保养中的最佳原则是不能让膜变干。膜的保存也要针对不同的膜采取不同的方法。如聚砜中空纤维膜须在湿态下保存，并用防腐剂浸泡。另外，根据水质和水处理要求，应注意选择膜材料。

三、膜污染后的清洗

即便采取各种措施维护和预防，膜污染还是不同程度地客观存在。因此，必须不断及时进行膜污染的处理，才能保证过滤工作正常进行，取得预期效果。

1. 物理方法

（1）反冲洗

定期采用清水进行反冲洗，可以减轻膜污染。反冲洗周期和反冲洗时间应根据实验确定。

（2）采用水和空气混合流体

混合流体在低压下冲洗膜表面 15min，对初期受有机物污染的膜是有效的。

（3）去除污染物

对内压管膜的清洗可以采用海绵球。海绵球的直径比膜管的直径大一些，在管内通过水力控制海绵球流经膜表面，对膜表面的污染物进行强制性去除。但去除硬质垢时，易损伤膜表面。

（4）其他方法

近年来，电场过滤、脉冲清洗、脉冲电解及电渗透反冲洗等方法也相继出现，取得了较好效果。

2. 化学方法

化学清洗通常是用化学清洗剂，如稀酸、稀碱、酯、表面活性剂、络合剂和氧化剂等。对于不同种膜，选择化学剂要慎重，以防止化学清洗剂对膜的损害。选用酸类清洗剂，可以溶解除去矿物质，而采用 NaOH 水溶液可有效地脱除蛋白质污染；对于蛋白质污染严重的膜，用含质量分数为 0.5% 蛋白酶的 0.01mol/L NaOH 溶液清洗 30min 可有效地恢复透水量。在某些应用中，如多糖等，可用湿水浸泡清洗，即可基本恢复初始透水量。

第十三章　污水厌氧生物处理技术与污泥处理

第一节　污水厌氧生物处理技术

一、厌氧生物处理的基本原理

污水厌氧生物处理是指在厌氧条件下由多种（厌氧或兼性）微生物的共同作用，使有机物分解并产生 CH_4 和 CO_2 的过程。污水厌氧生物处理的理论目前有三段论和四段论，普遍认同三段论。三阶段厌氧消化理论的模式见图 13-1。

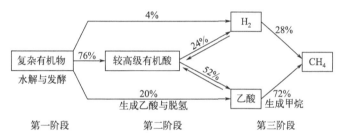

图 13-1　三阶段厌氧消化理论的模式

（1）水解酸化阶段

在水解与发酵细菌作用下，使碳水化合物、蛋白质与脂肪水解与发酵转化成单糖、氨基酸、脂肪酸、甘油及二氧化碳、氢等。

参与反应的微生物包括细菌、真菌和原生动物，统称为水解与发酵细菌。

这些细菌大多数为专性厌氧菌，也有不少兼性厌氧菌。

（2）产氢产乙酸阶段

在产氢产乙酸菌的作用下，把第一阶段的产物转化成氢、二氧化碳和乙酸。

参与反应的微生物是产氢产乙酸菌以及同型乙酸菌，其中有专性厌氧菌和兼性厌氧菌。它们能够在厌氧条件下，将丙酸及其他脂肪酸转化为乙酸、CO_2，并放出 H_2。

（3）产甲烷阶段

通过两组生理上不同的产甲烷菌的作用产生甲烷，一组把氢和二氧化碳转化成甲烷，另一组对乙酸脱羧产生甲烷。

参与反应菌种是甲烷菌或称为产甲烷菌。常见的甲烷菌有 4 类：甲烷杆菌、甲烷球菌、甲烷八叠球菌、甲烷螺旋菌。

甲烷菌是绝对厌氧细菌，其特点如下。

① 对 pH 值的适应性较弱，适宜的范围是 $6.8 \sim 7.8$，最佳 pH 值为 $6.8 \sim 7.2$。

② 对温度的适应性比较弱，温度的变化直接影响甲烷菌的特性。根据对温度的适应范围，甲烷细菌可分为中温（30～35℃）及高温（50～60℃）两类。当甲烷细菌在一定温度内被驯化后，温度增减 2℃就可能破坏甲烷细菌的生化作用，特别是高温甲烷细菌，温度增减 1℃，就有可能使生化过程遭到破坏。因此，甲烷细菌要求保持温度恒定。

③ 所有的甲烷细菌都能氧化分子状态的氢，并利用 CO_2 作为电子接受体：

$$4H_2 + CO_2 \longrightarrow CH_4 + 2H_2O$$

④ 甲烷细菌的专一性很强，每种甲烷细菌只能代谢特定的底物，因此，在厌氧条件下，有机物分解往往是不完全的。

⑤ 甲烷细菌的世代都较长，一般 4～6d 繁殖一代。

由于甲烷细菌具有上述特点，因此，产甲烷阶段控制着厌氧生物处理的整个过程。

一般来说，厌氧生物处理所产生的气体中，甲烷占 50%～75%，二氧化碳占 20%～30%，其余是氨、氢、硫化氢等气体，是一种很好的燃料，发热量一般为 21～25MJ/m³。

二、污水厌氧生物处理的影响因素

1. 温度

温度是污水厌氧生物处理的主要因素。温度适宜时，细菌发育正常，有机物分解完全。厌氧微生物按生长温度可分为三类，即嗜冷微生物 5～20℃，嗜温微生物 20～42℃，嗜热微生物 42～75℃。目前厌氧生物处理多为中温，即 30～40℃。

2. 营养与碳氮比 （C/N）

污水中有机物的碳氮比对厌氧生化过程有很大影响。碳氮比过高，含氮量下降，则组成细菌的氮量不足，处理水的缓冲能力降低，pH 值下降。如果碳氮比太低，则含氮量过高，胺盐过度积累，pH 值可能上升到 8.0 以上，也会抑制甲烷细菌的繁殖。对于未酸化的污水，BOD：N：P＝350：5：1；对于基本上完全酸化的污水，BOD：N：P＝1000：5：1。

3. 酸碱度

甲烷细菌对酸碱度比较敏感，适宜 pH 值为 6.6～7.8，最佳 pH 值在 6.8～7.2 之间。碱度降低，即预示 pH 值将要下降，所以测定碱度可以预知厌氧生化进行的情况如何。

4. 有毒物质

重金属离子和某些阴离子对厌氧微生物有毒害作用。低于毒阈浓度下限，对甲烷细菌生长有促进作用；在毒阈浓度范围内，有中等抑制作用；如果浓度逐渐增加，甲烷细菌可被驯化；如果超过毒阈浓度上限，对甲烷细菌有强烈的抑制作用。

重金属离子抑制甲烷细菌主要包括两方面，一是能够与酶结合，产生变性物质，使酶系统失去作用；二是重金属离子及其氢氧化物的凝聚作用，使酶沉淀。

阴离子的抑制作用，以硫化物为主，当其浓度超过 1000mg/L 时，对甲烷菌就有抑制作用。

三、污水厌氧生物处理基本流程及特点

1. 基本流程

污水厌氧生物处理基本流程如图 13-2 所示。

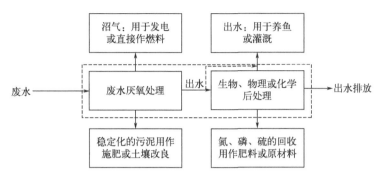

图 13-2　污水厌氧生物处理基本流程

2. 特点

污水厌氧生物处理的主要优点如下。

① 能源消耗少。

② 负荷大，占地面积小。

③ 剩余污泥量少。

④ 对营养物质的需求少，BOD：N：P＝(350～500)：5：1。

⑤ 能处理高浓度有机污水（有优势）。

⑥ 厌氧方法的菌种（例如厌氧颗粒污泥）可以在中止供给污水与营养的情况下保留其生物活性与良好的沉淀性能至少一年以上。

⑦ 厌氧法不需要曝气，处理的成本相对好氧法低。

污水厌氧生物处理还存在如下不足。

① 出水 COD 浓度高于好氧处理，需要后续处理。

② 厌氧微生物对有毒物质较为敏感。

③ 厌氧反应器初次起动过程缓慢，一般需要 8～12 周时间。

四、厌氧生物处理工艺及反应器

1. 厌氧接触工艺

厌氧接触工艺是 20 世纪 50 年代中期研发的一种厌氧生物处理技术，属于第一代厌氧反应器，见图 13-3。

厌氧接触工艺与连传统连续流工艺相比，增设了污泥回流装置，使部分厌氧微生物又重新返回到反应器中，从而增大了反应器中厌氧污泥的浓度，一般为 5～10gVSS/L。厌氧接触工艺的容积负荷为 4～5kgCOD/(m^3 · d)，水力停留时间为 10～20d。厌氧接触工艺的不足包括负荷低（与其他厌氧工艺比），沉淀池中固液分离困难，因为反应器中气体

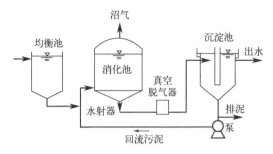

图 13-3 厌氧接触工艺

饱和，沉淀池中有气体析出上浮，进而影响沉淀分离。为了消除气体上浮的影响，可以采取如下措施。

① 设真空脱气器，或急剧冷却反应器出液。

② 投药混凝。

③ 用膜滤代替沉淀池。

2. 厌氧滤器（AF）

厌氧滤器是 20 世纪 60 年代末研发的一种厌氧生物处理技术，属于第二代厌氧反应器。厌氧滤器采用填充材料作为微生物载体，厌氧菌在填充材料上附着生长，形成生物膜，厌氧生物膜与填料间细菌形成的絮体共同代谢分解有机物。生物膜与填充材料一起形成固定的滤床。因此，厌氧滤器的结构与原理类似好氧生物滤床。

厌氧滤器有上流式和下流式两种。图 13-4 为上流式厌氧滤器。

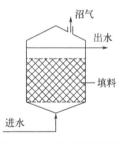

图 13-4 上流式厌氧滤器

污水从下部进入反应器，在向上流动的过程中，污水中的有机物与生物膜接触，通过微生物的代谢作用将有机物转化为甲烷和二氧化碳。产生的沼气和出水由反应器上部分别排出。填料表面老化脱落的生物膜随出水排出。

图 13-5 为下流式厌氧滤器。

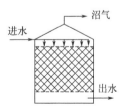

图 13-5 下流式厌氧滤器

污水从上部进入反应器，从上部流出。下流式厌氧滤器有利于解决上流式中出现的悬浮物堵塞问题和可能形成的短路，但是其膜的形成较慢，反应器的容积负荷也较低。

厌氧滤器有以下特征。

① 微生物种群分布呈规律性。上流式反应器底部发酵、产酸菌占优势，上部产乙酸菌、产甲烷菌占优势。

② 污泥浓度随填料高度增加迅速减少。填料高度大于1m，COD去除率几乎不再增加，大部分COD是在0.3m以内去除的。

③ 污泥负荷高。容积负荷 $N_V = 10 \sim 15 \mathrm{kgCOD/(m^3 \cdot d)}$，比厌氧接触工艺高2～3倍。

④ 污泥龄长，水力停留时间短。

⑤ 抗冲击负荷能力强。

厌氧滤器采用的填充材料是多种多样的，例如卵石、碎石、砖块、陶瓷、塑料、玻璃、炉渣、贝壳、珊瑚、海绵、网状泡沫塑料等。通常使用孔隙度大、价格便宜的材料，例如多孔陶瓷与塑料。

3. 上流式厌氧污泥床（UASB）反应器

（1）上流式厌氧污泥床反应器的结构形式

上流式厌氧污泥床反应器是20世纪70年代研发的一种厌氧生物处理技术，属于第二代厌氧反应器。UASB反应器见图13-6。

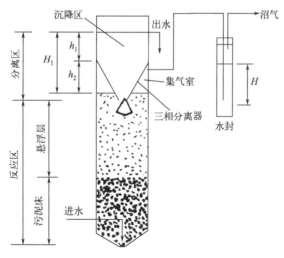

图 13-6　UASB 反应器

UASB反应器主体部分可分为两个区域，即反应区和气、液、固三相分离区。在反应区下部，是由沉淀性能良好的污泥（颗粒污泥或絮状污泥）形成的厌氧污泥床。污水由反应器底部进入反应器，通过悬浮层进入分离区的沉降室，沉淀后上清液排出，污泥在此沉降，由斜面返回反应区。反应器产生的气体进入集气室被分离收集，最终排放。在反应器中，由于水向上流动和产生的大量气体上升形成了良好的自然搅拌作用，使一部分污泥在反应区的污泥床上方形成相对稀薄的污泥悬浮层。污泥悬浮层的形成，是UASB反应器稳定运行的保障。

设计合理的三相分离器，使沉淀性能良好的污泥保留在反应器内是 UASB 反应器稳定的基础。另外，反应器内形成沉降性能良好的颗粒污泥或絮状污泥，以及由产气和进水的均匀分布所形成的良好的自然搅拌作用也是稳定运行的重要前提。

UASB 反应器的主要特征如下。

① 容积负荷大。几种反应器容积负荷的顺序：颗粒污泥 UASB＞流化床＞絮状污泥 UASB＞AF。

② 反应器中没有填料，投资和运行成本低。

③ 启动速度快。用颗粒污泥接种，几天就可启动。

④ 由于产生的沼气搅拌污泥床，所以一般不容易形成沟流。

（2）UASB 法的应用工艺

1）直接用 UASB 法

污水直接进入 UASB 反应器进行处理，适用于非复杂可溶性有机污水。

2）有预处理的 UASB 法

污水经过预处理后再进入 UASB 反应器，适用于成分复杂污水，或部分可溶性有机污水（悬浮 COD 占总 COD30％～60％）。工艺流程见图 13-7。

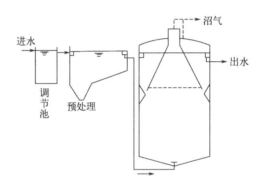

图 13-7　有预处理的 UASB 法工艺流程

预处理的对象与方法如下。

① 悬浮固体（SS）的预处理。主要采用沉淀法。

② 蛋白质与表面活性剂的预处理。用控制 pH 值的方法，使 pH≤6.2 蛋白质凝固而沉淀；或采用沼气回流搅拌、喷射消除产生的泡沫；酸化水解蛋白质。

③ 结垢成分的预处理。污水所含 Ca^{2+}、Mg^{2+}、NH_4^+ 等离子，容易造成结垢，可用软化剂（苏打），使形成 $CaCO_3$、$MgHCO_3$ 的沉淀及部分 $CaHPO4$ 的沉淀；用回流处理水中所含 HCO_3^- 碱度，使 Ca^{2+}、Mg^{2+} 形成 $CaCO_3$、$MgHCO_3$ 沉淀；当 Mg^{2+} 与 NH_4^+ 的浓度高时，还可产生 $MgNH_3PO_4$ 的沉淀。

④ 重金属与有毒有害物质的预处理。硫化物沉淀法、处理水回流稀释法、对甲烷菌进行培养与驯化法等。

3）两相法

两相法是根据厌氧分解的机理，使产酸脱氢阶段与产甲烷阶段分别在两个反应器中进行，具体工艺见图 13-8。

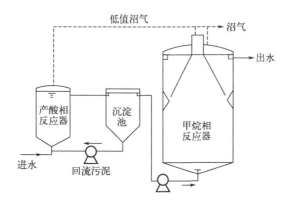

图 13-8　两相法工艺流程

① 产酸脱氢阶段：产酸相反应器。产酸相反应器的控制条件主要有：低级脂肪酸浓度约为 5000mg/L，pH5～6，水力停留时间 6～24h。

产酸相反应器后沉淀池的作用是回流产酸菌以维持产酸相反应器中产酸菌的浓度，并避免产酸菌进入产甲烷相反应器。产酸相反应器的构造同传统消化池。有搅拌与加温设备。

② 产甲烷阶段：产甲烷相反应器。产酸相反应器的出水经沉淀后，上清液进入产甲烷相反应器。甲烷相反应器采用的是 UASB 反应器。

4）有回流的 UASB 法

将出水一部分回流与进水一起进入 UASB 反应器，其目的是稀释 COD 或降低有害有毒物质的浓度，促进污泥与污水之间的充分接触以及在 UASB 反应器启动时期，使进水 COD 浓度稀释至 5000mg/L 左右。主要适用于 COD 浓度远高于 15000mg/L。图 13-9 为有回流的 UASB 法。

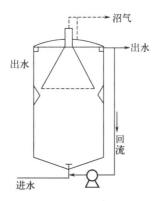

图 13-9　有回流的 UASB 法

（3）UASB 反应器的启动和操作

1）污泥颗粒化的意义

在 UASB 反应器内，厌氧污泥有以下 2 种形式。

① 絮状污泥。沉淀性能差，容易跑泥。容积负荷＝10kgCOD/(m³·d)。

② 颗粒污泥（直径0.5~6.0mm）。沉淀性能好，有利于提高容积负荷和水力负荷，容积负荷＝30~50kgCOD/(m³·d)。

污泥颗粒化是大多数UASB启动的目标和启动成功的标志。颗粒污泥化还具有以下的优点。

① 细菌形成的颗粒污泥是一个微生态系统，各种类型的微生物种群组成了共生或互生体系，有利于细菌生长，有利于有机物的降解。

② 颗粒的形成有利于其中的细菌对营养的吸收。

③ 颗粒使发酵菌的中间产物的扩散距离大大缩短，有利于复杂有机物的降解。

④ 增强抗冲击负荷的能力，在污水pH值、毒性物的浓度等突然变化时，颗粒污泥能维持一个相对稳定的微环境，使代谢过程继续进行。

⑤ 沉淀性能好，有利于提高容积负荷和水力负荷。

2）UASB反应器的初次启动

初次启动通常指对一个新建的UASB系统以未经驯化的非颗粒污泥接种，使反应器达到设计负荷和有机物去除效率的过程。这一过程一般伴随着颗粒化的完成，因此也称为污泥的颗粒化。一般需要90~120d。

① 接种。当没有现成的颗粒污泥时，应用最多的种泥是污水处理厂污泥消化池的消化污泥。还可以用牛粪和各类粪肥，以及下水道污泥等。

污泥的接种浓度至少不低于10kgVSS/m³反应器容积。接种污泥的填充量应不超过反应器容积的60%。当用非颗粒污泥接种时，应避免絮状污泥在反应器里大量生长从而妨碍颗粒污泥的形成。

措施：调节上升速度，洗出絮状污泥。

② 启动阶段。启动主要分为3个阶段。

阶段1：指反应器负荷低于2kgCOD/(m³·d)的阶段，是启动的初始阶段。在这一阶段，由于水的上流速度和逐渐产生的少量沼气，种泥中非常细小的分散污泥被洗出。

阶段2：当反应器负荷上升至2~5kgCOD/(m³·d)的启动阶段。在这阶段由于产氢和上流速度的增加，污泥的洗出量增大，其中大多为絮状的污泥。

阶段3：指反应器负荷超过5kgCOD/(m³·d)以后的阶段。在这一阶段絮状污泥迅速减少。

③ 初次启动过程的一些要点。

a. 启动初期的目标应明确。在启动的初始阶段，不要追求反应器的处理效率、出水的质量和产气率等。

b. 进液的浓度一般要低于5000mgCOD/L。

c. 负荷增加应从0.5~1.5kgCOD/(m³·d)开始，当可生物降解的COD去除率达到80%后再逐步增大负荷。

3）UASB反应器的二次启动

使用颗粒污泥作为种泥对UASB反应器的启动称为二次启动。使用颗粒污泥作为泥种的二次启动，启动时间要比初次启动时间段，一般需要30~60d。初始负荷3kgCOD/

（$m^3 \cdot d$）。进液浓度一般低于 5000mgCOD/L。

（4）UASB 反应器启动后的运行

1）出水 VAF（挥发性脂肪酸）的浓度与组成

当出水 VFA 浓度低于 200mg/L 时，反应器运行状态良好。VFA 过高，反应器中 VFA 积累，pH 值下降，导致酸化。

降低 VFA 措施：降低负荷或停止进液。

出水 VFA 的组成也是反应器运行中监测的指标之一。正常运行中，VFA 浓度较低，出水 VFA 的主要成分 90% 以上是乙酸，只有少量的丙酸和丁酸。如果丙酸和丁酸增加，说明乙酸没有转化 CH_4。

2）pH 值

pH 值应保持在 6.5～7.8 范围之内，并且应尽量减少波动。pH 值在 6.5 以下时，甲烷菌已受到抑制。pH 值低于 6.0 时，甲烷菌已严重抑制，反应器内产酸菌占优势。

3）产气量与组成

产气量能够迅速反映出反应器运行状态，当产气量突然下降或 CH_4 的比例（一般 60%～80%）下降，而负荷没有变化，说明甲烷细菌活性降低。

4）营养物质比例

一般情况下，处理含有天然有机废水时，营养物可不用调节。处理化工类废水时，C∶N∶P=（200～300）∶5∶1。

5）进水中 SS 的浓度

运行阶段，应该控制进水中的 SS/COD，对于 COD 浓度较低的有机废水，按照 SS/COD=0.5 控制，对于 COD 浓度较高的有机废水，按照 SS/COD 值<0.5 控制。SS 的浓度过高，不利于颗粒污泥与进水中有机物的充分接触，而且易造成反应器堵塞。

6）有毒有害物质的控制

NH_3-N、SO_4^{2-}、重金属、三氯甲烷、氰化物、酚等对处理效果有影响。一般 NH_3-N 应该小于 1000mg/L，NH_3-N>1500mg/L，抑制微生物的生长繁殖；SO_4^{2-} 一般应该小于 5000mg/L，因为 SO_4^{2-} 可以还原为 H_2S，而 H_2S 对微生物有毒害作用。重金属、三氯甲烷、氰化物、酚等也应该控制。

7）碱度

HCO_3^- 应该控制在 2000～4000mg/L 范围内，HCO_3^- 过低，pH 值下降，HCO_3^- 过高，pH 值上升。

4. 折流板厌氧反应器

折流板厌氧反应器（ABR）反应器是 20 世纪 80 年代初开发的一种高效新型厌氧反应器，属于第三代厌氧反应器。ABR 反应器采用多格室结构代替单室反应器结构，解决了 UASB 工艺等单室反应器床体膨胀和床中水力沟流的问题。ABR 反应器如图 13-10 所示。

反应器内设置若干竖向导流板，将反应器分隔成串联的几个反应室，每个反应室都可以看做是一个相对独立的上流式污泥床（USB），污水进入反应器后沿导流板上下折流前进，依次流经每个反应室的污泥床，污水中的有机基质通过与微生物充分的接触而得到去

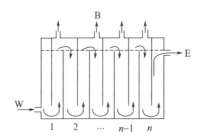

图 13-10　ABR 反应器

W—进水；B—排气；E—出水

除。借助于污水流动和生物气上升的作用，反应室中的污泥上下运动，但是由于导流板的阻挡和污泥自身的沉降性能，污泥在水平方向的流速极其缓慢，从而大量的厌氧污泥被截留在反应室中。

图 13-10 是最初设计的 ABR 反应器。该反应器中的上向流室和下向流室是等宽的，折流板的加入增强了污泥的停留，提高了处理效率。多格室结构使反应器成为推流式，给不同种群产甲烷菌提供了更适宜的基质。

图 13-11 所示是一种改进型的 ABR 反应器。这种反应器下向流室变窄，上向流室加宽，并折板边缘折起。这种结构有利于厌氧污泥停留在上向流室内，使反应器成为上流式污泥床系统。在上向流室水流方向与产气上升方向一致，加强了对污泥床的搅拌作用，有利于微生物与基质的充分接触。折板边缘折起将进水引向反应室中心，使布水更加均匀。

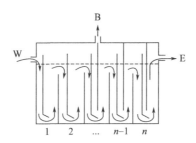

图 13-11　改进型的 ABR 反应器

ABR 反应器前面格室中氢气浓度较高，各格室气体单独收集有利于通过保护共生菌而加强反应器的稳定性。图 13-12 所示各格室气体单独收集的 ABR 反应器，这种 ABR 反应器有利于通过保护共生菌而加强反应器的稳定性。

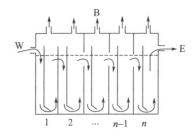

图 13-12　各格室气体单独收集的 ABR 反应器

图 13-13 所示等间距敞口式的 ABR 反应器，折流板间距相等，而且是敞口的。这种 ABR 反应器费用较低。

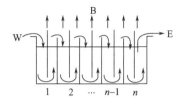

图 13-13　等间距敞口式的 ABR 反应器

图 13-14 所示是一种新型的水平折板式 ABR 反应器。这种反应器固液分离效果好，占地面积小，操作简单，成本低，适合处理养猪场污水这类悬浮固体浓度高的有机污水。

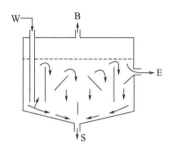

图 13-14　水平折板式 ABR 反应器

为了提高微生物的平均停留时间，提高对高浓度有机废水的处理效果，科研人员对 ABR 反应器做了较大的改动，研发出如图 13-15 所示的复合式折流板厌氧反应器。

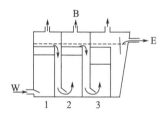

图 13-15　复合式 ABR 反应器

该反应器在最后一格反应室后增加了一个沉降室，流出反应器的污泥可以沉积于此，再被循环利用。同时在每格反应室顶部加入复合填料，防止污泥的流失，并在其表面上形成厌氧生物膜。另外，气体被分格单独收集，保证产酸阶段所产生的氢气不会影响甲烷菌的活性。

图 13-16 所示为两格式 ABR 反应器。

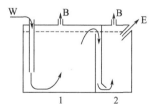

图 13-16　两格式 ABR 反应器

两格式 ABR 反应器的第一格体积是第二格的 2 倍,第一格体积的增大,不仅可以减少水流的上升流速,而且还可以使进水中的悬浮物尽可能多地沉积于此,增加了悬浮物的停留时间。

不同形式的 ABR 反应器极大地丰富了 ABR 的应用范围,实际工程中可以根据需要选择合适的 ABR 反应器。

第二节　污泥的处理与处置

一、污泥的分类

1. 按成分分类

(1) 污泥

以有机物为主要成分,属于胶状结构的亲水性物质。污泥的特点是颗粒较细,密度较小,易于腐化发臭,含水率高且不易脱水。

(2) 沉渣

以无机物为主要成分。沉渣的特点是颗粒较粗,密度较大,含水率较低且易于脱水。

2. 按来源分类

按污泥来源分为初次沉淀污泥、剩余活性污泥、腐殖污泥、消化污泥和化学污泥。初次沉淀污泥来自初次沉淀池;剩余活性污泥来自活性污泥法后的二次沉淀池;腐殖污泥来自生物膜法后的二次沉淀池。初次沉淀污泥、剩余活性污泥、腐殖污泥可统称为生污泥或新鲜污泥。生污泥经厌氧消化或好氧消化处理后,称为消化污泥或熟污泥。

化学污泥是指用化学沉淀法处理污水后产生的沉淀物。如投加石灰中和酸性水产生的沉渣,用混凝沉淀法去除污水中的磷产生的沉渣等。

二、污泥的性质指标

1. 污泥含水率

污泥中所含水分的质量与污泥总质量之比的百分数称为污泥含水率。初次沉淀池污泥含水率在 95%～97%,剩余活性污泥达 99% 以上。污泥的体积、质量及所含固体物浓度之间的关系:

$$\frac{V_1}{V_2} = \frac{W_1}{W_2} = \frac{100 - P_1}{100 - P_2} = \frac{C_2}{C_1} \tag{13-1}$$

式中　P_1,V_1,W_1,C_1——污泥含水率为 P_1 时污泥体积、质量与固体浓度;

　　　P_2,V_2,W_2,C_2——污泥含水率为 P_2 时污泥体积、质量与固体浓度。

2. 挥发性固体和灰分

挥发性固体(或称灼烧减重)近似地等于有机物含量,用 VSS 表示,常用单位 mg/L,

有时也用重量百分数表示。VSS 也反映污泥的稳定化程度，灰分（或称灼烧残渣）表示无机物含量。

3. 湿污泥密度与干污泥密度

湿污泥质量等于污泥所含水分与干固体质量之和。湿污泥密度等于湿污泥质量与同体积的水质量比值。

干污泥的密度 γ_s 可按下式计算：

$$\gamma_s = \frac{250}{100 + 1.5 P_V} \tag{13-2}$$

式中 P_V——有机物所占的百分比，%。

湿污泥的密度 γ 可按下式计算：

$$\gamma = \frac{25000}{250 P + (100 - P)(100 + 1.5 P_V)} \tag{13-3}$$

式中 P——含水率，%。

4. 污泥肥分

污泥的肥分是指其中含有的植物营养素、有机物及腐殖质等。营养素主要指氮、磷、钾等植物营养成分。污泥中主要成分的比例为 N(2%～3%)，P(1%～3%)，K(0.1%～0.5%)，有机物（50%～60%）。

5. 污泥中重金属离子含量

污水经二级处理后，污水中重金属离子约有 50% 以上转移到污泥中。将污泥用作农肥时，需注意控制其中的金属离子含量。

三、污泥浓缩

污泥浓缩的目的是去除污泥中的水分，减少污泥的体积，进而降低运输费用和后续处理费用。剩余污泥含水率一般为 99.2%～99.8%，浓缩后含水率可降为 95%～97%，体积可以减少为原来的 1/4。

污泥浓缩常用的方法有重力浓缩法、气浮浓缩法和离心浓缩 3 种。

1. 重力浓缩法

重力浓缩本质上是一种沉淀工艺，属于压缩沉淀。重力浓缩池按其运转方式可以分为连续式和间歇式两种。连续式主要用于大、中型污水处理厂，间歇式主要用于小型污水处理厂或工业企业的污水处理厂。重力浓缩池一般采用水密性钢筋混凝土建造，设有进泥管、排泥管和排上清液管，平面形式有圆形和矩形两种，一般多采用圆形。

间歇式重力浓缩池的进泥与出水都是间歇的，因此，在浓缩池不同高度上应设多个上清液排出管。间歇式操作管理麻烦，且单位处理污泥所需的池容积比连续式的大。图 13-17 为间歇式重力浓缩池。

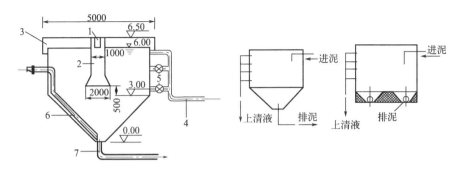

图 13-17　间歇式重力浓缩池

1—污泥入流槽；2—中心管；3—出水堰；4—上清液排出管；5—闸门；6—吸泥管；7—排泥管

连续式重力浓缩池的进泥与出水都是连续的，排泥可以是连续的，也可以是间歇的。当池子较大时采用辐流式浓缩池；当池子较小时采用竖流式浓缩池。竖流式浓缩池采用重力排泥，辐流式浓缩池多采用刮泥机机械排泥，有时也可以采用重力排泥，但池底应做成多斗。图 13-18 为有刮泥机与搅拌装置的连续式重力浓缩池。

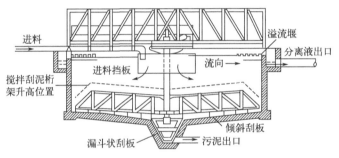

图 13-18　连续式重力浓缩池

对于土地紧缺的地区，可以考虑采用多层辐射式浓缩池，见图 13-19。

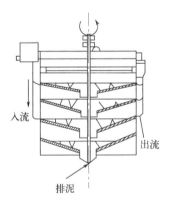

图 13-19　多层辐射式浓缩池

2. 气浮浓缩法

气浮浓缩法多用于浓缩污泥颗粒较轻（相对密度接近 1）的污泥，如剩余活性污泥、生物滤池污泥等，近几年在混合污泥（初沉污泥＋剩余污泥）浓缩方面也得到了推广应用。

气浮浓缩有部分回流气浮浓缩系统和无回流气浮浓缩系统两种，其中部分回流气浮浓缩系统应用较多。图 13-20 为部分回流气浮浓缩系统。

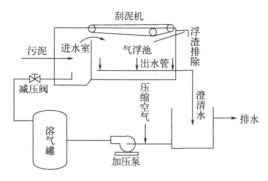

图 13-20　部分回流气浮浓缩系统

气浮浓缩池有圆形和矩形两种，小型气浮装置（处理能力小于 $100\text{m}^3/\text{h}$）多采用矩形气浮浓缩池，大中型气浮装置（处理能力大于 $100\text{m}^3/\text{h}$）多采用辐流式气浮浓缩池。气浮浓缩池一般采用水密性钢筋混凝土建造，小水量也有的采用钢板焊制或者其他非金属材料制作。图 13-21 为气浮浓缩池的两种形式。

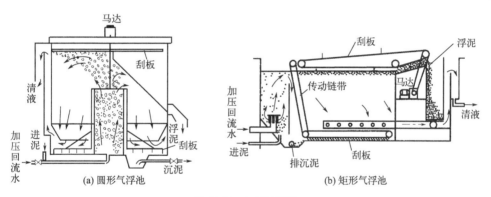

图 13-21　气浮浓缩池

3. 离心浓缩法

离心浓缩工艺是利用离心力使污泥得到浓缩，主要用于浓缩剩余活性污泥等难脱水污泥或场地狭小的场合。由于离心力是重力的 $500\sim3000$ 倍，因而在很大的重力浓缩池内要经十几小时才能达到的浓缩效果，在很小的离心机内就可以完成，且只需几分钟。含水率为 99.5％的活性污泥，经离心浓缩后，含水率可降低到 94％。对于富磷污泥，用离心浓缩可避免磷的二次释放，提高污水处理系统总的除磷率。

出泥含固率和固体回收率是衡量离心浓缩效果的主要指标，固体回收率是浓缩后污泥中的固体总量与入流污泥中的固体总量之比，因此固体回收率越高，分离液中的 SS 浓度越低，即泥水分离效果和浓缩效果越好。在浓缩剩余活性污泥时，为取得较高的出泥含固率（＞4％）和固体回收率（＞90％），一般需要投加聚合硫酸铁 PFS 或聚丙烯酰胺 PAM 等助凝剂。

四、污泥厌氧消化

污泥厌氧消化是指在无氧的条件下，由兼性菌和专性厌氧细菌，降解污泥中的有机物，最终产物是二氧化碳和甲烷气（或称污泥气、生物气、消化气），使污泥得到稳定。污泥厌氧消化是一个非常复杂的过程，厌氧消化机理与前述的污水厌氧生物处理的机理是一致的，其模式见图 13-1。

1. 消化池的形式

消化池由集气罩、池盖、池体与下锥体四部分所组成，并附有进泥管、排泥管、污泥气管（沼气管）、上清液（泥水）排放管及搅拌与加温设备等。按几何形状分为圆柱形（图 13-22）和蛋形（图 13-23）。

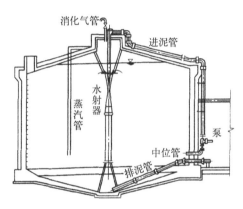

图 13-22　圆柱形消化池

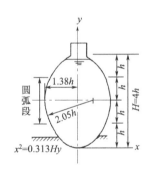

图 13-23　蛋形消化池

蛋形消化池有如下优点。

① 搅拌充分、均匀，无死角。

② 池内污泥的表面积小。

③ 蛋形的结构与受力条件好。

④ 在圆柱形相比，散热面积小，易于保温。

⑤ 防渗水性能好，聚集沼气效果好。

消化池还可以分为固定盖式和浮动盖式两种，如图 13-24 和图 13-25 所示。

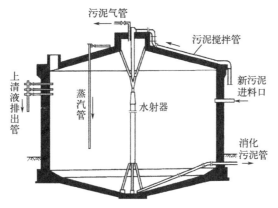

图 13-24　固定盖式消化池

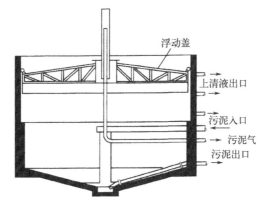

图 13-25　浮动盖式消化池

固定盖式亦称定容式，即消化池的容积是一定的。这样消化池由于构造简单，造价低，运行管理比较简便，因此得到非常广泛地应用。浮动盖式亦称动容式，即消化池的容积是可变的，这种消化池的池盖用钢板焊制，可随着消化池内沼气压力的增减或污泥面的升降而升降，运行较安全，但其构造复杂，造价高，运行管理麻烦，尚未得到普遍应用。

2. 投配、排泥与溢流系统

（1）投配与排泥

生污泥一般先排入污泥投配池，再由污泥泵提升送入消化池内。消化池的进泥与排泥形式有多种，包括上部进泥下部直排、上部进泥下部溢流排泥、下部进泥上部溢流排泥形式，如图 13-26 所示。

污泥投配泵可选用离心式污水泵或螺杆泵。进泥和排泥可以连续，也可以间歇进行，进泥和排泥管的直径不应小于 200mm。

（2）溢流装置

消化池的投配过量、排泥不及时或沼气有积存等情况发生时，沼气室内的气压增加甚至可能压破池顶盖。因此，消化池必须设置溢流装置，遇到异常情况及时溢流，保证沼气室压力恒定。溢流装置主要有倒虹管式、大气压式及水封式 3 种。溢流装置必须绝对避免集气罩与大气相通。

(a) 上部进泥下部直排   (b) 上部进泥下部溢流排   (c) 下部进泥上部溢流排

图 13-26 消化池的进泥与排泥形式

3. 污泥加热

污泥加热方法有池内蒸汽直接加热和池外预热两种。

① 池内蒸汽直接加热法是利用插在消化池内的蒸汽竖管直接向消化池内送入蒸汽,加热污泥。这种加热方法比较简单,热效率高。但竖管周围的污泥易被过热,影响甲烷细菌的正常活动,消化污泥的含水率稍有提高。

② 池外预热法是把新鲜污泥预先加热后,投配到消化池中。池外预热法可分为投配池内预热与热交换器预热两种。

投配池内预热法就是在投配池内,用蒸汽把新鲜污泥预热到所需温度后,一次投入消化池。投配池内预热的示意图见图 13-27。

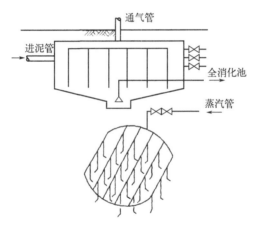

图 13-27 投配池内预热法示意图

热交换器预热法是在消化池外,用热交换器将新鲜污泥预热后,送入消化池。热交换器一般采用套管式,以热水为热媒。热交换器如图 13-28 所示。

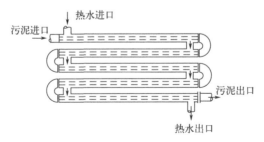

图 13-28 热交换器

新鲜污泥从内管通过，流速1.2～1.5m/s，热水从套管通过，流速0.6m/s。热交换的形式有逆流和顺流交换两种。内管直径一般为100mm，套管直径为150mm。

4. 消化池的搅拌

搅拌的目的是保证池内污泥温度与浓度均匀，防止污泥分层或形成浮渣层，提高污泥分解速度。搅拌效果的评价标准是消化池内各处污泥浓度相差不超过10%。

常用的搅拌方式有机械搅拌、水力循环搅拌、水泵循环消化液搅拌和沼气循环搅拌4种。

① 机械搅拌是在消化池内装设搅拌桨或搅拌涡轮，通过池外电机驱动而转动从而对消化混合液进行搅拌。机械搅拌搅拌强度一般为10～20W/m³池容。每个搅拌器的最佳搅拌半径为3～6m，如果消化池直径较大，可以设置多个搅拌器，呈等边三角形等均匀方式布置，适用于大型消化池。机械搅拌的优点是对消化污泥的泥水分离影响较小，缺点是传动部分容易磨损，通过消化池顶的轴承密封的气密性问题不好解决。螺旋桨搅拌如图13-29所示。

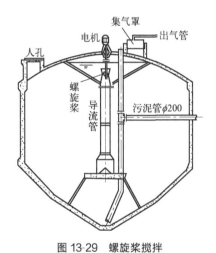

图13-29 螺旋桨搅拌

② 水力循环搅拌是在消化池内设导流筒，在筒内安装螺旋推进器使污泥在池内实现循环。

③ 水泵循环消化液搅拌通常是在池内安装射流器，由池外水泵压送的循环消化液经射流器喷射，从喉管真空处吸进一部分池中的消化液或熟污泥，污泥和消化液一起进入消化池的中部形成较强烈的搅拌，所需能耗约为0.005kW·h/m³。用污泥泵抽取消化污泥进行搅拌可以结合污泥的加热一起进行。水泵循环搅拌设备简单，维修方便。采用水泵循环消化液搅拌时，由于经过水泵叶轮的剧烈搅动和水射器喷嘴的高速射流，会将污泥打得粉碎，对消化污泥的泥水分离非常不利，有时会引起上清液SS过大。因此，这种搅拌方式比较适用于小型消化池。

④ 沼气循环搅拌是利用消化池产生的沼气，用空压机压回消化池中，进行气体搅拌。搅拌系统由沼气管、贮气柜、空压机、稳压罐、竖管、堵头及消化池组成，如图13-30所示。沼气通过插入消化池的竖管进入消化池。

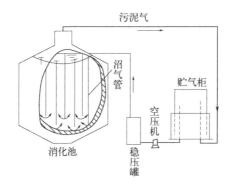

图 13-30　污泥气循环搅拌

消化池搅拌可采用连续搅拌或间歇搅拌方式。间歇搅拌设备的能力应至少在 5～10h 内将全池污泥搅拌一次。

5. 污泥厌氧消化工艺

污泥厌氧消化工艺主要有一级消化、二级消化、两相厌氧消化和厌氧接触消化等。

（1）一级消化

一级消化工艺就是在单级（单个）消化池内进行搅拌和加热，完成消化过程。一级消化较完整的工艺流程如图 13-31 所示。

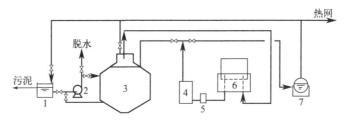

图 13-31　污泥消化流程

1—投配污泥池；2—污泥泵；3—消化池；4—稳压罐；5—沼气压缩机；6—贮气柜；7—锅炉

一级污泥消化工艺具有以下特点。

① 污泥加热采用新鲜污泥在投配池内预热和消化池内蒸汽直接加热相结合的方法，其中以油外预热为主。

② 消化池搅拌采用沼气循环搅拌方式。

③ 消化池产生的沼气供锅炉燃烧，锅炉产生的蒸汽除供消化池加热外，并入车间热网供生活用气。

（2）二级消化

由于污泥中温消化有机物分解程度为 $45\%～55\%$，消化后的污泥还不够稳定，在排入干化场或进行机械脱水时，有机物将继续分解，使污泥气逸入大气，既污染了大气又损失了热量，如将消化池污泥排入干化场，泥温从 33℃ 降到 16℃，损失热量为 $71.128 \times 10^3 \, \mathrm{kJ/m^3}$。

此外，熟污泥的含水率将高于新鲜污泥，从而增加了干化场或脱水机械设备的负荷。为了解决上述问题，可将消化一分为二，污泥先在第一消化池中消化到一定程度后，再转入第二消化池，以便利用余热进一步分解有机物，这种运行方式叫作二级消化。

二级消化过程中，污泥的消化在两个池子中完成，其中第一级消化池有集气罩、加热、搅拌设备，不排除上清液，与前述的固定盖式消化池完全相同。所不同的是消化时间短，为7～10d。在这段时间内，消化进程最为活跃，产气量约占总产气量的80%。第一级消化池排出的污泥进入第二级消化池。第二级消化池不加热、不搅拌，仅利用余热继续进行消化，消化温度为20～26℃。第二级消化池由于不搅拌，还可以起到污泥浓缩作用。

第二级消化池有敞开式和密闭式两种。密闭式的可回收沼气约2～3m^3/m^3污泥。二级消化池的总容积大致等于一级消化池的容积，两级各占1/2。所需加热的热量及搅拌设备、电耗都较省。

（3）两相厌氧消化

两相厌氧消化是根据消化机理进行设计。目的是使各相消化池具有更适合于消化过程三个阶段各自的菌种群生长繁殖的环境。

厌氧消化可分为三个阶段即水解与发酵阶段、产氢产乙酸阶段及产甲烷阶段。各阶段的菌种、消化速度对环境的要求及消化产物等都不相同，造成运行管理方面的诸多不便。因此采用两相消化法，把第一、二阶段与第三阶段分别在两个消化池中进行，使各自都有最佳环境条件。两相厌氧消化具有池容积小，加温与搅拌能耗少，运行管理方便，消化更彻底的优点。

两相厌氧消化的设计：第一相消化池的容积采用投配率为100%，即停留时间为1d；第二相消化池的容积采用投配率为15%～17%，即停留时间为6～6.5d。池形与构造同前。第二相消化池有加温、搅拌设备及集气装置，产气量为1.0～1.3m^3/m^3污泥，每去除1kg有机物的产气量为0.9～1.1m^3/kg。

五、污泥的脱水与干化

浓缩消化后的污泥仍具有较高的含水率（一般在94%以上），体积仍较大。因此，应进一步采取措施脱除污泥中的水分，降低污泥的含水率。污泥脱水后不仅体积减小，而且呈泥饼状，便于运输和后续处理。污泥脱水去除的主要是污泥中的吸附水和毛细水，一般可使污泥含水率从96%左右降低至60%～85%，污泥体积减少至原来的1/5～1/10，大大降低厂后续污泥处置的难度。污泥脱水的方法主要有自然干化和机械脱水。

1. 机械脱水前的预处理

预处理的目的是改善污泥脱水性能，提高机械脱水效果与机械脱水设备的生产能力。

污泥比阻是衡量污泥脱水难易程度的指标。比阻大、脱水性能差。一般认为进行机械脱水的污泥比阻值在（0.1～0.4）×$10^9 s^2/g$之间为宜，但一般各种污泥的比阻值均大大超过该范围，因此，污泥在进行机械脱水前应进行预处理。

污泥预处理的方法有化学调理法、加热调理法、冷冻调法和淘洗法。

（1）化学调理法

向污泥中投加混凝剂、助凝剂等化学药剂，以改变污泥脱水性能。化学调理法功效可靠、设备简单、操作方便，因此被广泛采用。

（2）加热调理法

通过加热污泥使有机物分解，破坏胶体颗粒的稳定性，改善污泥的脱水性能。加热调理法分高温加热（170～200℃）和低温加热（＜150℃）两种。

（3）冷冻调理法

通过冷冻-融解使污泥的结构被彻底破坏，大大改善脱水性能。

（4）淘洗法

用污水厂的出水或自来水、河水把消化污泥中的碱度洗掉，节省混凝剂的用量。淘洗法只适用于消化污泥的预处理。

2. 机械脱水

机械脱水的基本原理是以过滤介质两侧的压力差作为推动力，使污泥中的水分被强制通过过滤介质，形成滤液排出，而固体颗粒被截留在过滤介质上成为脱水后的滤饼（有时称泥饼），从而实现污泥脱水的目的。机械脱水方法有压滤脱水、离心脱水和真空过滤脱水等。

（1）压滤脱水

压滤脱水是将污泥置于过滤介质上，在污泥一侧对污泥施加压力，强行使水分通过介质，使之与污泥分离，从而实现脱水。常用的设备有各种形式的带式压滤脱水机（图 13-32）和板框压滤脱水机（图 13-33）。

带式压滤机是由上下两条张紧的滤带夹带着淤泥层，从一连串规律排列的辊压筒中呈 S 形弯曲经过，靠滤带本身的张力形成对污泥层的压榨和剪切力，把污泥层的毛细水挤压出来，获得含固率较大的泥饼，从而实现污泥脱水，带式压滤机有很多种形式，但一般分成 4 个工作区。

① 重力脱水区。在该区，滤带水平行走。污泥经调质后，部分毛细水转化成游离水，这部分水在该区借自身重力穿过滤带，从污泥中分离出来。

② 楔形脱水区。该区是一个三角形的空间，上下两层滤带在该区逐渐向两头靠拢，污泥在两条滤带之间逐渐开始受到挤压。在该区，污泥的含固率进一步提高，并由半固态向固态转变，为进一步进入压力脱水区做准备。

③ 低压脱水区。污泥经楔形区后，被夹在两条滤带之间污泥绕辊压筒作 S 形上下移动。施加到泥层的压榨力取决于滤带的张力和辊压筒的直径，张力一定时，辊压筒的直径越大，压榨力越小。脱水机前边三个辊压筒直径较大，一般在 50cm 以上，施加到泥层的压力较小，因此称低压区。污泥经低压区后，含固率进一步提高。

④ 高压区。经低压区之后的污泥进入高压区，泥层受到的压榨力逐渐增大。其原因是辊压筒的直径越来越小。至高压区的最后一个辊压筒，直径一般小于 25cm，压榨力增至最大。污泥经高压区后含固率一般大于 20%。

带式压滤脱水机具有出泥含水率较低且稳定、能耗少，管理控制简单等特点。板框压滤脱水机泥饼含水率比带式压滤脱水机低，能够达到 60% 以下，但这种脱水机为间断运行，效率低，操作麻烦，维护量很大。

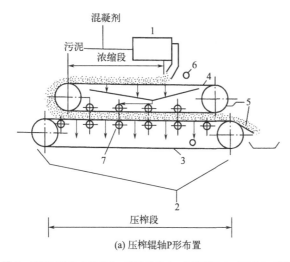

(a) 压榨辊轴P形布置

1—混合槽;2—滤液与冲洗水排出;3—涤纶滤布;4—金属丝网;5—刮刀;6—洗涤水管;7—滚压轴

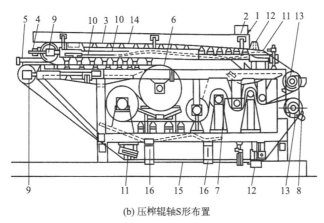

(b) 压榨辊轴S形布置

1—污泥进料管;2—污泥投料装置;3—重力脱水区;4—泥饼翻转;5—楔形区;6—低压区;7—高压区;
8—卸泥饼装置;9—滤带张紧辊轴;10—滤带张紧装置;11—滤带导向装置;12—滤带清冲装置;
13—机器驱动装置;14—顶带;15—底带;16—滤液排出装置

图 13-32　带式压滤脱水机

　　板框压滤脱水机由滤板、滤框、压紧装置、机架、冲洗、安全保护等装置组成，如图13-33所示。板框压滤脱水机是通过板、框、板挤压产生的压力，使污泥内的水排出，达到脱水目的。目前使用的滤板两面都是凹面，每面四周边缘凸起。滤板上覆盖有滤布，两块滤板压紧后构成一压滤室，滤板凸出的边沿是压滤室的密封边沿。经机械或液压装置，将止推板（固定滤板）和压紧板（活动滤板）之间的滤板（根据板框压滤机的大小，滤板少则几块，多则上百块）压在一起，滤板之间形成压滤室。需脱水的污泥通过污泥泵经中心进泥孔进入板框压滤机，并分配到板与板之间的压滤室内。

　　在压滤室内，滤液穿过滤布，经滤板排液孔排出，污泥中的固体物在压滤室中富集。随着污泥的不断进入，固体物浓度逐渐提高，最终达到满足脱水要求的泥饼。随着压滤室内固体物浓度的不断提高和过滤压力的不断增加，进泥量需要随之不断减少。当不再有明

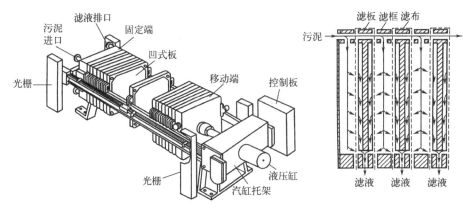

图 13-33　板框压滤脱水机

显的滤液排出时停止加压。通过手工和机械装置，逐块移动滤板，使泥饼落入收集斗内或者输送带上。

（2）离心脱水

离心脱水是通过水分与污泥颗粒的离心力之差，使之相互分离，从而实现脱水。离心机按分离因数的大小可分为高速离心机、中速离心机和低速离心机；按几何形状不同可分为筒式离心机、盘式离心机和板式离心机等。常用的离心脱水机是卧螺式离心脱水机，按进泥方向分为顺流式和逆流式两种机型。

① 顺流式卧螺离心脱水机的进泥方向与固体输送方向一致，即进泥口和排泥口分别在转筒两端。

② 逆流式卧螺离心脱水机的进泥方向与固体输送方向相反，即进泥口和排泥口同在转筒一端。

逆流式卧螺离心脱水机污泥泥饼含固率稍低于顺流式卧螺离心脱水机。顺流式卧螺离心脱水机转筒和螺旋通过介质全程存在磨损，而逆流式卧螺离心脱水机在部分长度上存在磨损。

图 13-34 所示为顺流式卧螺离心脱水机。

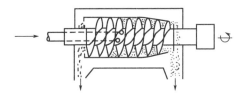

图 13-34　顺流式卧螺离心脱水机

其原理及工作过程：污泥由同心转轴送入转筒后，先在螺旋输送器内加速，然后经螺旋筒体上的进料孔，进入分离区，在离心加速度作用下，污泥颗粒被甩布在转鼓内壁上，形成环状固体层，并被螺旋输送器推向转鼓锥端，而排出水则在内层，由转鼓大端端盖的溢流孔排出。

离心脱水机能自动、连续长期封闭运转，结构紧凑，噪声低，处理量大，占地面积小，尤其是有机高分子絮凝剂的普遍使用，使污泥脱水效率大大提高。

（3）真空过滤脱水

真空过滤脱水是将污泥置于多孔性过滤介质上，在介质另一侧造成真空，将污泥中的水分强行吸入，使之与污泥分离，从而实现脱水。常用的设备有各种形式的真空转鼓过滤脱水机。由于真空过滤脱水产生的噪声大，泥饼含水率较高、操作麻烦，占地面积大，所以很少采用。

（4）叠螺浓缩脱水

叠螺浓缩脱水一体机是由固定环和游动环相互层叠，螺旋轴贯穿其中形成的过滤装置，如图 13-35 所示。

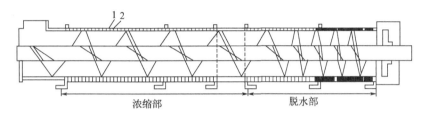

图 13-35　叠螺浓缩脱水一体机
1—固定环；2—游动环

叠螺浓缩脱水一体机具有浓缩和脱水的功能，前段为浓缩段，后段为脱水段。螺旋轴的螺距从浓缩段到脱水段逐渐变小，形成泥饼的含水率也越来越低。叠螺浓缩脱水一体机能直接处理曝气池内污泥或二沉池污泥，不需设置污泥浓缩池和贮存池，节省占地。污泥在好氧条件下脱水，避免在缺氧或厌氧条件下的污泥磷释放，提升系统的脱磷功能。另外，无滤布、滤孔等易堵塞元件，运行安全简单。

3. 污泥的干化

污泥的自然干化是一种简便经济的脱水方法，但容易形成二次污染。它适合于有条件的中小规模污水处理厂。污泥自然干化的主要构筑物是干化场。干化场有自然滤层干化场与人工滤层干化场两种形式。自然滤层干化场适用于土壤渗透性能好，且地下水位低的地区。人工滤层干化场的滤层是人工铺设的，其构造如图 13-36 所示。

干化场脱水主要依靠渗透、蒸发与撇除。影响干化场脱水的因素如下。

① 气候条件。如当地的降雨量、蒸发量、相对湿度、风速和年冰冻期。

② 污泥性质。如消化污泥中产生的沼气泡、污泥比阻等。

六、污泥的干燥与焚烧

1. 污泥干燥

污泥干燥去除污泥中绝大多数毛细管水、吸附水和颗粒内部水。污泥干燥后含水率可从 60％～80％降至 10％～30％。污泥在焚烧前应有效地脱水干燥。干燥器的类型有回转圆筒式干燥器、急骤干燥器和带式干燥器。图 13-37 所示为回转圆筒式干燥器的工艺流程。

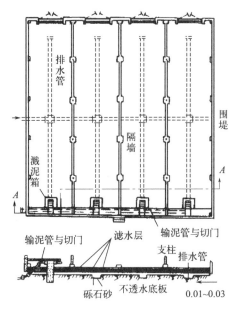

图 13-36　人工滤层干化场

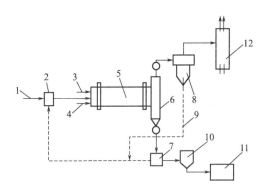

图 13-37　回转圆筒式干燥器工艺流程

1—浓缩污泥或脱水泥饼入口；2—粉碎机；3—燃料入口；4—空气入口；5—回转圆筒干燥机；

6—卸料室；7—分配器；8—旋风分离器；9—细粉；10—贮存池；11—灰池；12—除臭燃烧器

　　滚筒内部的搅拌装置使被干化的污泥随着滚筒转动而上下翻动，反复与热风接触并向前运动。为了增加蒸发面积，在投入浓缩污泥或脱水泥饼之前，将已经干化的污泥（含水率为10％～15％）与浓缩污泥或脱水泥饼混合，使含水率降低50％左右，可以提高热效率。滚筒的转动可以通过变速装置和减速装置进行调节。在滚筒内，热风的温度从700℃降低到120℃，然后由排气风机排出。为了去除恶臭，根据情况可用脱臭装置一次加热到600～700℃。为了提高加热效果，可以利用滚筒排出的废气，在预热装置中先加热到350℃，再与1200～1300℃的加热气体一起送进脱臭装置，两者混合后的气体温度大约为700℃。一部分混合气体送入干燥滚筒，剩下来的送入预热装置。在预热装置冷却后，从烟囱排入大气的气体温度为250～300℃，从干燥器排出的废气含有大量粉尘，经旋风分离器捕集后再行排出。

回转圆筒式干燥机属卧式干燥机虽然占地面积较大，并且干燥时间较长，但构造简单，操作比较容易。

2. 污泥焚烧

污泥焚烧处理能将干燥污泥中的吸附水和颗粒内部水及有机物全部去除，使含水率降至零，变成灰尘。

污泥焚烧方式有完全焚烧和湿式燃烧（即不完全焚烧）两种。完全焚烧设备主要有立式多段炉、流化床焚烧炉及回转焚烧炉等。图 13-38 所示为立式多段焚烧炉。

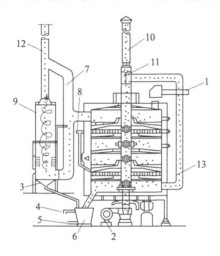

图 13-38　立式多段焚烧炉

1—泥饼传送带；2—冷却空气鼓风机；3—灰浆；4—分离水；5—砂浆；6—灰桶；7—无水时旁通风道；
8—重油；9—旋风喷射洗涤器；10—废冷空气；11—浮动风门；12—清洁空气；13—热空气回流管

该设备为一个内衬耐火材料的钢制圆筒，由多层炉床（一般为 6～12 层）组成。各层都有同轴的旋转齿耙，转速为 1r/min。空气由底部轴心鼓入，一方面使轴冷却，另一方面预热空气。泥饼从炉的顶部进入炉内，依靠齿耙翻动逐层下落。炉内温度是中间高两端低。顶部两层温度为 480～680℃，称干燥层，污泥在此干燥到含水率 40％以下。中部几层主要起焚烧作用，称焚烧层，温度达到 760～980℃，污泥在此与上升的高温气体和侧壁加入的辅助燃料一并燃烧。下部几层主要起冷却并预热空气的作用，称冷却层，温度为260～350℃，焚灰在此冷却后由排灰口排出。热空气到炉顶后，一部分回流到炉底，一部分经除尘净化后排空。

参考文献

［1］ 张自杰. 排水工程：下册. 5 版. 北京：中国建筑工业出版社，2015.

［2］ 李圭白，张杰. 水质工程学：下册. 5 版. 北京：中国建筑工业出版社，2013.

［3］ 佟玉衡. 废水处理. 北京：化学工业出版社，2004.

［4］ 姜应和，谢水波. 水质工程学：下册. 北京：机械工业出版社，2011.

［5］ 卜秋平，陆少鸣，曾科. 城市污水处理厂的建设与管理. 北京：化学工业出版社，2002.

［6］ 王社平，高俊发. 污水处理厂工艺设计手册. 3 版. 北京：化学工业出版社，2024.

［7］ 张自杰. 废水处理理论与设计. 北京：中国建筑工业出版社，2003.

［8］ 尹士君，李亚峰. 水处理构筑物设计与计算. 3 版. 北京：化学工业出版社，2015.

［9］ 冯生化. 城市中小型污水处理厂的建设与管理. 北京：化学工业出版社，2001.

［10］ 王宝贞，王琳. 水污染治理新技术. 北京：科学出版社，2004.

［11］ 崔玉川，杨崇豪，张东伟. 城市污水回用深度处理设施设计计算. 北京：化学工业出版社，2003.

［12］ 中国环境保护产业协会水污染治理委员会. 小城镇污水处理技术装备实用指南. 北京：化学工业出版社，2007.

［13］ 李亚峰，晋文学. 城市污水处理厂运行管理. 3 版. 北京：化学工业出版社，2015.

［14］ 李亚峰，夏怡，曹文平. 小城镇污水处理设计及工程实例. 北京：中国建筑工业出版社，2011.

［15］ 张统. 间歇活性污泥法污水处理技术及工程实例. 北京：化学工业出版社，2002.

［16］ 贺延龄. 废水的厌氧生物处理. 北京：中国轻工业出版社，1998.

［17］ 沈耀良，王宝贞. 废水生物处理新技术——理论与应用. 2 版. 北京：中国环境科学出版社，2006.

［18］ 金兆丰，徐竟成. 城市污水回用技术手册. 北京：化学工业出版社，2004.